U0383675

云 浮 实 验

王蒙徽　李 郇　潘 安 编著

中国建筑工业出版社

图书在版编目（CIP）数据

云浮实验／王蒙徽，李郇，潘安编著 .—北京：中国建筑工业出版社，2012.7（2022.8重印）
ISBN 978-7-112-14445-7

Ⅰ.①云⋯ Ⅱ.①王⋯ ②李⋯ ③潘⋯ Ⅲ.①居住环境－建设－经验－云浮市 Ⅳ.①X21

中国版本图书馆CIP数据核字（2012）第139493号

责任编辑：唐　旭　李东禧
责任设计：陈　旭
责任校对：肖　剑　王雪竹

云浮实验

王蒙徽　李　郇　潘　安　编著

＊

中国建筑工业出版社出版、发行（北京西郊百万庄）
各地新华书店、建筑书店经销
北京京点设计公司制版
天津图文方嘉印刷有限公司印刷

＊

开本：880×1230 毫米　1/16　印张：10½　字数：366 千字
2012 年 9 月第一版　2022 年 8 月第六次印刷
定价：**59.00** 元
ISBN 978-7-112-14445-7
　　　（22510）

目　录

第 ❶ 篇　云浮实践

绪论：建设人居环境，实践科学发展

1. 背景

人居环境科学作为围绕地区开发、城乡发展诸多问题进行研究的学科群（吴良镛，2001），是人居环境建设的理论基础，其发展有赖于我国人居环境建设的地方实践和经验积累，不断丰富人居环境科学，以更好地指导我国快速城市化过程中的人居环境建设。云浮市作为广东省山区农业生态市，近几年以人居环境科学理论为指导展开了一系列的规划和建设活动，总结形成了以美好环境与和谐社会共同缔造为核心的"云浮共识"（吴良镛，2010）。

2010 年 6 月 5 日，云浮市与中国城市规划协会、住房和城乡建设部城乡规划司、清华大学人居环境研究中心、广东省住房和城乡建设厅联合在云浮举办了"转变发展方式，建设人居环境"研讨会。会议认为，"美好环境与和谐社会共同缔造"发展理念的正确性在云浮实践中已得到充分印证，实现了人居环境科学理论与实践的结合，会议最终形成并通过了《美好环境与和谐社会共同缔造：云浮共识》（简称《云浮共识》）。

《云浮共识》形成之后，云浮在落实科学发展观，统筹城乡发展，建设人居环境等多方面进行积极的探索实践，取得了一些成效，吸引了各方面的关注。2011 年 8 月 25 日，由中国城市规划协会、清华大学人居环境研究中心和云浮市人民政府主办的"人居环境科学理论与实践——统筹城乡发展，建设人居环境暨《云浮市统筹发展规划》"研讨会在北京举行，会议总结了云浮市的发展经验，并希望在全国各地"开花结果"。

1）云浮概况

（1）云浮市基本情况

云浮市位于广东省中西部，是珠三角联系西南地区的主要通道，东与肇庆市、佛山市、江门市交界，南与阳江市、茂名市相邻，西与广西梧州市接壤，北临西江。

云浮周代为百越（粤）地，唐天宝元年（742 年）勤州改称云浮郡，明万历五年（1577 年）建制东安县，民国三年（1914 年）改称云浮县。1992 年 9 月撤销云浮县建制，设立县级云浮市。云浮市新兴县（唐朝时称新州）是禅宗六祖惠能出生地。位于新兴县龙山的国恩寺是惠能开山创建和圆寂之所。

云浮是广东最年轻的地级市。1994 年设立地级云

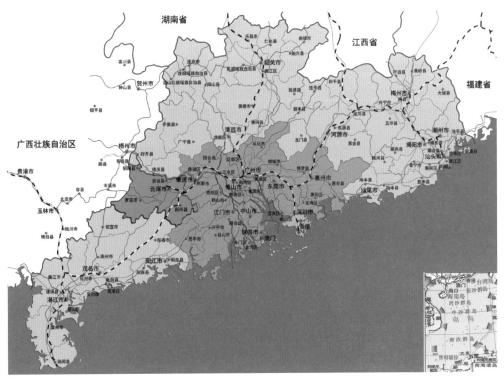

云浮区位图

浮市，现辖云城区、新兴县、郁南县、云安县，代管罗定市。全市总面积 7779.1 平方公里，2009 年末户籍人口 275.80 万。

云浮"八山一水一分田"，是典型山区市。山区面积占 60.5%，丘陵面积占 30.7%。地处亚热带，属亚热带季风气候，雨量充沛，气候温和，光照充足。

(2) 云浮市的主要特点

①有较好的山区综合开发基础，但经济发展的总体水平较为落后。

一是农业产业化比较发达。目前全市已建成无公害农产品、绿色食品和有机食品"三品"生产基地 35 个，面积达 31.3 万亩。2009 年全市共有农业产业化组织 240 个，销售收入 207 亿元，带动农户 26 万户，户均增收 7023 元。现有国家级农业龙头企业 1 家，省级以上 14 家，市级以上 46 家，县级以上 110 家，其中国家农业产业化重点龙头企业广东温氏集团养鸡业规模在亚洲排名首位，全球排名第 10 位。

二是特色工业产业集群初步形成。云浮已初步形成有一定优势的石材、硫化工、不锈钢制品、水泥等产业集群。云浮是"中国石材流通示范基地"、"中国石材基地中心"、"中国人造石之都"，2009 年全市共有石材企业 3225 家，完成工业总产值 60.2 亿元。云浮拥有储量和品位居世界首位的硫铁矿资源，目前年产优质硫铁矿 300 万吨，硫酸 112 万吨，钛白粉近 7 万吨，是我国最大的硫铁矿生产基地和唯一的出口基地，我国最大的硫铁矿制酸基地。云浮新兴县是"中国不锈钢餐厨具制品之乡"，不锈钢制品出口占广东省同类产品 45% 以上，2009 完成工业总产值 48.2 亿元。云浮是西江流域最大水泥生产基地，规划产能 3000 万吨，现有在产水泥企业 17 家，生产能力约 1400 万吨，工业产值 30.16 亿元。云浮是广东重要电力产业基地，现有装机容量为 157.03 万千瓦，水力资源丰富，理论蕴藏量为 37.05 万千瓦，具有发展核电、风电的良好条件。

三是民营经济占主体地位。2009 年全市民营企业共50303 户，占全市总企业户数的 94.8%，完成工业产值205.24 亿元。有一大批有创业精神，懂市场运作的企业家队伍。

但云浮市经济发展总体水平较低，2009 年人均GDP14397 元，居全省第 17 位；人均地方财政一般预算收入 778 元，居全省第 14 位。三次产业的比重为25.8：41.3：32.9。

②有较具潜力的区位优势，但交通基础等配套设施建设相对滞后。

云浮位于两广结合部，是珠三角联系西南地区的主要通道。市区陆路距广州 140 公里，距广西梧州 153 公里；水路距香港 177 海里，上溯梧州 60 海里。西江"黄金水道"（货运量在全国内河排第二位）贯穿全境，岸线长 109 公里（可利用港口岸线 21.5 公里），货运上航可直达广西贵港，下航可直达深港澳及世界各地。

但这一潜在的区位优势未能得到很好发挥，主要是对外交通基础设施建设相对滞后，高速铁路、高速公路、一级公路等高等级公路数量少，其中高速公路通车里程仅为 18.5 公里，5 个县（市、区）有 4 个还未通高速公路，也未与广西高速公路接通，高速铁路尚在建设中；海关、检验检疫等口岸查验部门尚不健全等。

③有较为协调的城乡发展态势，但城市化程度不高。

一是人民生活富足。2009 年城镇居民人均可支配收入 12399 元，农村居民人均纯收入 6128 元，排粤东西北地区的第一位。二是城乡收入差距较小。2009 年云浮城乡收入差距比为 2.16：1，远低于全省全国（全省是3.12：1，全国是 3.33：1）。但城镇化程度还不高，中心城区承载力和辐射力弱。2008 年全市城镇人口占 50.2%，远低于全省 63.4% 的平均水平。中心城区规模小，市区建成区面积只有 18.6 平方公里，城区人口仅有 19.5 万人，不到全市总人口的 10%。城市的服务功能不足，中心城区还没有三甲医院、高等院校和五星级酒店。

④有较为丰富的可开发资源，但较少转化为经济发展优势。

一是矿产资源丰富。硫铁矿储量、品位居世界第一，硅线石储量列全国第二，钛铁矿储量为广东省之冠。二是生态环境优良。全市森林覆盖率高达 66.1%，5 个县（市、区）均为广东省林业生态县，郁南、罗定和云城是全国绿化模范县。西江云浮段水质常年保持在 II 类，是省内水质最好的江段，2009 年全市空气环境质量保持在国家二级标准以上，市区空气质量优良天数为 357 天，市区降尘量均值为每月每平方公里 4.26 吨（省规定参考标准为 8 吨），没有酸雨现象。三是文化底蕴深厚。禅宗六祖惠能把印度佛教中国化、平民化、世俗化，他的思想对家乡的文化影响深远；云浮还是岭南百越文化的代表——南江文化的发源地；以云石起源的云浮石艺文化，改革开放以来获得了巨大的发展。

从目前资源开发利用情况看，资源优势尚未能转化成为经济发展优势，资源深加工能力不强，全市 85 家矿产企业以粗加工为主，普遍存在规模小、开发水平低、利用率不高的问题。2009 年云浮硫铁矿产量 170 万吨，以原矿外销为主，用于当地企业加工生产的不到 10%，硫化工产业产值只有 6.95 亿元。

2）面临发展的要求

云浮既有良好的生态环境及淳朴的民风文化优势，

又存在着经济相对滞后的劣势，面对相对落后的经济发展水平、落后的交通基础设施以及滞后的城市建设，发展仍然是云浮当前的主要问题。目前云浮仍存在"两个没有根本改变"：一是广东省的欠发达城市的状况没有根本改变；二是"吃饭"财政的状况没有根本改变。对于云浮来说，只有发展才能解决面临的各种问题和困难。

广东省加快产业转移、区域高速公路与高铁的建设为云浮经济发展带来新的机遇。在产业转移趋势下，广东省批准云浮设立了4个产业转移园区；南广高速铁路、广梧高速公路、深罗高速公路等交通设施的建设将强化云浮与区域，特别是与珠三角地区的联系。对于云浮来说保持良好的生态环境，把握机遇谋发展是当务之急。只有加快发展，实现跨越发展，才能解决当前面临的各种问题。面对新形势，探索科学发展路子，实现跨越发展显得尤为迫切和重要。

中共中央政治局委员、广东省委书记汪洋同志视察云浮时明确指出：对云浮这样相对后进的市来说，实现又好又快的发展更是十分必要。又好又快的发展是解决云浮目前面临各种问题的关键，也是云浮干部群众的一种期盼。现在云浮的后发优势，就是要坚持走科学发展的路子，不要重复其他地区走过的老路，不再走别人走过的弯路，交别人交过的学费，这样可能会比原来传统发展模式的速度要慢一些，但是可持续发展能力强，发展成本总体会降低，竞争力反而会增强。对一个后进地区来说，发展的机会是永远存在的，关键是找准发展的思路和模式。因此，云浮在发展的指导思想上要更加明确，就是要在保证"好"的前提下追求"快"，在坚持"好"的前提下能搞多快就多快。

2. 云浮科学发展的思考

当前中国面临转型，世界也面临转型，国内外都在反思：目前世界经济增长是不是以损害未来增长为代价实现的，经济增长破坏的东西是不是超过了它创造的东西。有学者指出："如果我们不希望我们、我们的孩子和我们孩子的未来充满金融、经济、社会和环境灾难——它们最终将是人类的灾难，那么我们就必须改变我们的生活、消费和生产方式。我们必须决定改变我们的社会组织和我们的公共政策的准则。"（斯蒂格利茨，2011）

科学发展是云浮探索跨越发展、实现发展方式转变的必然选择。党的十七大对科学发展观进行了系统的总结，是国家在探索新型发展模式道路上的里程碑。"科学发展观，第一要义是发展，核心是以人为本，基本要求是全面协调可持续，根本方法是统筹兼顾"。

1）云浮发展的模式

云浮的发展必须兼顾产业升级、生态环境的改善和人居环境的建设。以珠三角为代表的传统发展模式不适合云浮。云浮不能通过"高投入、高消耗、高污染"来实现发展。相对落后的经济发展和较低的财政收入，决定了城市政府不可能通过"大拆大建"的方式提升城市综合"竞争力"。云浮的产业发展应该向集约化和簇群化方向靠拢，产业发展必须与环境建设并重，通过产业发展带动环境建设，通过环境建设反哺产业发展。云浮式的跨越发展应是循序渐进的，是产业升级和环境升级并重的发展模式。

随着改革开放三十多年的快速发展，我国正由生存型社会转变为发展型社会，进入新的发展阶段。国家价值取向、区域一体化进程、国民生活方式均发生了巨大变化：第一，科学发展观的提出，标志着发展目标和要求的变化，使我国发展从过去追求量的增加变为现在强调质的提升；从过去强调让一部分地区和人先富起来到现在强调共同富裕；从过去强调经济建设到现在强调经济、政治、文化、社会、生态等建设全面推进；从过去单纯追求物的发展到现在追求以人为本。第二，整体环境的改善、区域一体化的推进则增强了云浮与珠三角地区、我国大西南地区的交通联系，推动着区域市场一体化的进程；促进了经济要素的配置逐步扁平化，使云浮拥有了整合区域、在区域范围之内形成自身发展定位的重要基础。第三，国民收入水平的提高催生了居民对于生活质量、生态环境品质、食品安全的追求，云浮凭借良好的生态环境资源比较优势，可以提供珠三角不能做的同时又是十分需要的要素，如健康、生态环境等。

2）统筹发展与人居环境建设

坚持科学发展，就要坚持统筹兼顾的方法，实现统筹城乡发展、统筹区域发展、统筹经济社会发展、统筹人与自然和谐发展、统筹国内发展和对外开放"五个统筹"，推进经济建设、政治建设、文化建设、社会建设"四位一体"协调发展。统筹的核心是在空间上实现"该干什么的地方干什么"，在实施的主体上"让能干什么的人干什么"。城市发展的资源、发展项目、开发活动都需要落实在空间。人居环境建设也需要落实到空间上。因此，空间是实现统筹发展、科学发展的有效载体。

人居环境科学是一门致用之学（吴唯佳，武廷海，2010）。从其建构开始，人居环境科学就是随时代需要，以解决问题为出发点的学科群（吴良镛，2010），在解决问题的过程中不断进展。当前，我国面临国际金融危机、全球气候变化、经济发展方式转变等一系列新的形势与挑战，城乡规划建设实践面对新的情况，积极运用人居环境科学理论，有利于我国城乡规划建设顺利推进，规划建设实践的推进，也将不断丰富人居环境科学的发展。

近年来，云浮结合自身资源条件及区域发展机遇，以科学发展观为指导思想，以统筹发展为理论基础，进行了人居环境建设的云浮实验，探索符合后发地区科学发展的道路。

3. 云浮人居环境科学实验框架

1）认识论与方法论

美好环境与和谐社会共同缔造是人居环境科学实验的认识论和方法论，美好环境与和谐社会共同缔造是对城市作为复杂系统（吴良镛，2001）进行建设的整体论的认识，是把以物质为主的环境建设和以组织为主的社会建设紧密联系起来的方法，人是美好环境与和谐社会建设的核心。

在认识论上，人居环境建设不仅是建立人与自然和谐关系的过程，也是建立人与人之间和谐关系的过程，人创造人居环境，人居环境又对人的行为产生影响（吴良镛，2001）。因此，美好环境与和谐社会两者的互动需要通过人的行动实现共同缔造。

在方法论上，人居环境建设已经不是一个单纯的投资与建设的问题，而是一个面对社会、环境变化的政治、经济、文化的管理过程。美好环境与和谐社会共同缔造正是这样的一个过程：在工作方法上，通过"共谋、共建、共管、共享"，建立市筹划、县统筹、镇组织、村主体的组织体系和相应的激励政策，通过政府发动，市民参与，把城市规划建设工作由"要群众做"变成了"群众要做"；在工作内容上，实现了从急于求成的政绩工程到实事求是的民心工程的转变，从主观的、命令式的方法回归到细致的群众工作方法的转变，从盲目追求所谓"现代化"到充分发扬优秀传统文化优势的转变，以达到公共利益和个人利益的平衡，解决社会与环境的空间矛盾。

2）实验框架

云浮人居环境科学实验框架包括人居环境愿景、县域主体功能扩展、完整社区建设指引、美好环境与和谐社会共同缔造行动纲要四个部分，分别从空间愿景、政策配套、社会管理和行动指引四个方面促进人居环境建设，实现科学发展。人居环境科学的实验框架强调空间功能和实施主体相匹配，在战略与行动计划的基础上，通过落实规划实施主体建立规划实施的制度保障机制。

人居环境的愿景体现的是人与自然的和谐关系，统领市域空间发展布局，县域主体功能扩展是落实理想人居环境的行为主体和政策保障，把空间布局和实施主体

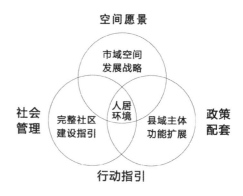

人居环境科学的实验框架

结合在一起，完整社区建设是构建人居环境实验的最基层单位，落实社会管理和环境建设，把人居环境建设落实到以人为核心的社区空间。行动指引则是政府发动，群众参与，政策激励的系列实验安排。

具体而言，人居环境科学实验的框架是：

（1）探索云浮人居环境理想模式——市域空间发展规划

从某种意义上说，一部人类发展史就是人类不断认识自然规律、探索建设美好人居环境的过程。人居环境是人类和自然之间发生联系和作用的中介（吴良镛，2001）。理想人居环境模式是人类对人与自然和谐关系的愿景，表达人类对人与自然关系的认识，也是对人与自然和谐共生关系的空间描述。没有理想，就不可能统一思想，就不可能有追求。无论是中国古代还是西方现代，人居环境的愿景表达了某一时期人们共同追求的目标。理想空间模式是云浮一直追求的目标，云浮在推进人居环境建设过程中朝着该目标发展，让城市发展从被动接受转向主动创造。理想人居环境模式是云浮落实科学发展观，实现发展方式转变的基础，通过城市与自然的结合，城市与乡村的协调，以及城乡的生产与生活活动的协调，实现人与自然的和谐共生。

在云浮市域层面，采用整体论的理念，将城乡区域资源环境各组成部分有机地结合起来，各得其所，既有良好的组合，又有美好的表现形式，取得环境空间与形式的和谐。这实际上是寻找本地人居环境建设的理想模式，这个模式建立在人与自然长期相互作用的基础上，是历史人居环境与现代人居环境的综合，体现了人们对本地美好人居环境的愿景。

（2）构建政策机制——县域主体功能扩展

县是人居环境科学实验的基本单位。首先，县是中国社会最基层的行政单位，长期保持相对稳定的建制和经济发展。县既是一个经济系统也是一个社会系统、文化系统，是可以对国土、区域和城乡建设进行综合协调

的基本单元（吴良镛，2009）。其次，我国不仅存在地方和地方的横向竞争，而且存在部门和部门之间的纵向竞争，国家各个部门的各项政策、国家建设的各项资金和补贴大多是从县开始落实到各个镇，县是统筹国家政策与资金的基本单位，而镇则是具体的实施单位，县是统筹的主体，镇是实施的主体。

县域主体功能扩展是实现市域空间发展规划，探索理想城市模式的政策机制，其实质是把规划的主体引入规划，通过对镇一级发展主体功能的确定，从政府的考核机制、财政机制等方面制定保障，将空间的主体功能和实施主体匹配起来，在空间发展战略和行动计划之间建立起政策保障机制。

（3）建设基本单元——完整社区建设指引

人是城市的核心，社区是人最基本的生活场所，社区规划与建设的出发点是基层居民的切身利益。社区建设包括住房，还包括服务、治安、卫生、教育、对内对外交通、娱乐、文化公园等多方面因素，内涵丰富，是一个完整社区的概念（integrated community）。当前我国已经进入"后单位时代"，原来由各单位"大院"分头负责的居民公共服务转由社会负责，完整社区的建设更具有紧迫性和必要性。建设完整社区就是要从微观角度出发，进行社会重组，通过对人的基本关怀，维护社会公平与团结，最终实现和谐社会的理想（吴良镛，2011）。

（4）行动指引——美好环境与和谐社会共同缔造行动纲要

人居环境建设的核心是以人为本，没有人与人之间的和谐共处，就谈不上人居环境的美好。美好人居环境与和谐社会的建设是相互促进、相辅相成的关系，人们在生产和劳动的过程中形成相互联系和社会关系，只有通过共同建设美好家园，才能构建和谐社会。因此，美好环境建设与和谐社会构建是一个共同缔造的过程，通过推进美好环境与和谐社会共同缔造行动，把环境建设上升为社会建设，把物质文明建设上升为精神文明建设。

美好环境与和谐社会共同缔造行动纲要就是把人居环境科学实验政策化、常规化，并指导和激励各级政府和群众参与到人居环境的实践中，并以美好环境的各项项目建设为抓手，重构基层组织，完善社会管理，改善人们的社会关系。

4. 云浮建设人居环境的实验

1）积极探索理想的人居环境模式，实现人与自然和谐共生

云浮理想人居环境模式的探索包括城乡发展愿景和市域空间发展战略两个部分。

城乡发展愿景根据云浮资源环境特点，提出未来云浮城乡空间发展的理想状态。在发展定位上，未来云浮应该发展为"特色云浮、创业之城；魅力云浮、精品之城；生态云浮、宜居之城；祥和云浮、幸福之城"。在空间形态上，云浮的城乡空间形态由自然山水、人工构筑物两大部分相互嵌套而成，未来结合地区自然生态环境系统、历史城镇发展廊道和现代城镇发展廊道，构建"井"字形的城乡空间结构，其中西江南岸城镇发展走廊、深罗沿线城镇发展走廊是未来重点发展的城镇带。

市域空间发展战略是云浮城乡发展愿景的支撑。（1）云浮通过区域一体化战略，推动基础设施、产业融入珠三角一体化发展；（2）通过轴向拓展战略塑造城镇发展走廊，将来重点发展西江南岸城镇发展走廊、深罗沿线城镇发展走廊；（3）通过美好环境战略，保护和合理利用自然资源，按照开发保护的适宜性，对重点建设区、一般建设区、限制建设区和禁止建设区四类政策分区进行合理利用，并根据发展与保护相结合的原则，构建"基质、斑块、廊道"的生态要素系统，形成最优的景观生态格局；（4）通过空间优化战略，营造优质生活空间，根据公共服务设施的历史分布脉络与现状，建立完善的县—镇公共服务设施体系。

2）县域主体功能扩展规划，实现城乡协调发展

以县域经济为发展主体，强调不同主体功能区在县域社会经济整体发展中的协同作用，并从政府的财政机制、组织保障机制、考核机制等方面进行保障，把空间主体功能和实施主体有机地匹配起来。

（1）明确功能定位。把县域划分为重点城市化地区、工业化促进区、特色农业地区、生态与林业协调发展区4类主体功能区，明确县的职能以经济发展为主体；镇的职能以社会管理为主体，具体功能职责是"5+X"（"5"是社会维稳、农民增收、公共服务、政策宣传、基层建设，"X"是各地不同的功能定位）；村的职能以社区建设为主体，具体功能职责是"5+1"（"5"是农民增收、社会稳定、公共服务、生态保护、组织建设，"1"是年度中心工作）。

（2）建立保障机制。在经济上，建立税收共享和财政保障机制，先后出台"招商项目税收分成"、"园区税收增量共享"、"乡镇运作全额保障"等政策，激励乡镇履行功能职责的积极性。在机构上，建立"向下相适应"的服务型政府，以"不增人员，减少成本，提高效率"为原则，整合现有资源组建党政办、农经办、宜居办、综治信访维稳中心、社会事务服务中心等"三办两中心"，搭建政府"三农"服务平台。另一方面，以推行乡镇职权改革扩大乡镇应有事权、财权和人事权，把14个县直

5

部门的 72 项职权下放给乡镇，增强乡镇的社会管理和公共服务能力。在绩效考核上，根据不同镇街的主体功能定位，对各镇街进行各有侧重的绩效考评，以相同的指标内容、不同的指标权重实行分类考核，将考评重点放在乡镇主体功能应承担的职责范围内。

3）推进完整社区建设，建设美好家园

云浮完整社区规划建设主要从以下几个方面着手：

（1）以慢行绿道建设为载体，创造宜人公共空间。慢行绿道跟人的生活密切联系，是集各种功能为一体的公共空间。通过规划建设总长 500 多公里、以市城区为中心延伸五个县（市、区）、对接珠三角绿道网的生态慢行绿道，将沿线村庄、广场、公园等空间联成整体，为居民提供健康、安全、舒适的公共空间。

（2）以推进公共服务均等化为途径，建立完善的社区服务体系。云浮通过构建"三网融合"平台，把远程医疗、远程教育等服务连接到镇，提升基层公共服务水平；在村层面，通过组建"一站三社"，将原来县、镇部分公共服务职能下派到村，为村民提供良好的公共服务；云浮还在村庄开展"户分类、村收集、镇运输、县处理"的垃圾处理模式，开展改水、改路、改厕、改灶、改圈等"五改"工作，改善村庄面貌，营造良好人居环境。

（3）以三级理事会为平台，形成社会管理群众自治的基本单元。以"民事民办、民事民治"为原则，在组、村、镇三级分别组建村民理事会、社区理事会和乡民理事会，探索群众为主体的"组为基础、三级联动"的社会管理方式，构建"政府以自上而下的服务形式强化社会管理，群众以自下而上的理事形式参与社会管理"的互动式社会管理网络，实现政府行政管理与基层群众自治有效衔接与良性互动。

（4）营造具有地方感的社区文化。以建设城市绿道、和谐宜居村、名村、"以奖代补"项目为载体，结合各社区自身实际，组织开展形式多样的群众性体验和参与活动，举办各类特色文化活动，引导和激发群众参与建设和管理，增强人们对地方的认同感，真正融入社区。

4）实施美好环境与和谐社会共同缔造行动，实现人与社会的和谐发展

云浮坚持"共谋、共建、共管、共享"的理念，以群众参与为核心、以培育精神为根本、以项目带动为载体、以奖励优秀为动力、以统筹推进为方法，推进美好环境与和谐社会共同缔造行动。具体行动如下：

（1）发动群众参与，达成共同缔造共识。主要是通过传达共同缔造相关配套文件，统一思想认识，总结推广群众参与南山公园、人民广场、绿道、名村等改造建

设的经验，引导群众参与人居环境建设。

（2）整合各种资源，形成共同缔造合力。通过成立"以奖代补"项目资金协调委员会，在市、县、镇（街）以及村（居）设立专门工作机构，统筹相关各部门"以奖代补"项目资金和项目建设工作，提高资源的整体效益。

（3）开展集中培训，提高共同缔造能力。通过对干部和群众的培训、创新教育培训方式、开展专题培训等过程，提高全市共同缔造的能力。

（4）开展分类评级，增强共同缔造动力。组织全市自然村（社区居民小组）基础分类评定工作，激发群众参与共同缔造的热情。

（5）实施项目带动，激发共同努力热情。通过对"以奖代补"项目的管理，推动共同缔造行动的开展，同时也保证了群众参与共同缔造行动的热情。

（6）着力培育精神，提升共同缔造。把宣传培育"自律自强、互信互助、共建共享"为基本内涵的社会价值观贯穿于共同缔造行动的全过程，并通过组织开展形式多样的体验和参与活动，提升群众综合素质和社会文明程度，在全社会养成"决策共谋、发展共建、建设共管、成果共享"的自觉行为。

5. 云浮人居环境实验的成效

云浮以科学发展观为指导思想、以人居环境科学为理论基础进行的人居环境建设，符合云浮发展的实际情况，取得了显著成效：

1）人居环境改善

通过推进城乡人居环境建设，提升人们的生活品质。在市区，建成慢行绿道、南山森林公园、市人民广场等周边一批公共休闲环境改善项目，为市民营造健康、舒适、安全的公共活动空间，公众对这些工程的满意率达 96%。在乡村，通过加快推进绿道、和谐宜居村（社区）、名村等建设，实施"三分两无"（雨污分流、人畜分离、垃圾分类，路无浮土、墙无残壁），改善农村居民生活居住环境，培养健康文明的生活方式。城乡人居环境的改善吸引外出人员返乡，2010 年外出人员回乡购房人数增加，购买的户数占当地销售商品房户数的比重由 5% 上升到 15%，外地来云浮的游客明显增多。

2）经济发展加速

近年来，云浮市经济呈现加速发展的良好态势。2011 年 1 ~ 3 季度，实现生产总值 333.56 亿元，同比增长 15.2%，增速排全省第 2 位；规模以上工业增加值

129.03 亿元，同比增长 36.8%，增速排全省第 1 位；地方财政一般预算收入 20.75 亿元，同比增长 40.8%，增速排全省第 3 位；金融机构本外币存款余额增长 14.8%，增速排全省第 1 位；贷款余额增长 16.4%，增速排全省第 4 位。一批大集团、大企业纷纷到云浮投资发展。

3）社会和谐稳定

通过推动管理重心下移，解决基层"有权办事、有人办事、有钱办事、有劲办事"问题，有效化解各种矛盾纠纷，促进社会和谐稳定。2010 年，群众越级到省集体上访的批数和人次同比分别下降 87.5% 和 40.5%。

4）党群干群关系融洽

通过人居环境建设、共同缔造行动，云浮各级干部深入群众，工作理念、工作作风和工作方法出现了明显转变，从主观的、命令式的方法回归到细致的群众工作方法（唐凯，吴建平，2010）。群众参与人居环境建设的热情高涨，在城乡人居环境建设过程中，群众出钱、出物、出力、出主意，外出乡贤也纷纷回来慷慨解囊支持家乡建设。据统计，群众自愿筹资 2.48 亿元，拆除旧房 12 万平方米，让出土地 48 万平方米，义务投工 12.22 万工日，群众对党委政府和干部队伍的信心和发展的信心不断增强。

6. 结论

2000 年以来，面对我国城乡发展中出现的一系列问题，科学发展、发展方式转型逐渐成为城乡发展的主题。云浮作为广东省西部山区农业大市，基于自身发展问题、发展条件以及外部发展环境的思考，选择了一条符合自身发展实际、以科学发展观为指导思想、以人居环境科学为理论基础的发展道路，进行了人居环境科学实验。

云浮实验建立了以人居环境愿景、县域主体功能扩展、完整社区建设指引、美好环境与和谐社会共同缔造行动纲要为主的行动框架，并通过"美好环境与和谐社会共同缔造"的行动实践，取得了一定的成效，这说明人居环境科学对于践行科学发展观、促进发展方式转型是具有重要意义的。

当前人居环境研究已进入理论与实践相结合的阶段（吴良镛，2010），希望人居环境的云浮实验能够对人居环境科学理论的发展提供可检验的样本，其经验能对人居环境科学理论发展有所贡献，并对我国其他地区建设人居环境、实现科学发展提供有益经验。

第 1 篇

云 浮 实 践

云 浮 实 践

第1章 城乡发展愿景

1.1 发展定位

2008 年 10 月，中共中央政治局委员、广东省委书记汪洋同志视察云浮，要求云浮要"建设广东富庶文明大西关，争当全省农村改革发展试验区"。为落实省委省政府对云浮发展的指示，2009 年 1 月云浮编制《云浮市资源环境城乡区域统筹发展规划》，提出"全国农村改革发展试验区、广东大西关、绿色云浮、宜居城乡"的城市定位，并从资源、环境、城乡、区域统筹的角度制定了发展战略，三年来，云浮在统筹发展的指引下取得了人居环境建设的可喜成绩。未来云浮面临国家发展方式转变的挑战，也担负着美好环境与和谐社会共同缔造的使命，必须致力于满足这一代和后代的社会、经济和环境的需求与期望，塑造更好的人居环境。

未来云浮会是超过 300 万人口的家园，为促进云浮统筹发展，破解发展难题、探索发展新路、凝聚发展力量、明确发展方向，促进资源与环境、城乡与区域、经济与社会、人与自然协调发展，云浮于 2010 年 4 月制定《云浮市改革发展规划纲要（2009—2020 年)》，将云浮定位进一步深化，未来将云浮打造成为"特色云浮，创业之城；魅力云浮，精品之城；生态云浮，宜居之城；祥和云浮，幸福之城"。

图 1-1 云浮农民企业家赠送广东省委书记汪洋两个南瓜

1.1.1 特色云浮，创业之城

建设繁荣、和谐、主业突出的适合创业的城市。将云浮发展成为一个充满活力、开拓进取、适合创业的城市。云浮具有悠久的创业历史，石材行业培育了企业家精神，

积累了丰富的人力资源优势。在云浮人人愿当老板，争当老板，未来继续发挥"两个南瓜"的优秀的创业精神，将推动云浮经济社会的持续发展。

云浮的发展有一条基本理念，那就是所有的经济部门对于城乡发展同等重要，经济发展的核心是找准不同地域适合发展的主要产业，无论是工业、农业还是服务业，政府对每一个领域的经济部门都从整体角度进行统筹和谋划，经济部门的整体发展使得云浮充满活力和吸引力。通过新型工业化、农业现代化和新型城市化的"三化融合"，在"该干什么的地方干什么"、让"能干什么的人干什么"，根据各地区的资源条件形成的比较优势确定需要发展的主要产业类型。重点发展以石材和石灰石等矿产资源为核心的资源循环型工业，发展以亚灿米、凉果、无核黄皮等优质农业资源为特色的现代农业，发展以六祖禅宗文化、南江文化、石艺文化、温泉文化相关的旅游资源和地方商贸为品牌的现代服务业，打造国际石材之都、国家级畜牧业产业化示范中心、华南地区最大的硫化工产业集群、广东绿色农产品生产基地、不锈钢制品生产基地、水泥生产基地、广东循环经济示范区和西江电力基地，为不同的地域空间寻找主导产业。

通过广梧高速、深罗高速等城市对外交通道路畅通区域联系，缩短云浮与珠三角主要城市的交通时距，使云浮融入珠三角一小时经济圈，承接产业转移，发挥云浮石灰石、硫铁矿等资源优势，有效拓展石材、水泥、亚灿米等特色产品的市场范围，形成云浮资源——珠三角市场的产业格局，促进城乡经济发展。

1.1.2 魅力云浮，精品之城

云浮致力于建设城乡和谐的精品城市，建设充分体现云浮特色、山水相映、生态优美、精巧雅致的城市。

引导城乡建设体现地方感。城市建设充分反映云浮的岭南特色，保护大湾古村落为代表的众多岭南传统建筑群，根据云浮"八山一水一分田"的地形地貌特征，发展紧凑城市，限定建设用地增长边界，在城市建设中巧妙地运用石材、石灰石、竹子等本地元素，在城乡建设中体现云浮地方感。

城乡建设顺应自然山水进行布局，精雕细刻，充分反映喀斯特地貌自然优势，将山、水、城、绿天然契合，营造山水城合一的城乡景观，打造盆景城市。云城、六都、

都杨城市中心区，新兴县新城镇、罗定中心区及郁南都城镇等城市建设地区，与西江、南江、罗定江、南山河、新兴江等水系，云开大山、大绀山、云雾山、天露山等山体相映成趣，塑造丰富、雅致的精品城市。

高标准规划建设城市，提升城市品位和形象。通过城乡统筹发展规划找准未来市域空间形态，通过城市总体规划确定云城中心区"一江连三城"的同城化发展方案。通过基础设施和社会服务设施的优化，提高云城、六都、都城、新城、罗定中心区的人口密度；谨慎地谋划新增建设用地分布，提高佛山（云浮）产业转移工业园、佛山顺德（云浮新兴县新城镇）产业转移工业园、云浮市循环经济工业园、罗定双东—大湾环保工业园的建设强度，尽可能节约土地资源。

图 1-3 山城相映的云浮城区

图 1-4 云浮龙山塘示范村

图 1-2 山城相映的云浮城区

1.1.3 生态云浮，宜居之城

云浮处于珠三角外围，生态环境保持良好，与珠三角地区相比，有明显的水质、空气、植被等生态环境优势。

保持良好的生态环境是建设宜居云浮的根本条件。经济增长对土地和资源的需求，令本地的生态环境承受的压力日增，需要明确更多的"发展禁止区"，从而保护西江、南江、新兴江以及大绀山等生态敏感区，强化云浮的生态资源优势。保护生物多样性，尽量减少人类活动对自然的影响，降低资源使用量，更合理地安排垃圾处理，建设垃圾循环系统，通过合理的土地利用规划保护生物多样性，保护地面水体资源。

云浮集聚高效的城乡经济，完备的城乡服务设施，优美的生态环境构成云浮高品质的城乡生活环境。市民能方便地参与城市和社区各种社会活动，自由地享用城市服务和设施，市民安居乐业，住房、教育、医疗、娱乐等社会福利设施方面都能满足市民的多样要求。以商贸、生产服务为代表的第三产业有效推动城市经济集聚，以石艺产业、水泥产业、不锈钢等为代表的第二产业生机勃勃，以亚灿米、无核黄皮等优势农业产品为代表的

第一产业充分发挥农村经济资源优势。三大产业的齐头并进为居民提供充足的就业岗位，居民安居乐业。

缔造城市与农村完整社区，基础设施和社会服务设施必须实现居民共享。完善保障房建设、建设名村名镇，通过系统的教育、医疗、文化、休闲娱乐、安全、社会福利设施的建设，提升城市和农村的生活环境品质，通过在完整社区层面的建设满足居民生活需求的各种服务设施，根据不同社区的人口特征配置符合地方化特色的福利设施，形成"老有所养、病有所医、住有所居、壮有所用、幼有所长"的城乡高品质生活图景，通过对人的基本关怀，统筹考虑城乡生活环境发展，维护社会公平与团结，最终实现和谐社会的理想。

1.1.4 祥和云浮，幸福之城

美好的岭南山水环境与居住融为一体，文化绚丽多彩、开放包容，为完整社区提供便捷的公共服务，云浮致力于成为值得作为故乡的幸福城市。群山环抱，山城相拥，青山入城，玉带环绕，山塘相映，通过西江、南江、新兴江和大绀山等自然要素限定城市形态，城市形态与建筑形态具有良好的生态适应性。通过鼓励平南双龙舞、连滩山歌、云浮石艺、泷州歌等地方文化活动，丰富市民日常活动，形成具有地方感的新型社区。

六祖禅宗文化、南江文化、石艺文化等优良文化构

成市民的共同精神记忆。在后工业化时代，很多领域正在发生巨大的变化，云浮地方所具备的六祖禅宗文化、南江文化、石艺文化等优良文化传统却能够年复一年地聚集与强化。云浮依赖自身丰富的自然资源和非凡的文化传统，容纳和经受外部经济、环境、社会的变迁，为市民提供永远的精神家园。

"一方水土养一方人"讲的是人与地方的结合。在

六祖禅宗文化影响下云浮人平等、包容、和谐、吃苦耐劳，培育出全国著名的温氏集团，通过共建共享，带动了一大批本地人口就业。南江文化包容、多样，具有强烈的区域特质，南江通道上的经济及文化联系及交流，区域实现跨境合作，带动历史文化遗产保护和生态文化旅游的发展。石艺文化推崇创新、实干，带动云浮走上国际化的道路。

图 1-5　国恩寺

1.2　云浮城乡理想空间结构

自然生态环境系统、历史城镇发展廊道、现代城镇发展廊道三者相互嵌套，形成云浮"井"字形的城乡空间结构形态。城乡空间结构需要统筹考虑自然生态环境

和人工建设环境对于空间发展的要求，通过对自然生态格局的分析，理清自然生态环境的本地形态，通过对历史人居发展带脉络的整理，延续历史人居环境的空间发展需求，通过判断未来特定时期内可能出现的新兴人居发展带的变化状况，找准未来发展的热点地区。

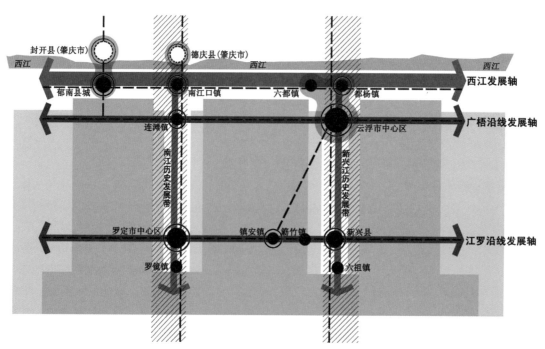

图 1-6　云浮城乡理想空间结构图

1.2.1 历史城镇发展廊道

城市发展是一个逐渐累积的过程，任何一个新的发展决策都以历史演变的格局为基点，空间发展尤为如此。云浮是一个山区城市，设市以前，是一个以农业为主体的地区，乡镇根据水系和地形寻找集中的空间，经过历史和环境的选择，云浮形成了三条稳定的城镇发展廊道。

第一条历史城镇发展廊道是东西向的西江南岸城镇发展廊道。广东省域西部地区城市间货物交易依赖于西江的运输功能，从区域视角来看，西江作为联系广西、广东的主要通道，古代移民们循着西江水道，从广西进入广东境内，在西江两岸的城市中定居下来。于是沿着西江水系两岸，形成了一批城镇聚落，包括郁南县城、南江口镇、六都镇、都杨镇等城镇。

第二条历史城镇发展廊道是南北向的南罗城镇发展廊道。云浮历史人居聚落主要沿河流分布，而南罗城镇发展廊道主要依托西江云浮境内最大的支流南江形成，南江流域从南江口往南到罗定盆地都具有优良的用地条件，在传统农业时期形成了众多具有一定规模的城镇，包括郁南的南江口、连滩、罗定市区、罗镜等城镇点。

第三条历史城镇发展廊道是南北向的云新城镇发展廊道。广东西部历史上联系各城镇的古驿道依循地形形成了德庆—罗定—信宜—高州—化州—廉江—雷州—湛江、肇庆—新兴—恩平—阳江—高州"Y"形古驿道，其中肇庆至新兴古驿道沿线城镇发展较好，如新兴的六祖镇、天堂镇。自设市以来，依赖硫铁矿和众多资源型工业的发展，云浮出现了新的发展格局，都杨、六都、新城西南部等地均成为重要的城市化地区。

历史上形成的稳定的空间发展格局对于云浮极其重要。在生产和生活日益区域化和全球化的今天，云浮作为以本地化发展为核心的地区，寻找城乡发展历史脉络，并在空间设想中充分尊重已有的空间格局，是云浮空间政策的基础。

1.2.2 现代城镇发展廊道

城市因为区域服务而繁荣，谋划城市发展，要从区域角度审视城市，跳出城市看城市，从区域视角能够看清城市在未来发展的机遇。云浮现阶段可预期的外部条件主要是区域基础设施的优化，包括已建设的广梧高速、规划建设的深罗高速、汕湛高速、怀罗高速、南广高铁、云浮新港等重大对外基础设施的建设。这些设施建设后，将彻底重构云浮的空间发展形态，催生新的空间增长点，未来云浮会形成广梧沿线发展廊道和深罗沿线发展廊道两条新的城镇发展廊道。

广梧沿线发展廊道。广梧高速是沟通广东与广西的

图 1-7　广东省西部地区城镇历史演变格局

主要快速交通干道,建成通车后使得云浮与珠三角地区及广西地区的交通距离大为缩短,有利于货物、人员的流动,将使沿线的具有特殊资源的地区成为未来发展的热点;广梧沿线地区未来还将建设南广高铁,高铁沿线站点地区同样将成为发展的热点。广梧高速沿线地区将出现城镇密集的发展廊道。

深罗沿线发展廊道。深罗高速公路的建设将带动沿线城镇的快速发展。一方面,深罗高速公路是我国大西南地区进入珠三角到达珠海、澳门、深圳、香港最便捷的高速公路,它也是珠三角产业向外转移的主要廊道之一,深罗高速公路修建后,沿线城镇将有更多机会承接珠三角向外转移的企业。另一方面,深罗高速公路在云浮市域自西向东串联了罗定罗城、云安镇安、新兴新城与簕竹等城镇地区,沿线分布有丰富的矿产资源,高速公路将带动资源导向型产业发展。

1.2.3　山水生态格局

云浮山地多、平地少,水系贯穿全市,山水生态格局为城市建设地区提供了天然的增长边界。城乡人居建设强调"因地制宜"、"顺理成章",人工建设充分尊重自然生态格局,主要城市建设地区依山顺水,人工与自然"天人合一"。

云浮山体分布全市,山脉的主要走向为北东-南西,少数为南北或东西,主要山峰有大绀山、云雾山、天露山。西江支流罗定江和新兴江将罗定盆地和新兴盆地与西江串联,呈现清晰的南北通廊格局。云浮市地质上处于粤桂隆起带,总体来说是西南高东北低,地形以山地、丘陵为主,有"八山一水一分田"之称。地形由西部、西南部的高山、中部地区向北、东北方向逐渐降低为高丘区、低丘区,有两个特殊的地貌,罗定盆地和天堂盆地。境内主要河流除了北边临界由西向东流过的西江以外还有其一级支流罗定江、新兴江等,两江均由南向东北注入西江,市内绝大部分地区都是罗定江与新兴江的流域。西江、罗定江、新兴江构成市域的水体自然格局。

1.3　云浮城乡空间发展布局

1.3.1　空间发展模式

未来云浮形成"交通轴线 + 城镇走廊 + 完整社区 + 生态环境"的空间发展模式,通过快速交通高效连接云浮与珠三角、广西等地区,同时在交通轴线所经地区,选择具有资源优势或者综合交通区位优势突出的地区作为重点的城镇建设地区,如南江口、华石、镇安等地区,城镇地区之间通过快速通道便捷地联系。保护和提升自然生态系统,维护生态敏感区、自然生态控制区、基本

农田等具有生态效应的绿色环境。通过交通轴线、城镇走廊、生态环境的互相嵌套和连接,形成人工与自然一体、生产与生活融合、内外交通便捷、生态环境宜人的空间发展模式。

1.3.2　"井"字形交通轴线

根据区域交通的未来发展,云浮市将形成"井"字形的快速路网格局。"井"字形路网格局指东西向广梧高速(广云高速)、东西向漳玉高速(深罗高速、江罗高速)、南北向汕湛高速和云罗高速(罗阳高速)四条对外交通干道组成的快速交通框架。东西向的广梧高速已经建成通车,另一条东西向的深罗高速也已经确定建设时限,南北向的云罗高速也已经动土建设,加上已经列入规划的汕湛高速,未来的高速路网将彻底改变现时的城市空间形态。

1.3.3　两条东西向的城镇发展走廊

根据用地适宜性条件、历史发展城镇格局、资源分布状况和未来可预期的交通发展,沿西江南岸及广梧高速和将要建设的深罗高速逐步形成城镇走廊,并为未来的发展留有余地。通过引导华石、镇安、簕竹、南江口等地区新中心的发展,居民可以方便地兼得城乡之利,包括就业、交通、教育、文化功能的满足。同时在镇安、都杨、六都、双东—大湾、簕竹,布置产业园等新的城市功能区。

1. 西江南岸城镇发展走廊

西江南岸形成密集的城镇发展走廊,广梧高速沿西江南岸经过云浮,是目前沟通广西和珠三角地区最为重要的快速交通干道,有效地带动云城、都杨、郁南地区的新增长点的发展,同时西江在云浮境内岸线长100公里,流过郁南、云安县和云城区,沿线设有都骑港、云浮新港、南江口港、都城港四个深水港。依托港口的发展,重点建设郁南都城、郁南南江口镇、云安六都、云城都杨等已有城市发展基础的城区,同时结合港口所在地区的用地条件情况,发展港口带动的中小型城镇。未来规划建设的南广高铁将沿西江南岸自东向西贯穿云浮,沿线设云浮东站、南江口站、都城站三个站点,高铁站点将加强站点地区的吸引带动效应,推动地区经济的集聚发展。

中心城区:包括云城—河口—都杨—云安循环工业园,是经济和人口密集区,承担着全市的服务功能和管理功能。通过功能整合,都杨建设成为综合产业功能区,云安循环工业园建设成为以水泥产业链为核心的集聚名牌企业的功能区,云城、河口重点发展生活性服务业和一般生产性服务业,吸引人口集聚,塑造城市中心区的

现代城市面貌。基于强化中心城市服务和外围片区产业功能的规划考虑,按常住人口为65～75万人规模配置基础设施和公共服务设施;

郁南中心区:包括都城镇和平台镇,都城作为郁南县中心,充分利用地处粤桂边境要冲、濒临西江、商贸传统浓厚的优良条件,建成粤桂边贸商城;大力发展电力和农林矿产加工业;大力发展电池产业集群以电池机械特色产业为主导,以农产品为主体的商贸物流和城市综合服务,通过提供完善的公共服务设施和良好的居住环境,建设城乡流通集散中心,借助南广高铁站点的带动效应,与封开地区一体化发展,规划成为粤桂人员和物质流动的节点之一。平台镇发展成为以高铁站场配套商贸物流为主导,以无核黄皮、沙糖橘等特色农业为基础的重点城市化地区。该地区按常住人口15～20万规划基础设施和公共服务设施;

郁南南江口镇:郁南南江口镇依托神仙滩建设集生态旅游、休闲度假为一体的旅游度假区,该镇还是西江经济走廊重要的港口镇,城市化建设已有一定的基础,可以结合港口建设,将南江口镇打造成为在生态旅游、南江文化、港口物流方面特色明显的南江文化名城。同时南广高铁在南江口设置高铁站点,高铁站点将强化南江口与德庆地区的联系,在站点周边形成集聚的商贸和服务,未来依托港口和南广高铁,按常住人口5～7万配置基础设施和公共服务设施。

2. 深罗沿线城镇发展走廊

依托深罗高速的交通带动效应,作为未来广西到珠三角的主要的区域交通联系,深罗高速将强化云浮与外部区域的联系,尤其是珠三角核心地区,这为该地区的硫化工、水泥、石材、电力等基础性产业提供了区域市场。同时也为该地区吸引外来的消费人群和投资提供了可能。从罗定中心区开始,经过苹塘镇、华石镇、云安的镇安镇、石城镇,新兴的簕竹镇、新城镇,东成镇,形成沿深罗高速发展一条城镇发展轴线。

罗定中心区:包括罗定城区罗城街、附城街、素龙街、双东街,已形成一定的规模,城市化基础较好,产业发展已经具有一定的综合程度。定位为服务于地方的市级中心城区,进一步提高人口和产业集聚程度,吸引和接纳周边城乡人口,强化其作为市级中心城区的服务和带动作用,未来建设成为罗定市本地人口的重要集聚地。规划通过双东环保工业园的建设,提高罗定中心对人口集聚的吸引力,同时通过联合郁南大湾镇共同发展,壮大城区规模,扩大基本的服务人口基数,双东和郁南大湾一体化发展,按照双东与大湾的整体发展需求考虑基础设施配备标准。罗定中心区按40～50万人城镇常住人口规模进行基础设施和公共服务设施规划;同时考

虑云浮机场、铁路和高速公路未来的一体发展,适时发展交通枢纽。

华石镇:华石镇未来将会是深罗高速和怀罗高速的交汇点,并设有高速公路出入口,同时拥有石灰石等丰富的矿产资源,华石镇将发展成为以商贸物流和建材工业为主导,以水果、中草药种植为特色的城市化地区。按照5万人城镇常住人口规模进行基础设施和公共服务设施规划。

新兴中心区:新城镇将建设成为区域房地产、旅游服务和本地商贸服务的中心。重点推进新兴新城地区作为省内重要不锈钢、食品加工基地、农业科研教育基地、旅游服务基地的建设,推进新兴新城地区在原有建成区的基础上集约发展,依托现有城区向北和西发展为主,城区土地发展方向往深罗高速方向拓展。规划按常住人口20万规划基础设施和公共服务设施。

簕竹镇:重点发展农业总部经济,依托温氏打造以现代化农业为核心的农产品产业链,同时积极进行产业延伸,建设具有活力的新型城市化地区。规划按常住人口3万规划基础设施和公共服务设施。

东成镇:东成镇距离县城12公里,同时深罗高速于东成设有出入口,东成区位交通条件较好,自然资源丰富,是新兴县主要的优质粮食产区之一,盛产荔枝、龙眼等水果,温泉蕴藏丰富,水质较优。未来东成将发展成为新兴县重要的新增长地区,重点发展特色农业、旅游及以凉果食品工业城和凌丰集团不锈钢产业基地为基础的以凉果加工、不锈钢制品、皮具制造等为主的工业生产体系。规划按常住人口5万规划基础设施和公共服务设施。

"镇安—石城"发展带:强化"镇安—石城"发展带,形成云安南部的综合服务中心,实现规模化发展。"镇安—石城"拥有丰富的石灰石资源,重点发展水泥和石材产业,形成以石灰石资源为起点的一系列水泥石材产业及相关配套服务行业。镇安镇发展成云安县域南部工矿服务型中心镇,以水泥、新型材料、纳米碳酸钙产业为主导,以蚕桑、松脂种植为特色的工业化促进地区。石城镇成为云安县域副中心,县域南部的经济重镇和服务中心,云浮市重要的石材加工及商贸物流基地,以石材工艺加工、松脂深加工、腐竹加工及沙糖橘种植主导的工业化促进地区。规划按常住人口15万规划基础设施和公共服务设施。

1.3.4 城乡完整社区

强调地方化的生活质量,建设完整社区。完整社区建设从四个方面着手,塑造具有地方活力的生活环境。第一是创造宜人的公共空间,通过街道、广场、公园等公共空间的建设,为市民活动提供舒适的空间。第二是

建立完善的社区服务体系,根据人口结构统筹教育、卫生、文化、社会保障等公共资源在城乡之间的均衡配置,促进基本公共服务设施均等化。第三是形成社会管理的基本单元,以社区作为社会管理的基本单元,利用社区资源,强化社区功能,解决社区问题,促进社区政治、经济、文化、环境协调和健康发展。第四是培育具有地方感的社区文化,通过强化地方的历史传统、历史建筑、非物质文化遗产等努力,增强地方文化的包容性,塑造地方发展的共同认知。

城市地区根据人口结构特征,发展成为设施完善、服务优质、空间美好、发展包容的完整社区。云浮市是广东省最年轻的地级市,建市以来,以矿产资源为核心,经济稳步发展。作为传统农业城市的云浮,外出务工的年轻人口占有很大比重,同时经济发展吸收的外地劳动力也逐年增加,城市地区具有特殊的人口结构。城市完整社区需要考虑老龄化人口、青少年、儿童、外来务工人员对社会服务设施的需求,重点配备老年人服务中心、养老院、外来工培训与教育中心、青少年活动中心和社区医院等。

农村地区根据历史传统、生态格局、现代空间发展需求建设历史传承连续、地方文化浓郁、生活秩序井然的农村完整社区。从历史上看,西江支流、南江、南山河、新兴江流域是农村点分布的集中地区,已经形成了稳定的乡村服务体系,历史上形成的与自然格局融合的服务体系。现代以交通发展及资源开发为导向的城镇发展,在开发的重点地区产生了新的服务中心。农村完整社区建设在充分尊重自然和现代发展需求的基础上,叠合两者,产生既符合历史传统又满足现代需求的完整社区服务体系。

1.3.5　生态环境体系的建设

保护好大绀山、云雾山、天露山、西江、罗定江、新兴江和南山河干流等自然形态、自然资源,保护海拔500 米以上山地、现有及规划自然保护区、现有及规划集中式饮用水源地(及其保护区)、现有及规划饮用水源水库、国家级与省级生态公益林、水土流失中度敏感区。通过自然资源的保育,提升空间品质,兼得景观、休憩之趣。

严格规定生态控制区,生态结构控制区是云浮市水土保持、水源涵养及野生动植物资源与生物多样性保护等重要生态功能的主要区域,其生态质量直接影响着云浮市自然生态体系的总体质量。生态控制区包括:云开大山北脉山地生态控制区、云开大山南脉山地生态控制区、大绀山脉山地生态控制区、云雾山脉山地生态控制区、天露山脉山地生态控制区。

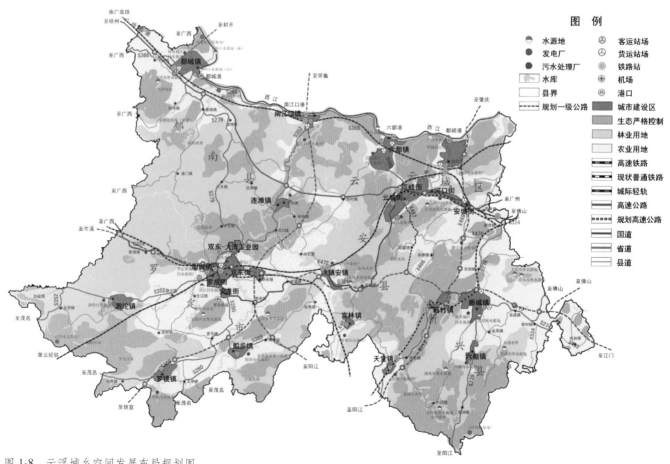

图 1-8　云浮城乡空间发展布局规划图

第2章 市域城乡统筹发展策略

2.1 区域一体化战略：统筹区域城乡发展

2.1.1 实施交通一体化战略，建立区域快速联系

1. 东接西联融入珠三角

积极发挥西江水运功能。较之于陆路运输，水运较为廉价，适合运量大的货物，云浮应结合自身产业特点，整合西江岸线港口资源，发挥西江水运的作用。

依托区域交通网络，强化东西向陆路交通。向东对接佛山、广州、深圳、香港等珠三角核心城市，主动承接其外溢产业，向西联系梧州、岑溪、玉林、贵港，打造为两广物资、人员流动的节点地区。未来云浮东西向主要的陆路交通线包括广梧高速公路、深罗高速公路、南广高速铁路、324国道、肇（庆）云（浮）茂（名）轻轨等。

专栏

西江沿线城镇发展格局——"无市不趋东"

秦汉时期中原进入岭南的主要通道有五条，包括：从湘江谷地通过越城山隘，经桂江入岭南；从赣江谷地过大庾岭，经北江入岭南；从湘江支流越过九嶷山，经贺江入岭南；从湘江支流耒水越过骑田岭山隘，经北江入岭南；从四川经贵州，沿柳江而入岭南。两条线路是由北江南下，三条线路是由西江东进的，东西汇合的必经通道是西江。秦始皇二十年，官员史禄在广西兴安县开凿灵渠，使湘江、桂江、西江全程由水路连通，解决入岭南辎重运输问题，这条"湘桂通道"成为中原与岭南之间主要的交通线路，带动了岭南西部地区发展，广西北部湾地区城镇较为繁荣，"湘桂通道"上的桂林一度成为广西商贸最为繁荣的城市。

716年，唐朝宰相张九龄主持重修了梅关古道上的大庾岭驿道，打开了中原与岭南的另一条交通要道，即"粤北通道"，它与"湘桂通道"一起成为岭南地区与中原物资往来的两大"动脉"。

明清时期，受海禁影响，广州港地位上升，珠三角地区手工制造、商业贸易此时也大有发展，广州和佛山等地出现了规模宏大的手工业作坊，如绸缎、铁器、蔗糖、布匹、瓷器等，岭南东部地区即珠江三角洲经济非常繁荣。这一时期广西城镇发展受珠三角的辐射较为强烈，广西甚至有"无东不成市"的说法，广西东部梧州发展为广西最为繁荣的商贸重镇，西江成为广西接受珠三角经济辐射，开展区域贸易的主要物流通道。

参考文献：《商都往事——广州城市历史研究手记》《明清民国粤港核心城市组合变化与广西城镇"无市不趋东"结构——粤港商业经济对广西经济辐射的研究之五》

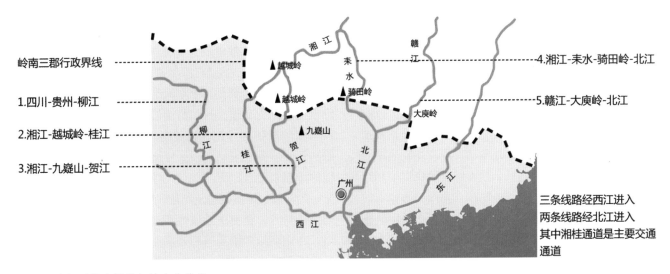

图2-1 秦汉时期中原进入岭南的路线

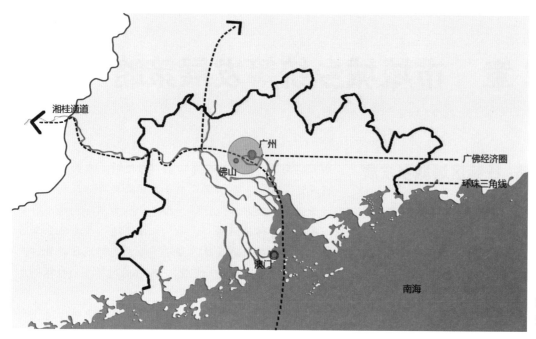

广佛构成珠江三角洲二元中心
以广佛为核心建构起珠江三角
洲城镇体系

明朝，广佛-澳门一度成为珠
江三角洲经济轴

图 2-2　明朝时期广佛 - 澳门经济轴的发展及其与中原的两大通道

2. 构建南北通道跨江入海

通过高速公路强化南北向交通。向北跨西江，与肇庆、清远等地区建立快捷联系，与粤西、粤北城市互动发展；向南通海港，建立与湛江、茂名、阳江三大港口的快速联系，实现与海港城市的一体化发展，纳入到港口的经济腹地中去。此外，广东西部沿海城市拥有丰富的旅游资源，阳江将围绕南海一号古沉船，打造以海上贸易为主题的旅游，建立与这些海港城市的便捷联系有利于云浮参与区域旅游一体化发展。将来云浮南北向主要陆路交通线包括汕湛高速公路、怀信高速公路、罗阳高速公路等。

3. 综合交通发展战略

构建由高速公路、高速铁路、城际轻轨组成的"双快"交通系统为骨架，普通主干线公路为支撑的网络化综合交通系统。

1）高速公路："两横两纵一联络线"，构成"井"形结构

"横一"：广梧高速云浮段。从云城的思劳进入云浮市境内，经安塘、河口、云浮市区、高村、连滩、宝珠、建城、都城、平台至广西梧州市苍梧。广梧高速是我国西南地区出海的公路大动脉，是推动形成西江发展轴的一个重要因素。市域之间连接云浮市区、肇庆市区和广佛都市圈，是云浮市区直接连接珠江三角洲核心城市的快速通道；在市域内部是南广高铁郁南站、肇云城际轨道站点、云浮四大港区等综合交通枢纽的重要集疏运公路。

"横二"：深罗高速云浮段。深罗高速从水台附近进入云浮市境，经稔村、东成、新兴县城、簕竹、石城、镇安、华石、双东、罗定县城、替滨至广西岑溪的筋竹。深罗高速未来向东经中（山）深（圳）大桥直达香港，是大西南进入珠三角最快捷的高速公路通道。在云浮市域，深罗高速连接新兴县城和罗定市区，是罗岑（春罗）铁路罗定火车站、罗定机场等综合交通枢纽的重要集疏运公路，为沿线布设的新兴产业转移园、罗定产业转移园等重要工业园区及经济发展重镇的交通出行提供快速通道。此外，深罗高速沿线资源禀赋丰富，是云浮南部地区资源开发、资源型产业发展的重要依托。

"纵一"：汕湛高速云浮段。由肇庆的悦城跨西江进入云浮市境内，经都杨、车岗、簕竹、河头、天堂至阳江阳春的春湾。汕湛高速向北接肇庆、清远城区，向东转向从化、龙门、河源市区、紫金、揭西、普宁至汕头，向南联系阳春、阳江、茂名、湛江等重要海港城市，贯通珠三角外围城市，特别是广东省东西两翼的重要通道。在云浮市域内，汕湛高速是最重要的南北走向大动脉，联系高速公路横一线（广梧高速）和横二线（深罗高速），服务于云浮滨江新城、中心城区、新兴县城等云浮市东部重要节点的交通出行，是连接都杨工业园和新兴产业转移园的最便捷通道，也是南广高铁云浮（都杨）站、肇庆云浮城际轨道站点、云浮港都骑港区等综合交通枢纽的重要集疏运公路。

"纵二"：怀信高速云浮段。怀信高速起于肇庆怀集，向南接封开，在德庆县城往南进入云浮市境内，经南江口，在东坝接广梧高速和云罗高速相交的双凤枢纽，然后往南经连滩、宋桂、河口、华石、围底、满塘、船步、罗境，接至茂名信宜的平塘，最终接入信宜县城接拟建

的包茂高速粤境段。怀信高速将作为湛江、茂名、阳江、云浮四市建立区域一体化公路网络的重要线路，为信宜、粤西北部山区、广西北部湾经济区北部通往广（州）佛（山）等珠三角核心区提供了一条最便捷的通道，加强了云浮港与茂名港、湛江港等粤西港口群的联系，是广东省高速公路网的有效补充；在云浮境内，为罗定南部的罗镜、太平、罗平、船步、围底等大片的地区通往云浮市区、珠三角核心地区提供一条便捷通道，也是南广高铁南江口（德庆）站、罗岑（春罗）铁路罗定火车站、云浮港南江口港区、罗定机场等综合交通枢纽的重要集疏运公路，连接南江口产业园、围底—华石工业园等若干工业园区。

"联络线"：罗阳高速罗定段。起于罗定满塘，向东南接至阳春河塱。罗阳高速公路在阳春接阳（江）阳（春）高速，通过阳阳高速连接阳江港。

专栏

广东西部地区高速公路网格局

广东省正形成以珠三角为核心的"环形＋放射"格局高速公路网。根据《广东省高速公路网建设规划（2004—2030）》，至2030年，全省将形成以"九纵五横两环"为骨架，以加密线和联络线为补充，以沿海为扇面，以沿海港口（城市）为龙头，向山区和内陆（省）辐射的路网布局。

根据省高速公路网规划，云浮将形成"井"形高速公路格局。

广梧高速：为省高速公路网"三横"的一段，"三横"起自惠州惠东，经惠州、博罗、增城、广州、南海、三水、肇庆、云浮、郁南至广西梧州，广梧高速是大西南地区与珠三角地区联系的重要通道。

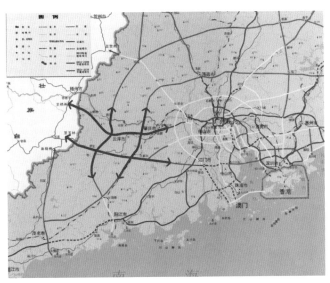

图 2-3　广东西部地区高速公路网格局图

深罗高速：为省高速公路网"四横"的一段，"四横"起自福建饶平，经潮州、揭东、揭阳、揭西、陆河、海丰、惠东、惠州、东莞、中山、江门、鹤山、新兴、罗定至广西岑溪，"四横"从中山跨伶仃洋连接到东莞，是大西南地区到中山、东莞、深圳、香港最近的高速通道。

汕湛高速：为省高速公路网"二横"的一段，起于汕头，经揭阳、揭西、五华、紫金、河源、龙门、从化、佛冈、清远、广宁、云浮、新兴、阳春、茂名，最后到达湛江，"二横"是贯通广东省东西两翼经济欠发达地区的一个重要通道，是广东省中心城市与区域中心城市的主通道的复线，是促进沿线经济欠发达地区加快融入珠三角发达地区的快速干线。

怀罗怀信高速：起于肇庆市怀集县岗坪镇，在德庆县城北侧跨广佛肇高速公路、东侧跨 G321 线后跨西江进入郁南县南江口镇，终点与广梧高速公路和云罗高速公路交叉所设置的双凤互通相接，怀信高速在怀集接省高速公路"一横"线到达福建漳州，在双凤与省高速"八纵"线相接，经罗定、阳春到达阳江港。是阳江港腹地拓展的重要疏港线。

2）高速铁路与城际轻轨

南广高铁：是云浮与珠三角一体化发展的主要通道，将带来大量客、货流，促进沿线重点城镇发展，推动西江发展轴形成。南广高铁在云浮设置云浮东站、南江口站、都城站三个站点。

肇云茂轻轨：肇（庆）云（浮）轻轨规划2014～2017年建设，从云浮向东连接至肇庆、佛山、广州，云（浮）茂（名）轻轨为远期规划线路，向西南延伸至茂名。肇云茂轻轨在云浮市连接云城区云城街、镇安、罗定罗城，规划建议以上地区各设一站点，以加强片区之间的联系。

3）普通主干线公路："五横六纵"

"五横六纵"主干线公路主要起连接重点城区与周边市域、市域重点地区之间的作用。云浮市域各城区的快速疏散系统与衔接周边市线路主要采用一级公路技术标准，山区等地形条件复杂地区线路则采用二级公路技术标准。

"横一"：高要大湾至苍梧大坡

路线起于云安六都，公路在都杨大乐附近市界处，往东接高要大湾，往西大部分新建公路经云浮滨江新城至云安县城，然后线路沿 S386 云古线经南江口、郁南县城、平台至省界，往西将连接广西苍梧的大坡。沿线串接云浮港都杨港区、六都港区、南江口港区、都城港区、南广铁路南江口站、郁南站等综合交通枢纽，全长约121公里。杨柳以东按二级公路规划，杨柳以西按一级公路规划。

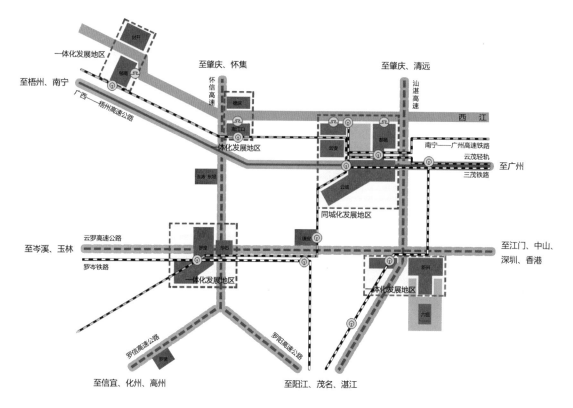

图 2-4　云浮"双快"交通格局图

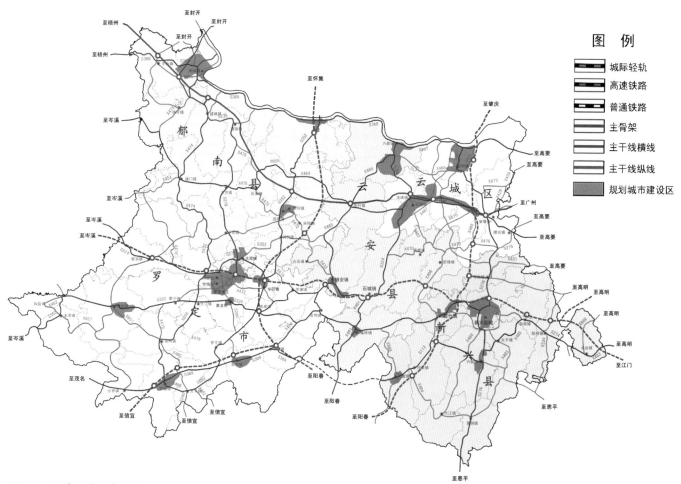

图 2-5　云浮公路总体布局

"横二"：高要白诸至岑溪筋竹

路线基本为 G324 云浮境内路段，起于云城区腰古附近市界，经思劳、广梧高速思劳互通、云浮中心城区、云安石城、深罗高速托洞互通、镇安、深罗冲花互通、苹塘、围底、素龙、罗定县城、云罗高速附城互通、云罗替滨互通，终于替滨镇省界处，往西接梧州岑溪的筋竹。"横二线"是云城中心城区与罗定市区相联系的重要通道，将来沿线有大量石材展销、加工企业，应该按照一级公路技术标准建设。

"横三"：云浮城区至苍梧广平

路线起于云浮中心城区城北，接"横二线"，向西增新线至云安高村，然后沿 X464 高东线并新增部分线路经郁南东坝的龙塘至连滩逍遥，再依次沿 X855 道松线、X472 大镇线、X475 大历线经沥洞、大方至通门，然后增新线至桂圩罗顺接 X473 线，终于市界，往西将连接苍梧广平，全长约94公里。全线按二级公路规划。

"横四"：高明更合至信宜贵子

路线起于佛山市高明区更合白洞的市界，往东将通过佛山市路网接高明大道连接佛山城区，线路新建至新兴车岗，并连接汕湛高速新兴北互通，然后转 S276 腰那线至新兴县城北，然后增新线往西至新城产业转移园，再沿 S113 广高线连深罗高速籁竹互通至籁竹，再增新线至云安富林的东路，然后转 X868 金天线至罗定金鸡，然后再新增线路往西至围底接 G324 福昆线至素龙，再往西经生江、黎少，转 S352 荔池线经泗轮、龙湾，终于市界，往西连接信宜贵子，全长约160公里。其中籁竹以东路段、围底至黎少路段按一级公路规划，其余路段按二级公路规划。

"横五"：鹤山双合至罗定分界

路线起于新兴县水台与江门市交界处，沿双和公路经深罗高速水台互通至开平龙胜镇的人和，然后转 S274 稔广线重入云浮界至稔村，转 S113 广高线连深罗稔村互通、东成互通，然后转 X485 官东线经太平至新兴县城以南的官洞，转沿 S276 至六祖，然后线路转向西至河头湾边重新接上 S113 线至天堂，然后线路向西增新线至阳江市阳春的河塱接 S369 圣贵线，重入云浮界至罗定塘、船步，再增新线至罗平牛路，然后重沿 S369 线经罗镜、分界，终于分界金垌附近市界处，云浮境内全长约118公里。其中六祖以东路段、S113 线湾边至天堂段按一级公路规划，其余路段按二级公路规划。

"纵一"：德庆悦城至新兴里洞

路线起于德庆悦城东侧新建跨西江大桥进入云浮境内，沿江往东在都骑作业区附近转沿 X867 河杨公路，往南穿越云浮都杨滨江新城，然后增新线经广云高速思劳互通至腰古城头，然后沿 S276 腰那线经深罗高速新兴

互通至新城下坡，作为新兴县城环线西段经新城产业转移园至六祖新朗，然后沿 S276 至六祖藏佛坑、六祖，终于里洞市界，往南可至江门恩平的锦江温泉，全长约93公里。全线按一级公路规划。

"纵二"：云安县城至阳春河塱

路线起于云安县城沿 S368 线过广梧高速云安互通至云浮中心城区的高峰，然后沿 G324 线至云安石城并串接深罗高速托洞互通，再转沿 X461 托河线终于富林河邦附近市界，往南将接阳春河塱，全长约67公里。其中石城以北路段按一级公路规划，石城以南路段按二级公路规划。

"纵三"：云安县城西至罗定满塘

路线起于云安六都西侧的西江水厂，沿县城西侧建新线至南乡转 X465 南大线，经广梧高速高村互通至郁南宋桂营讯，然后增新线至镇安西安，再经 G324 福昆线至罗定金鸡冲花，转沿 X476 冲两线终于满塘，全长约82公里。其中云安县城路段、G324 线路段按一级公路规划，其余路段按二级公路规划。

"纵三线"的升级改造有两大重要作用，一方面，"纵三线"在满塘接罗信高速公路，这将直接促进云安镇区、云浮新港与罗定市、茂名市的交通联系，促进沿线城镇地区发展，并加强云浮中心城区的集聚能力；另一方面，罗定南部地区和云安南部地区，包括满塘、船步、罗境等镇，资源禀赋较好，但是一直以来对外交通并不通畅，"纵三线"将提升该地区矿产资源对外运送能力，该地区矿产资源甚至可以运送到六都港区集散。

"纵四"：德庆县城至信宜新宝

路线起于郁南南江口连接德庆县城的德庆大桥，沿 S352 荔池线经广梧高速连滩互通至连滩、河口，然后转 X874 河苹线并新建部分线路经河口寨、回龙、南龙至苹塘道村，再增新线经深罗高速华石互通、华石、围底至罗平替北，然后沿 S280 罗水线经罗平、太平至市界，往南将接信宜新宝，全长约87公里。全线按一级公路规划。

"纵四线"是南江口港区与罗定市相联系的主要普通公路通道，其升级改造将直接提升南江口港区货物集散的能力，也将促进罗定市经济产业，特别是资源型产业的进一步发展。

"纵五"：郁南县城至罗定船步

路线起于郁南县城的渡口附近，沿县城西侧建新线至九塘山，再沿 S279 郁罗线连广梧高速建城互通，然后经建城、宝珠、大方至千官，然后增新线至大湾，再沿 S352 荔池线和 G324 福昆线经云罗高速双东互通在罗定市区东侧至素龙，然后再沿部分 S280 线和 S369 线连接罗定产业转移园至船步，全长约116公里。其中郁南千官以北路段按二级公路规划，以南路段按一级公路规划。

"纵六"：封开县城至罗定太平

路线起于郁南县城北面的广梧高速封开连接线市界处，经郁南互通至桂圩桂连，然后转 S279 郁罗线至建城，经 X474 建千线经通门至千官云霄，再转 X872 云附线往南，在罗定市附城镇星光村附近增新线，在罗定市区西侧经云罗高速附城互通至素龙街的龙税，然后沿 X856 龙五线经生江至连州五和，再转 X479 罗竹线至连州，然后增新线至罗镜，再转 X489 大罗线至太平，全长约 121 公里。其中郁南路段按二级公路规划，罗定路段按一级公路规划。

4）普通铁路

云浮市境内的现状铁路主要是广（州）茂（名）铁路［又名三（水）茂（名）铁路］腰古至春湾段、支线腰古至云城和罗定至春湾支线 3 条线路共 156.146 公里，为单线 II 级铁路。三茂铁路从云浮腰古进入云浮境内，纵穿新兴县，西至阳江、茂名、湛江。罗定至春湾支线是全国第一条县级地方铁路，于 2000 年建成投入营运。

根据粤西地区铁路网发展格局，以及云浮铁路系统与矿产资源地、工业园区之间空间分布关系，本次规划提出：第一，建议在罗定金鸡镇靠近镇安处增设一客运站场，以满足片区矿产资源开发与工业企业发展的需求。第二，三茂铁路腰古至云城支线向云安六都港区延伸，设立货运站场一处。

5）港口

云浮港包括都杨、六都、南江口和都城四大港区，现有码头泊位主要分布在西江干流南岸沿线，截至 2009 年底，全港拥有生产性泊位 113 个，岸线总长 10650 米，年综合通过能力 1298 万吨，集装箱 9 万标箱，旅客 15 万人。2009 年云浮港完成港口货物吞吐量 685.6 万吨，集装箱 27526 标箱。

考虑港口开发利用现状，结合交通条件、地形条件、腹地经济发展等因素，对云浮港四大港区的功能定位及港区改造方案如下：

都杨港区：以煤炭及其他大宗散货、集装箱货运、杂货运输为主，为云浮电厂、华润西江发电厂和佛山（云浮）产业转移工业园提供货物运输服务。规划新增 26 个泊位。

六都港区：发挥土地空间资源优势和集疏运条件优势，开发成为内河枢纽型大型综合公共货运码头，以水泥、煤炭、不锈钢、石材、矿物及集装箱货物运输为主，为云浮循环经济产业园、云城"百里石材走廊"、新兴产业园区提供货物运输服务。规划新增 16 个泊位。

南江口港区：发挥交通区位优势，集约利用港区土地，以水泥、煤炭、农产品等散货、杂货和集装箱为主，为南江口镇及罗定市提供运输服务。规划新增 18 个泊位。

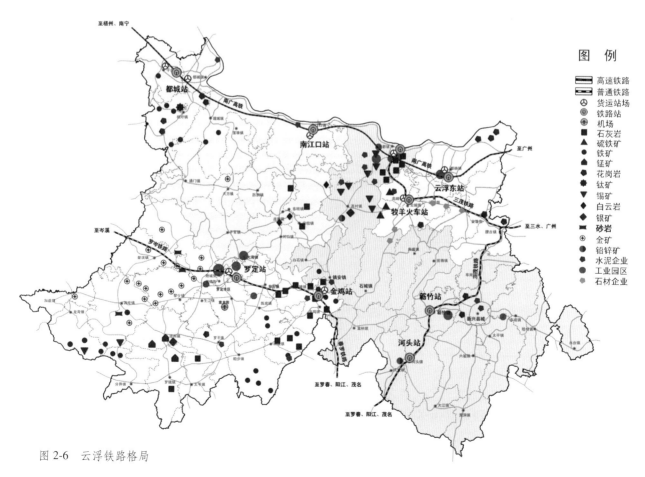

图 2-6 云浮铁路格局

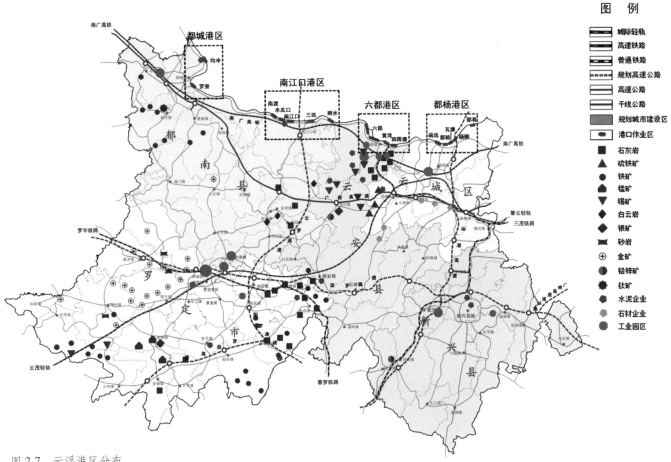

图 2-7　云浮港区分布

都城港区：发挥毗邻广西的区位优势，以水泥、农产品、煤炭、金属矿石运输为主，为郁南中西部及广西部分地区提供水运服务。规划新增 7 个泊位，都城作业区逐步改造为城市休闲岸线。

6）罗定机场

罗定机场位于罗定市素龙街道，建设于 1991 年 10 月，是全国第一个自筹资金建设的山区县级通用航空机场，等级为 3B，于 1996 年停用，现作为空军训练机场使用。随着我国支线航空运输的发展，小型机场的作用将凸显，建议保留罗定机场，为将来支线航空运输发展做好准备。

2.1.2　落实产业一体化战略，建设以县域经济为发展主体的经济发展模式

1. 按照"云浮资源—珠三角市场"关系，发展特色农业

云浮是广东省的农业大市，改革开放以来，云浮农业发展取得了重大成就，农业产业化建设卓有成效，形成了一批特色农业产业和龙头企业，主要包括：柑橘种植、无核黄皮种植、有机大米生产、凉果加工以及温氏集团、南盛镇农业发展有限公司等。

建立"云浮资源—珠三角市场"关系。区域一体化发展的过程具体表现为区域市场逐渐开放、区域分工专业化、区域空间融合等方面，其中资源和市场是各区域主体之间发挥比较优势、分工合作和共同发展的基础，稳固的区域一体化发展关系有赖于"资源—市场"关系的建立。在明确云浮的农业优势所在之后，云浮应该凭借这些优势要素，以"云浮资源—珠三角市场"为核心理念，进行区域资源协调、产业整合、空间关系重构以及区域设施建设，以强化云浮发展的动力，最大限度融入区域一体化市场网络。云浮要通过大力发展既能发挥本地资源禀赋特色，又能融入珠三角一体化发展、面向珠三角市场的农业产业，以市场关系融入珠三角发展，重点发展包括有机水稻、蔬菜、柑橘、黄皮、蚕桑、禽畜在内的特色农业。

专栏

云浮特色资源禀赋

差异化的资源禀赋，是云浮在区域中实现发展的重要条件，包括丰富的矿产资源、农业生产资源、旅游资源、生态环境资源等。

（1）丰富的矿产资源。目前云浮已勘查的矿产达 57 种，探明储量的有 49 种，共有矿产地和矿点 274 处。云

23

浮市的优势矿产是非金属矿，其次为金属矿，其中储量较为丰富的优势矿产主要包括水泥灰岩矿、硫铁矿、矽线石、饰面大理岩等。云浮市矿产资源分布范围较为广泛，各县区均有不同的矿产产出，其中硫铁矿、石灰石矿等优势矿产分布相对集中。

（2）农业生产资源。云浮市自然条件优越，农业生产优势得天独厚。云浮位于北纬 22°22′～23°19′和东经 111°03′～112°31′之间，属南亚热带季风气候，年均气温为 21.5 摄氏度，年均降水量 1670.5 毫米，年均日照时数为 1418 小时，土壤、光照、降水和温度的配置非常适宜水稻、水果、蔬菜作物的生长，如沙糖橘、无核黄皮、南瓜、苦瓜等，种出的果实均为同品类中的极品。此外，其林业资源也十分丰富，开发潜力巨大。

云浮农业产业化建设也卓有成效，组建了一批农业产业化龙头企业，其中"亚灿米"、"南乳花生"、"马林食品"等多种名优特色农产品远近驰名。

（3）旅游资源。云浮市的旅游资源可以分为以下 6 类：自然山川风光类（罗定龙湾生态旅游区、新兴神仙谷、新兴佛手岭、郁南神仙滩等）、名优水果资源（郁南无核黄皮、新兴香荔、贡柑等名特产资源）、六祖禅宗文化资源（国恩寺、夏卢村六祖故居、藏佛坑等）、民俗文化资源（大湾古民居群、连滩民间艺术节、光二大屋等）、历史名人遗迹（罗定文塔、罗定学宫、张公庙、蔡廷锴故居、邓发故居、光裕堂等）以及温泉溶洞资源（蟠龙洞、聚龙洞、凌霄岩、龙山温泉、云沙温泉、东成温泉、水台温泉等）。其中，六祖禅宗文化、温泉、蟠龙洞、南江文化（民俗文化）和龙湾生态旅游区的资源条件相对较好，具备一定的开发潜力。

（4）生态环境资源

云浮处于珠三角外围，生态环境保持良好，与污染较为严重的珠三角地区相比，有明显的生态环境优势。云浮是广东省大气环境最好的地区之一，2010 年全市各城区空气质量保持在国家《环境空气质量标准》二级以上水平；市城区降尘量 4.28 吨／（平方公里·月），连续七年保持下降且低于 8 吨／（平方公里·月）；2010 年全市饮用水源水质达 II 类水质标准，水质状况良好，饮用水源水质达标率为 100%，主要江河如西江云浮段、南山河市区段、罗定－郁南河段、新兴江新兴段、蓬远河等，水质基本保持在 II 类以上标准。

云浮应走特色农业发展道路。1）延长农业产业链，重点发展附加值高的农业生产环节，实现农业服务化、工业化发展。发挥政府引导作用，推动本地企业与高校技术的合作；吸引大型国内龙头农产品流通企业进入云浮整合农业流通环节；对农业高科技企业进行扶持；政府帮助打造云浮的农业品牌，提高农副产品的附加值。

2）推广"公司＋农户"及其农业组织模式，推进特色农业规模化、产业化经营。建立"资源—市场"意识，着重发展本地有特色、有发展优势、珠三角地区需求量大、相对稀缺的特色农业类型。调整农业结构，推广温氏集团"公司＋农户"农业组织模式及其他农业组织模式，探索农业用地适度规模流转，着重发展有机水稻、蔬菜、柑橘、黄皮、蚕桑、禽畜等特色农业的规模化、产业化经营，形成各类特色农业商品基地，成为广东的菜园子、新厨房。3）培育农业服务型经济。发展农业金融解决农村金融信贷问题、农户征信问题，提供技术咨询、市场信息、技能培训等服务，支持农业产业化。温氏集团有研发—生产—流通产业链纵深发展的趋势，考虑到簕竹是其总部所在地，有一定发展基础，建议依托温氏集团，在簕竹建设优质农业服务型企业发展园区，营造一流的园区环境，吸引企业资本，发展农业服务型经济。

专栏

农业组织模式

与云浮特点相符的农业组织模式有"公司（基地）＋农户"、"合作组织＋农户"以及"中介、流通组织＋农户"三种模式：

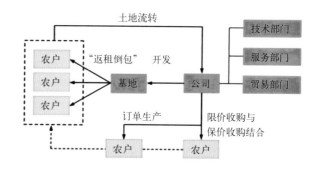

图 2-8　"公司（基地）＋农户"标准模式图

（1）模式一："公司（基地）＋农户"

"公司（基地）＋农户"是农户同农业关联企业签订合同，在明确双方权责上，农户从事专业化生产，而企业向农户提供信息指导、原材料，并按一定的标准和一定的价格收购农户产品。

利益联结方式：包括订单生产、限价收购与保价收购结合、"返租倒包"三种类型。

组织特点：通过龙头企业联结分散的、弱小的农户，使之成为"车间工人"。通过为农业提供"产前、产中、产后"的调整与控制，以集中化的"组织"，让空间分散的农业实现产业化生产。

（2）模式二："合作组织＋农户"

"合作组织＋农户"是指多个农户通过劳动、资金、

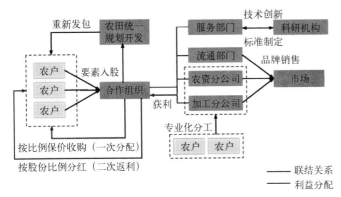

图 2-9 "合作组织 + 农户"标准模式图

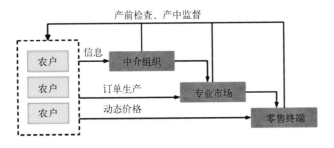

图 2-10 "中介、流通组织 + 农户"标准模式图

技术、土地等生产要素所结成的合作组织模式。从发展趋势来说，合作组织由单纯提供技术支持、服务逐步向"股份公司化"发展，引入合适的利益分享机制，而合作的领域也逐步往产业上下游进行了延伸。

合作组织形式包括：专业性合作经济组织（同一产品、协会）、社区经济组织（同一位置、合作社）两种类型。

利益联结方式：要素入股（土地、资金等）、比例限价收购、差额补助（市场价低于成本价时）、股份分红、二次返利等。

模式特点：让农户以"入股"或"专业分工"的方式参与到产前、产中、产后的各个环节当中。

（3）模式三："中介、流通组织 + 农户"

"中介、流通组织 + 农户"是指农户与中介组织、流通组织（专业市场与零售终端）结成契约，农户根据其信息进行产品品种的选择与生产（经营，并可以全程监督生产的进行）。

合作组织形式："中介 + 农户"、"专业市场 + 农户"、"零售终端 + 农户"。

利益联结方式：特约出售（中介组织）、订单生产（专业市场）、动态价格（零售终端）等。

模式特点：模式的关键是建立市场认可的产品品质标准，而中介组织则及时为农户提供这样的信息。

2. 发挥资源优势，以园区为载体，发展新型工业

发挥资源优势，承接产业转移。云浮市地质上处于云开造山带之中部，构造复杂，处褶皱和断裂发育期，区内成矿地质条件好，各类矿产资源均十分丰富。其中储量较为丰富的优势矿产主要包括水泥灰岩矿、硫铁矿、矽线石、饰面大理岩、冶金用白云岩、锰矿、钛矿、铁矿、铅锌矿、锡矿、金矿、银矿等。对勘查区内的矿产进行调查评估，其主攻矿产是水泥灰岩矿、锰矿、铁矿、

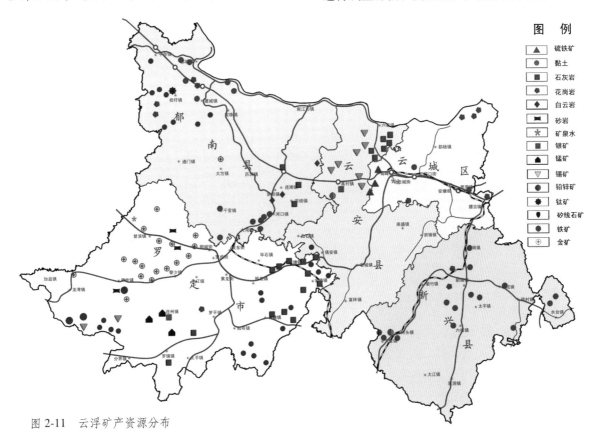

图 2-11 云浮矿产资源分布

铅锌矿、锡矿、金矿、银矿。目前已开发或准备进行开发的矿产包括罗定新榕锰矿、新兴天堂铅锌矿等。云浮未来应重点发展石材、水泥、不锈钢制品、硫化工、电力五个特色产业，培育电子信息与机械、生物制药、纺织服装、电池新材料、农产品加工五个有潜力的产业集群。通过园区载体建设、龙头重点项目带动、财税支持、政府服务平台搭建等措施，培育资源导向型企业和市场导向型企业发展。

以县级工业园为核心，整合现有工业园。云浮应以县为主体，以县级重点工业园为核心，整合其他园区，实现集聚效应。解决当前云浮主要工业园区空间分布不够集中的问题，促进企业之间的生产合作、设施共享。重点建设4个工业园：1）佛山（云浮）产业转移工业园：广东省认定的产业转移工业园，重点发展专业机械制造、金属材料加工与制品、新型建材产业，建成生态性省示范性产业转移工业园）。2）佛山顺德（云浮新兴新城）产业转移工业园：省认定产业转移工业园，主要发展电子通信、五金、机械、生物医药、食品加工、纺织服装等产业，凭借区位优势，建设成为对接珠三角地区，省示范型产业转移工业园。3）云浮市循环经济工业园：重点发展石材加工、硫化工生产、水泥制造业，按循环经济的理念整合省市共建先进制造业硫化工产业基地、广东省粤西水泥基地以及云浮新型石材基地。4）罗定双东—大湾环保工业园：以罗定双东环保工业园为主体，整合郁南大湾环保工业园，发展电镀、化工、五金类产业。镇、村不作为工业发展主体，镇、村级工业园区逐步整合到县级工业园区，并由县级政府部门统筹招商、管理。

云浮市域主要工业园区基本情况　　　　　　表2-1

	工业园	位置	规模	功能	发展现状
云安县	云浮循环经济工业园（一园三区）	云安县城南部，毗邻广梧高速大庆出口、云浮新港、368省道旁	规划建设面积30.46平方公里	发展硫化工、石材、水泥为基础的循环产业	建成企业20家，在建企业21个
	镇安工业园	镇安镇，紧靠国道324线和即将建设的深罗高速	规划用地面积1500亩	主要发展家具、鞋帽服装、环保电池、新材料造纸、新材料建材等产业	已有三家应用高新材料的企业进驻
罗定市	佛山南海（罗定）产业转移工业园	素龙镇岗咀村至罗平镇黄牛木村一带，距国道324线约5公里，距云岑高速约10公里	规划占地约13000亩	园区主要承接珠三角产业转移的五金、塑料、纺织、印染、轻工等产业，重点承接南海及其他珠三角地区急需转移的项目	—
	罗定双东环保工业园	省道荔砵线旁、罗阳高速和广梧高速罗定支线出口交汇处，距罗定火车站2.5公里	远景规划面积6000亩	发展电镀、五金、化工等特色产业	首期用地已全部开发，有4家企业在建，另有14家即将入园
	罗定市围底—华石工业区	罗定市围底镇至华石镇一带	规划占地面积5100亩	以宏利达工业城和陶瓷工业城为主导，发展建筑材料、陶瓷、水泥等产业	宏利达工业城已累计完成基建投资1.03亿元，工商部门注册的企业有近20个，陶瓷工业城已有罗宝陶瓷和鸿正陶瓷两家企业入园发展
	罗定市附城电子高新工业园	附城镇	占地6800亩	以电池、电子、太阳能等为主	现有包括艾默生电器公司在内的电子企业30多家
郁南县	中山横栏（云浮郁南都城）产业转移工业园	郁南县城西北部广梧高速出入口侧，距西江黄金水道5公里	总体规划开发面积13471亩	发展农产品加工企业、机械制造和劳动密集型企业，建设成为省级电池产业集群示范基地、全省农产品生产加工基地	现已建设都城千亩工业基地，已有19家企业进入园区，包括广州虎头电池集团
	郁南县大湾千亩环保工业基地	大湾镇新开发区内	总体规划为10000亩	电镀、五金、化工工业	大部分企业在建厂中
云城区	佛山（云浮）产业转移工业园	都杨，原佛山禅城（云城都杨）产业转移工业园和原云浮市初城民营科技园整合而成	园区规划控制总面积39.6平方公里	专业机械制造、电子信息、新型材料、建材、纺织服装	少部分企业投产，大部分处于厂房建设阶段
新兴县	佛山顺德（云浮新兴新城）产业转移工业园	新兴县城西南	规划开发面积12.11平方公里	电子通信、五金（不锈钢）、机械、生物医药、食品加工、纺织服装等	首期2328亩完成道路、排水、排污等综合管线沟建设，二期基本完成路网施工
	城东工业园	县城东侧	—	主要作为温氏集团高新产业开发	—
	凉果工业城	东成镇S113旁	占地300亩，现有9家凉果制品企业落户	凉果制品生产、包装、销售等食品企业	

发展新型工业，从生产组织改造、产业链提升、园区集聚等方面优化工业发展。1）转变组织方式整合现有工业，鼓励大型企业的并购，实现技术的提升。通过组织的创新和整合，实现行业成本降低，确保生态环境保护以及提高生产效率，重点是利用产业的关联性组织循环经济的发展，引导循环经济工业园区建设；对于落后的生产技术和企业，进行关、停处理。2）鼓励发展依托

本地优势的高新技术制造业和高附加值的服务环节。包括利用本地资源、技术、人才等优势，促进高新技术制造业的发展，高附加值的服务环节主要有人造石的研发和生产、畜牧疫苗研发和生产。3）以产业链招商理念，承接市场开拓型、资源导向型的珠三角产业转移。重点吸引能与本地资源契合，以及敢于开拓内地市场的转移企业。

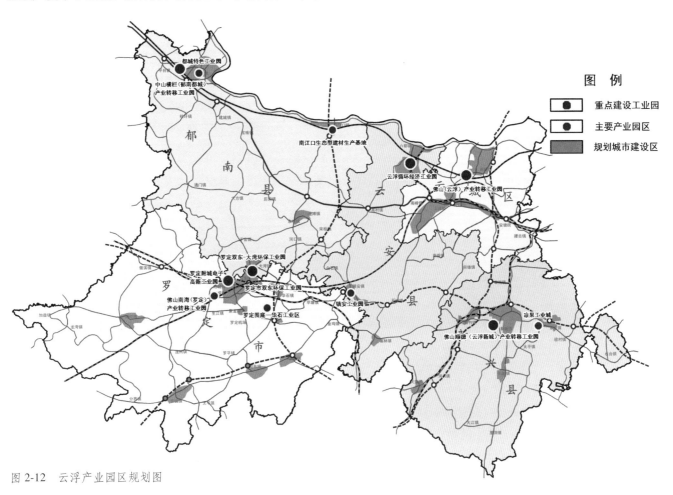

图 2-12　云浮产业园区规划图

专栏

广东省产业转移政策

广东省在 2005 年 4 月曾经出台《关于广东省山区及东西两翼与珠江三角洲联手推进产业转移的意见（试行）》（以下简称为《意见》），提出以下扶持产业转移园区的政策措施：

一是给予用地政策支持。在省审批权限范围内，对产业转移园区建设涉及农用地转用的，给予用地指标倾斜照顾。

二是给予园区外部基础设施建设资金支持。

三是确保园区电力供应。对通往园区的电源、电网建设与改造项目，省有关部门、广电集团公司要优先安排。

四是加强园区企业用工培训。通过教育扶资或委托

培养、培训等方式，由省属和珠三角地区有关技工学校、职业技术院校为山区及东西两翼培养紧缺专业的技能人才。

五是加大对产业转移的政策支持。

同年 12 月，广东省又出台《广东省产业转移工业园外部基础设施建设省财政补助资金使用管理办法》，对于已建立产业转移园的地级市补助 4000 万，用于认定产业转移园的外部基础设施建设。

2008 年 5 月，广东省颁布《中共广东省委、广东省人民政府关于推进产业转移和劳动力转移的决定》，进一步提出对于产业转移的指导性意见，提出"加大资金扶持力度……加快产业转移和劳动力转移"的意见。

2010 年，广东省出台《印发广东省专业性产业转移工业园建设竞争性扶持资金管理办法的通知》，提出通过

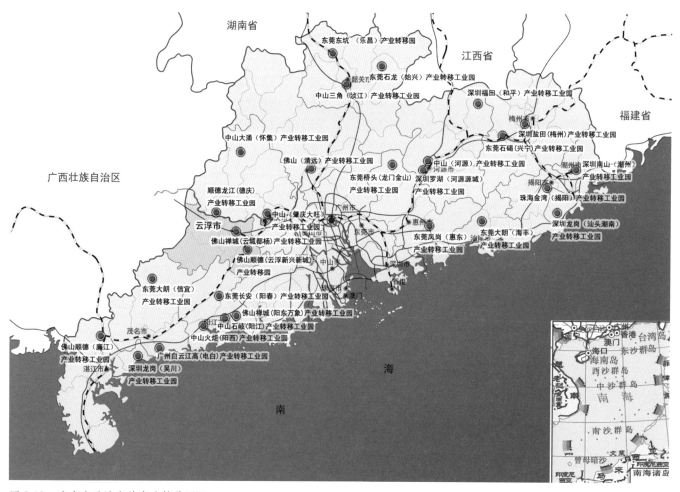

图 2-13　广东省已认定的产业转移园区

产业转移园区之间竞争的办法,通过资金扶持,发展比较好的产业转移园区。同年,佛山顺德(云浮新兴新城)产业转移工业园获得广东省专业性产业转移工业园建设竞争性扶持资金 1 亿元,极大地提升了园区的发展实力。

3. 依托交通节点,提升服务型经济

未来云浮依托轨道交通,将形成几个重点服务地区,包括云城中心城区、南江口镇区、郁南都城城区、镇安镇区、罗定城区等。

1)云城中心城区:依托南广高铁云浮东站、肇云轻轨云城站、汕湛高速、广梧高速等交通设施,发展居住及生活服务、石材展销贸易、物流仓储、商务办公、酒店服务等,打造面向全市乃至区域的城市服务核心。

2)南江口镇区:依托南广高铁南江口站、怀信高速、广梧高速等交通设施,发展居住及生活服务、仓储物流、建材展贸等。南江口镇区将来会成为集水运、高速公路、高速铁路于一体的区域交通枢纽,辐射的地区包括罗定、

德庆等,镇区应该为区域服务功能的发展预留空间。

3)郁南都城城区:依托南广高铁郁南站、广梧高速,凭借毗邻广西梧州、广东肇庆封开的区位,发展农产品交易与流通服务、农用机械展销、房地产、县城商贸服务等,满足区域涉农服务、郁南西部北部地区日常服务需求。

4)罗定城区:依托肇云茂轻轨罗城站,以及深罗高速、怀信高速,依托本地农产品资源特色和连通广西南部的优势,结合珠三角核心城市的市场需求,构建与深圳、广州等特大城市的定向农产品市场联系关系,实现以需定产,建设区域性农产品流通中心。

5)镇安镇区:依托肇云茂轻轨镇安站、深罗高速、324 国道等交通设施,依托快速集聚的工业产业人口,发展仓储物流、商贸服务、居住及生活配套服务等,将镇安镇规划建设为深罗沿线城镇发展走廊中部的服务节点。

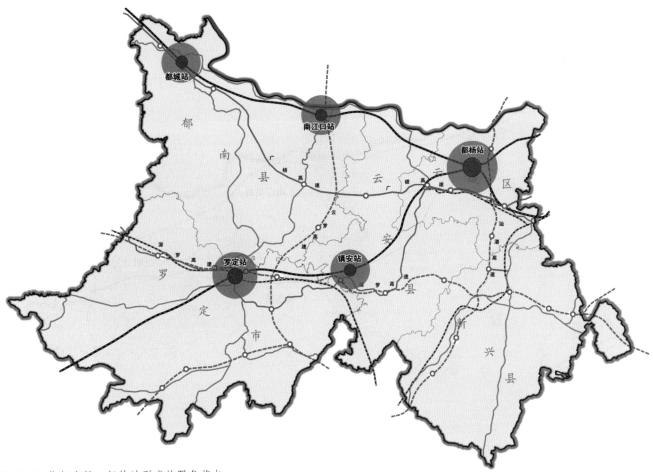

图 2-14 依托高铁、轻轨站形成的服务节点

2.2 轴向拓展战略：塑造城镇发展廊道

随着高速公路网络的建设，云浮将形成西江南岸城镇发展走廊和深罗沿线城镇发展走廊，将来逐步引导产业、人口向两大发展带沿线交通节点地区集中，以点带线促进交通区位优势地区发展，辐射周边地区。

2.2.1 强化西江南岸城镇发展走廊

西江南岸城镇发展走廊将形成三大重点发展地区，即中心城区（云城—六都—都杨）、郁南都城以及南江口镇区。

1. 中心城区：保护生态基底，推动同城化发展

中心城区云城—六都—都杨同城化发展主要面临以下问题：1）云城—六都—都杨三大片区间的交通联系不足，六都与云城、南广高铁云浮东站地区的交通联系不足。2）六都循环经济工业园对镇区环境影响较大，"厂城"空间关系、产业发展与生态环境保护的矛盾亟待解决。3）中心城区集聚能力不够强，对市域经济发展的带动作用仍然不明显。

三大片区同城化发展从生态保护、交通基础设施建设、片区职能分工三个方面推进。保护生态基底，形成"一带引三片，绿心护青城，三河相环绕，多水缀其间"的生态格局。"一带"是指西江水体。西江是云浮最为重要的生态水体，从中心城区北面流过，构成江—城生态格局骨架，要保护好西江水质，充分挖掘其景观作用，营造具滨江风情的城市风貌。"绿心"是指六都、都杨、云城、西江所围的大绀山余脉山体。其生态作用主要在于作为绿心，为中心城区提供生态绿地，供市民踏青休闲功能；同时作为城市空间增长边界，控制城镇空间有序拓展。"三河"指蓬远河、南山河、大涌河。蓬远河是六都镇区外围的一条支流水体，绕镇区而过，随着循环经济工业园的发展，要注意对蓬远河水质的改善，加强河流截污、堤岸整治、清淤、补水，作为将来城市景观水体；南山河自西向东流过云城街，向北汇入西江，在城区部分河段，滨水绿地已经为市民营造了休闲空间，未来应该进一步营造河流两岸滨水空间，建设滨河绿道，在景观节点地区营造更多开敞公共空间，形成"线型＋串珠"状滨江公共空间；大涌河流经都杨镇区，规划作为都杨滨江新城生活居住、产业发展两大组团的分界河，沿河规划产业组团的生活配套区。"多水"泛指六都、都杨、云城三大片区内部的湖泊、生态水塘。这些密布城乡的水塘是防洪蓄水的重要水体，也是营造生态宜人生活环境，

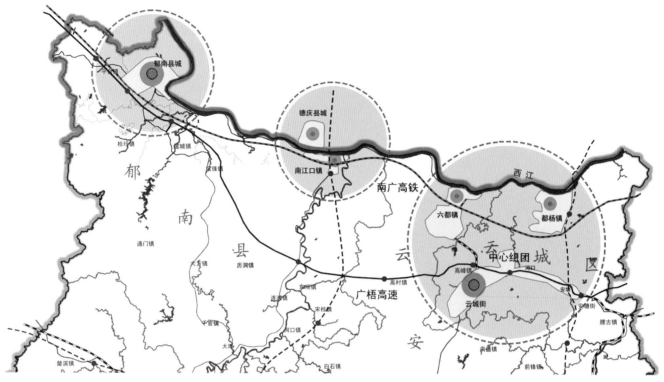

图 2-15　西江南岸城镇发展轴

构建人居环境的自然资源，应该动态跟踪这些块状水体的保存情况，禁止填塘并作其他开发建设用途，在湖泊、水塘周边设立缓冲区域，留作公共开发用途。

　　加快中心城区三大片区之间公路建设，引导中心城区空间向滨江、交通节点周边发展。未来中心城区应当形成以六都、都骑、云城为节点的地区，形成以S368、河杨大道、新城快线、云六公路为它们之间联系的主干道。

　　以片区的分工为基础，改善三大片区职能。由于不同的地形条件、发展基础，中心城区三大片区的主导职能应该有所区别，以整体的视角，推动局部片区的功能合理化发展。云城街片区、都杨滨江新城片区

依托高铁、轻轨，建设为市综合服务中心；六都依托港口，发展循环经济，保留一部分生活服务配套功能；云安主要的生活服务依托云城城区。都杨滨江片区应该注重与东侧产业转移园的服务配套，发展居住、商业服务、物流功能。

　　2. 郁南：依托高铁站及高速公路出入口，城镇空间北延西拓，与封开一体化发展

　　依托高铁站点，建设一批公共服务中心，逐步引导郁南县城向西北方向延伸，在城市用地拓展中应注意对县城西北发展方向上九星湖水体的生态保护；充分利用高铁站点及高速公路出入口的人流货流集散作用，引导城区生活服务、商业服务向西发展；工业园区用地建议布局在县城以西虎头山周边；充分利用港口资源及高快速交通系统，发展两广商贸物流；加强与封开的交通联系，与封开县城一体化发展。

　　结合地形及大型基础设施建设，优化县城空间结构。郁南城镇空间拓展的安排既考虑到城镇地形条件，又受城镇大型基础设施如高铁站、高速公路出入口的布局影响。从地形来看，县城的东、北、西方向都有增量土地，但沿西江向东

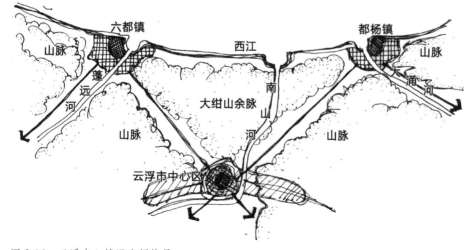

图 2-16　云浮中心城区空间格局

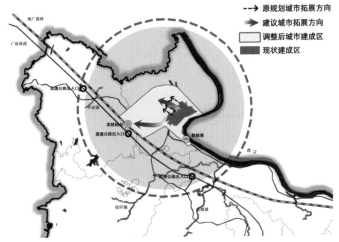

图 2-17　郁南县城空间拓展方向

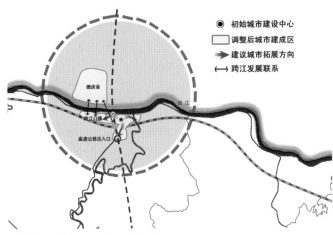

图 2-18　南江口镇区空间拓展方向

（上游）发展会影响城市取水，且江对岸封开地区布置了大型水泥生产项目，因此沿江向东发展并不合适，而将来高铁站点、高速公路出入口分布在县城西向，因此城镇空间拓展以西向、北向为主。此外，本次规划建议调整上版总规《郁南县县城总体规划修编（2010—2030)》方案，即高铁站向东沿三环路到九星湖一带，调整为居住及服务发展带，原规划方案在这一带规划的工业用地可以向西调整到广梧高速以西空地，这样能充分利用高铁及高速公路的带动作用，并塑造具有小城镇特色的景观。

县城空间拓展要特别注重对西江、九星湖、盲塘水库等水体的保护，保持山区小城的景观生态资源。郁南初步形成以建材、电池制造为主的工业，污染型企业分布应该避免城市西北、北两个上风向地区，并对产业园区执行严格的环境保护标准，先治理后排放工业废水。

强化与封开交通联系，与封开县城一体发展。郁南县城与封开县城车程不到半小时，应进一步加强郁南县城与封开县城的交通联系，实现资源与市场的一体发展。

3. 南江口：打造区域交通枢纽地区，与德庆县城跨江联动发展

建议调整怀信高速公路选线，实现港口、高铁站点、高速公路出入口三大基础设施的空间临近；建设南江口为区域交通枢纽地区，依托交通基础设施群，吸引珠三角产业转移，引导城镇功能多样化发展，吸引德庆县城的人流物流，实现与德庆县城功能互补；依托怀信高速公路，扩展南江口港腹地，为罗定、郁南产业发展提供服务。

调整怀信高速公路出入口布局，设置于高铁站场附近地区。南广高铁同时有客运、货运功能，将来会成为人流、货流大动脉，要高效地发挥南江口高铁站的集疏运作用，应该实现高铁、高速、港口设施的联运功能，建议未来怀信高速公路与S352在镇区南侧相交，与高铁

站保持较近距离。

依托交通区位，引导城镇功能多样化发展，与德庆县城实现功能互补、一体化发展。未来南江口将成为水路运输、高铁运输、高速公路运输的节点地区，应进一步吸引陶瓷、水泥企业，发展商贸、物流服务，成为融生产、生活、休闲为一体，具有滨江景观风貌的镇区，与德庆县城在功能上互补，实现一体化发展。

依托怀信高速公路，扩展南江口港腹地范围，提升港口服务能力。预计近几年内经南江口港的煤炭、水泥、陶瓷原料及成品的货运量有较大提升。一方面要尽快对南江口港进行改造提升港口服务能力，同时对主要疏港公路进行升级，优先扩建S352，增强南江口港与罗定产业区的联系，并推进怀信高速公路建设，通达阳江港，扩展南江口港腹地范围。

2.2.2　建设深罗沿线城镇发展走廊

深罗高速公路是我国大西南地区进入珠三角，到达珠海、澳门、深圳、香港最便捷的高速公路，也是珠三角产业向外转移的主要通道之一，深罗高速公路修建后，沿线城镇将有更多机会承接珠三角向外转移的企业。深罗高速公路在云浮市域自西向东串联了罗定罗城、云安镇安、新兴新城与簕竹等城镇地区，沿线分布有丰富的矿产资源。

根据区域高速公路、轻轨站点的布局，结合沿线矿产资源的分布现状，深罗高速城镇发展带将形成三大重点发展地区，分别是罗定—华石、镇安—石城、新兴—簕竹地区。

1. 罗定—华石：引导罗定城区向东、东北发展，将华石打造为重要的城市新区，通过跨县合作整合双东、大湾工业园

深罗高速将引导罗定城区向东发展，华石会成为城市化的重点地区，未来将其纳入罗定主城区统筹发展。

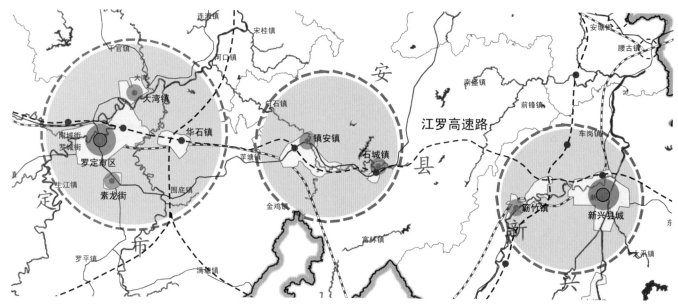

图 2-19　深罗沿线城镇发展走廊

罗定主城区适宜建设用地主要分布在城区东向（包括华石镇），另一方面，深罗高速公路华石出入口的设置将引导罗定主城区向东发展，因此将来应该将华石镇纳入罗定城区一体考虑。目前则应预先控制华石镇西部（主城区方向）、东部（高速公路出入口方向）、南部（往 G324方向）的用地。

通过跨市县合作，整合双东—大湾环保工业园，提高园区产业集聚效益。现状罗定双东环保工业园和郁南大湾环保工业园在空间上临近而相互分割，但产业类型均以电镀、五金机械等为主，建议采取一区多园机制，深入整合两个环保工业园，统一行政管理，统一招商引资，共享公共设施，按比例协调收益分成，以促进产业集聚。

以县为基本单元，开展跨界地区环境保护合作，严格执行产业园区环境保护标准，保护罗定江水质安全，保护罗定城区生态环境。双东—大湾环保工业园对南江水体带来一定环保压力，且工业园处于罗定城区盛行风的上风向，直接影响城区环境质量，云浮市应积极推动罗定和郁南开展跨界合作，设置园区招商环境门槛，共同治理工业废水废气。

2. 镇安—石城：提升交通区位，发挥资源优势，通过跨界合作，打造为深罗沿线城镇发展走廊中部节点

集中建设交通基础设施，提升镇安—石城交通区位，以充分发挥地方资源优势。建议云茂轻轨向南改线，于镇区北部设置站点。

开展跨界合作，统筹利用镇安—石城—金鸡跨界地区空间资源。镇安拥有丰富的石灰岩矿产资源，但面临空间狭小的问题。为更好地发展资源导向型产业，镇安已与罗定金鸡镇在跨界地区展开合作，为石材造纸企业提供土地。将来建议将该地块东侧石城镇用地一并纳入

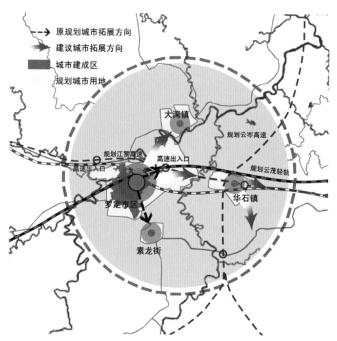

图 2-20　罗定市区空间拓展方向

开发，形成三镇两县（市）的合作开发格局。

石城镇应该充分利用深罗高速公路托洞出入口的机遇，与镇安一体化发展，带动石城镇区南部发展。石城镇南部山多地少，发展动力不足，托洞出入口将吸引南侧富林镇、西侧镇安镇人流货流集聚，石城镇应该向西南高速出入口拓展，与镇安、富林一体发展，打造为深罗沿线城镇发展走廊中部节点。

3. 新城—簕竹：新城引导城区向东向北发展，簕竹镇大力发展新型农业，保持山区小镇风貌

新兴城区发展要处理好空间拓展、农业现代化发展、生态保护的关系。

新兴城区应向东、北方向拓展。新兴城区适建用地

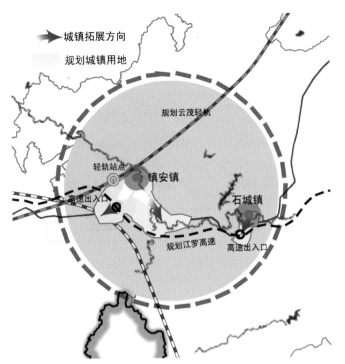

图 2-21　镇安、石城镇区空间拓展方向

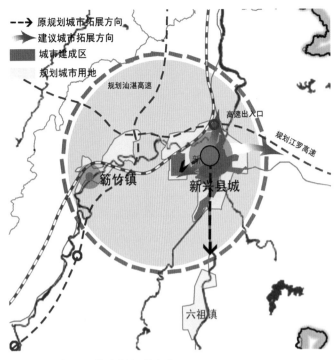

图 2-22　新兴县城空间拓展方向

分布在城区四周，但东、北方向靠近深罗高速公路出入口，也处于城区下游，因此东、北两个方向应该成为主城区拓展方向。考虑到主城区南侧六祖镇以生态旅游、文化旅游为特色，应该注重生态环境、文化资源的保护，因此主城区不应该向南发展。而县城西侧可用增量土地已不多，故西向不作为城区重点拓展方向。

籺竹镇探索农业产业现代化、服务化发展，保持山区小镇城乡风貌。籺竹镇是云浮农业现代化率先发展的地区，应继续探索新农业现代化模式，推广"公司（基地）+农户"的农业生产组织方式。多山少地限制了籺竹镇工业发展，工业企业应该逐步向新城产业转移园区集聚。

籺竹可以探索发展农业总部经济。随着三次产业向纵深化发展，对服务业的需求越来越高，云浮市是个农业大市，是珠三角的菜篮子和大西关，通过发展农业总部经济，把当地农业产品引入珠三角市场，才能真正实现农业的现代化发展。籺竹镇作为温氏集团的总部所在地，有发展农业总部经济的基础和条件，温氏集团大华农公司作为科技农业发展的典型，已经成功上市，并在籺竹形成农民企业家创业氛围和农业科技现代化基础。籺竹未来探索的农业总部经济包括：农业现代化发展示范、科技农业产品展销、农业发展咨询服务、农业金融服务、农业科研服务、农业企业孵化服务、农业科技培训服务、涉农原料产品物流服务、农业产品标准发布、农业产品安全检测服务等。发展农业总部经济对基础设施条件要求高，籺竹应该发挥山区小镇特色，探索建设具有乡土特色、融合现代化要素的总部服务区。在农业总部区景观意向上，创造园林化、景观化、现代化的景

观风貌，力求营造一个园林式的办公环境，显现"满城绿树半层楼"效果，营造一个有别于高楼大厦钢筋水泥丛林的人性化生态农业总部服务区。

2.3　美好环境战略：保护和合理利用自然资源

2.3.1　统筹资源环境，形成合理开发空间

将全市用地划分为 300m×300m 大小的地块，对划分的每个地块进行空间开发品质的综合评价。具体是进行每个地块的土地适宜性分析和经济发展潜力分析，结合两者的综合指数来确定每块用地的空间发展适应性。

1. 基于自然资源承载力的评估

分析地质灾害情况、用地坡度、用地高程、水体保护、土地建设相容性 5 个方面的用地适宜性影响要素，确定每个地块的用地适宜性。

1）地质灾害评估：分为 4 个等级的地质灾害区域。城市建设用地应分布在非灾害易发区。在人口密集区周边的灾害高易发区属禁止开发区，其他地质灾害高易发区，属于限制开发区域。2）坡度分析：分为 4 个等级的坡度范围，适宜城市建设的用地应向坡度小于 8% 的区域集中。3）高程分析：分为 4 个等级的高程范围，全市呈现为横卧的倒 "S" 形自然地形格局，城市建设开发成本较低的区域应向高程小于 200 米的范围集中。4）水体分析：西江丰富而良好的用水条件，使得西江沿岸地区开发具有绝对优势。此外，境内的罗定江和新兴江等西江支流所覆盖区域，也具有较为良好的供水条件。

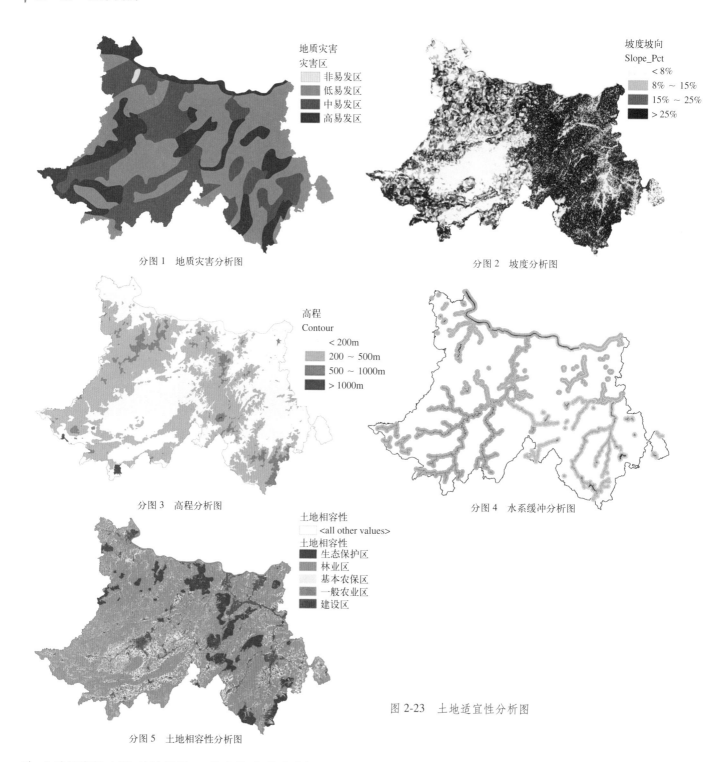

分图 1　地质灾害分析图

分图 2　坡度分析图

分图 3　高程分析图

分图 4　水系缓冲分析图

图 2-23　土地适宜性分析图

分图 5　土地相容性分析图

5）土地相容性分析：按建设区、一般农业区、基本农保区、林业区、生态保护区五种类型分类，现状建设区最适合建设，一般农业区次之，最不适宜建设的是生态保护区。

　　云浮处于城市发展的初期阶段，未来城市增量发展将成为城市建设的主要部分。处于地质灾害非易发区、高程小于 200 米、坡度小于 8% 且拥有良好水利条件的适宜建设用地主要集中在罗定盆地，郁南都城镇周边，云安六都镇，云浮云城区，新兴的新城镇、六祖镇一带，城市建设应向以上地区集中，其他地区进行土地开发需要较高的建设成本。其中，云城—六都—新城等城区位于地形格局 "S" 形的外围，与珠三角核心地区之间没有自然阻隔，可以更为方便地吸引外来人口与资金进行发展；罗定则位于 "S" 形的内陷部位，自成体系，与外界联系受自然山体阻挡，主要吸引盆地农村人口城镇化发展；郁南都城地区，受南部山体的分割，腹地更为狭小，对外交通也不太便捷。

　　2. 基于总体发展格局的评估

　　分析市内道路通达性、对外交通通达性、现状建设区分布影响、工业园区分布影响 4 个方面的经济发展潜力要素，对交通通廊、重大设施分布、城镇点区位、产

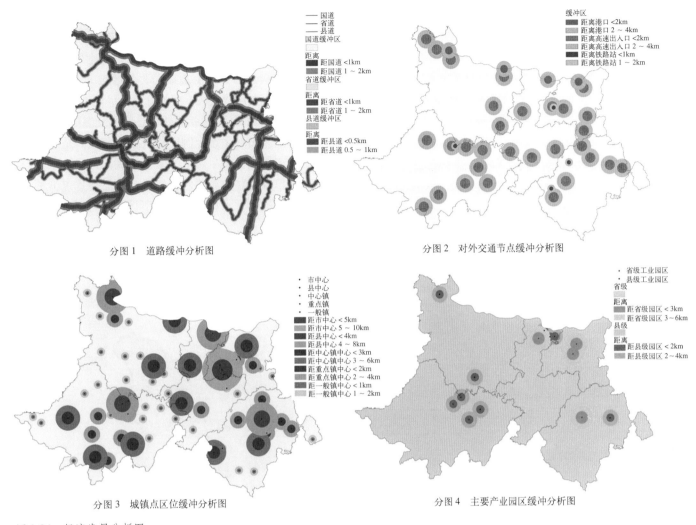

分图 1　道路缓冲分析图

分图 2　对外交通节点缓冲分析图

分图 3　城镇点区位缓冲分析图

分图 4　主要产业园区缓冲分析图

图 2-24　经济发展分析图

业区进行距离缓冲分析及权重叠加，从而判断未来云浮的经济发展空间趋势。

　　郁南县南部地区城镇服务的水平最低，罗定东部地区、云安南部地区城镇服务也较差。而工业园区集中的罗定罗城镇、附城镇、双东镇、云安六都镇、云城区都杨镇、新兴新城镇是城市开发过程中最能吸引人口、资金集聚的地区，其外溢效应可能催生城市化经济形成，促使地方经济多样化发展。

　　3. 城乡统筹发展空间分区

　　根据以上土地建设适宜性综合评定以及经济发展潜力综合评定，将市域空间划分为 4 种类型用地：重点建设区为适宜高密度集中式开发的建设用地；一般建设区为经适当工程措施改造后适宜进行低密度开发的建设用地；限制建设区为不适宜进行城镇建设的用地；禁止建设区为生态保护用地，严格禁止一切与维护提高该区生态功能无关的生产与开发活动。

　　重点建设区：占市域面积的 9.64%，用地建设条件较好，为山体冲积形成的小台地或者盆地，适宜进行人

工构筑物建设，临近城市及片区中心，具有优良的交通区位条件，适宜进行高密度的集中式城市开发。该类用地主要集中在东部地区的云城街、河口镇、都杨镇，云安的六都镇，新兴的新城镇，西北部郁南的都城镇、建城镇，以及罗定盆地的罗成街、双东街、素龙街、华石镇。

　　一般建设区：占市域面积的 21.7%，用地建设条件一般，经过一定的工程技术手段改造后可以用于城市建设，但土地使用的成本较高，位于城市及片区中心区边缘，适合进行低密度的开发建设。该类用地主要分布在云城、新兴、云安郁南中心区的外围，以及罗定盆地的大部分地区，呈现环绕县区中心分布的格局。

　　限制建设区：占市域面积的 60.11%，用地条件差，需要经过复杂的工程技术处理后才能用于城市建设，不适宜进行城市建设。广泛分布于市域，距离中心区较远。

　　禁止建设区：占市域面积的 8.55%，地面坡度大于 15%，多为地高坡陡的高山地区，且多为自然生态保护区，禁止进行开发建设。沿自然山脉走向，呈现自西向东的 S 形分布。

云浮市域空间分区情况		表2-2
分类	面积（平方公里）	百分比
禁止建设区	665	8.55%
限制建设区	4680	60.11%
一般建设区	1689	21.70%
重点建设区	750	9.64%

2.3.2 维护良好生态格局，塑造宜居环境

根据发展与保护相结合的原则，构建最优的景观生态格局。构建的景观生态格局共包括四大要素：生态林地基质，大型自然斑块，河流廊道，绿道廊道。

生态林地基质：包括农业生态基质及海拔100～500米内的5大山地生态控制区基质。该范围内是水土涵养与生物多样性保护生态区的重要组成部分，可以容纳一定的人口规模和农业生产开发活动，但需重点维护其生态服务功能。五大山地生态控制区具体包括：云开大山

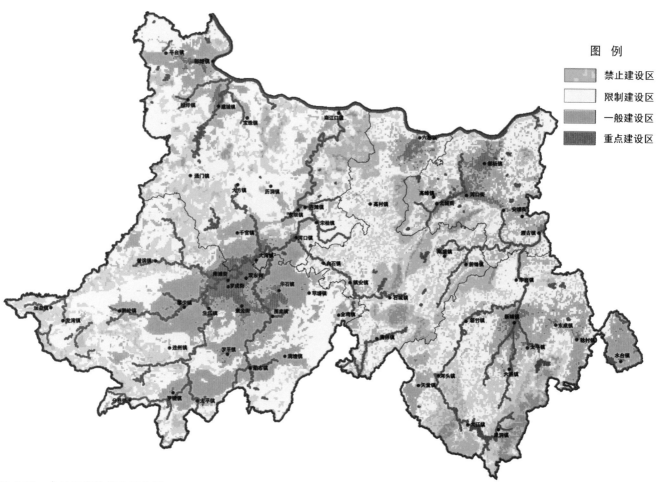

图2-25 土地适宜性综合评价图

图 例
- 禁止建设区
- 限制建设区
- 一般建设区
- 重点建设区

北脉山地生态控制区、云开大山南脉山地生态控制区、大绀山脉山地生态控制区、云雾山脉山地生态控制区、天露山脉山地生态控制区。

大型自然斑块：包括海拔500米以上的自然保护区、森林公园、生态涵养林、水源地、块状水体（水库、大型水塘）。这些地区是区域水源涵养、水土保持、动植物栖息的重要地区，也是生态敏感性最高的地区，应该严格控制大型自然斑块内的人口规模与开发活动，禁止一切与维护提高该区生态功能无关的生产与开发活动，包括农业生产。主要包括：郁南同乐大山、郁南小流坑、

云安崖楼山、大云雾山、罗定龙湾、新兴三宝山、西江广东鲂7个一级自然保护区；广东大王山、广东南山、罗定金银河、新兴龙山、新兴佛手岭、云城大金山、新兴合河水库、罗定龙窟顶、水台森林公园9个一级森林公园；西江、西江都杨新区、云龙水库、东风水库、罗定南江河、罗定金银河、罗定山田水库、郁南西江（新/旧）、郁南大河水库、新兴洚表水库、新兴共成水库、新兴大坞水库、新兴合河水库、新兴岩头水库等15处饮用水水源地；郁南大河、郁南云霄、罗定金银河、罗定湘垌、罗定罗光、罗定山垌、罗定山田、云安东风、云安朝阳、

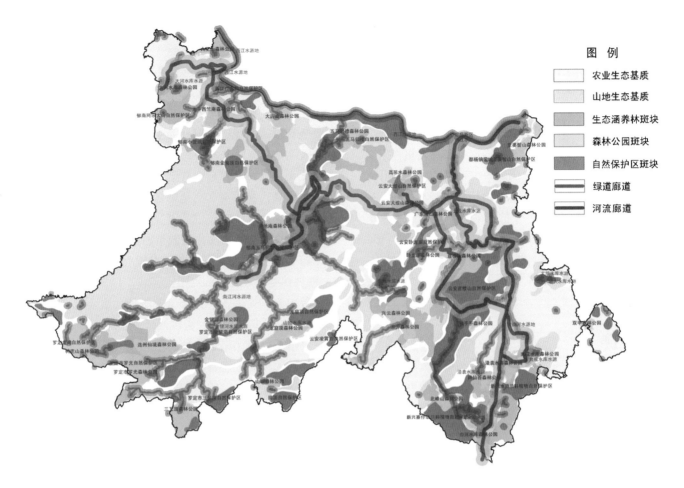

图 2-26 云浮生态绿化规划图

新兴共成、新兴合河等 12 座中小型水库。

　　河流廊道：包括西江干流、罗定江、新兴江、南山河及其支流的水道、缓冲区。这些廊道在城市建设承载区与水源地斑块、自然斑块之间的生态连通方面具有重要意义，应逐步引导市域绿道沿河流廊道两侧布线，控制河流廊道两侧缓冲区范围内的开发建设，为市民提供休憩空间。

　　绿道廊道：市域绿道系统，包括已建的金道、禅道、文道、同道、福道共 5 条绿道。既是连接市民居住地与郊区生态绿地的通道，也是野生动物迁徙的路径，串联市域主要生态斑块、基质，建议将来可进一步完善市域绿道廊道系统，建设县、镇、社区三级绿道，为市民生活提供更多线性开放空间；绿道廊道选线应该考虑公共空间塑造、动物迁徙、生态控制的关系。

2.4 空间优化战略：营造优质生活空间

2.4.1 传承历史文化，提升空间品质

　　1. 强化区域本土文化特色，增强居民的地方认同感

　　云浮历史上形成的文化分区主要有南江文化区、东安文化区、新兴文化区、梧州文化区和五邑文化区。随

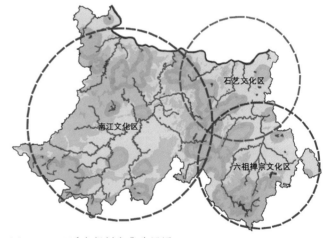

图 2-27 云浮市规划文化分区图

着新的交通格局的显现和地域文化一体化的发展趋势，云浮市内文化区发展出现新的变化，形成三大文化区：南江文化区、石艺文化区和六祖禅宗文化区。

　　以石艺文化为基调，营造城市特色；发扬石艺文化的时代精神，促进经济发展：1）拓展石艺文化的内涵，丰富其产业链环节，促使云浮制造向云浮创造转变，引导产业进行服务创新，强化石艺产业的经济地位；2）以石艺文化构建具有地方感的中心城区，将石艺文化作为云浮地区的名片与城市营销的品牌，形成独特的对外城市总体形象，在全球化时代赋予云浮市以地方意义；

3）汲取石艺文化的创新内涵，促进创新文化发展，促使创新企业的培育和云浮的产业升级。

以六祖禅宗文化建设为核心，推动特质空间构建，提升城市品质；发挥六祖禅宗文化的内涵，促进社会和谐共享：1）推动以六祖禅宗文化为核心的文化产业发展和特色空间构建，带动文化生态旅游兴起，促进城市经济发展；2）推广六祖禅宗的精神内涵，发挥六祖禅宗文化在人类文化层面的意义，满足人类宗教需求，提升云浮城市文化影响力；3）宣扬以和谐精神为其本质的六祖禅宗文化，共同缔造和谐共享的社会；4）以六祖禅宗文化的精神外延（实干、创业等具积极意义的精神）满足现代社会的积极精神需求，推动社会进步。

专栏

三大文化内涵

南江文化：南江文化的根源是古代百越文化，百越文化是岭南的最早的土著文化，由于自秦以后历代皇朝对百越族土著连连采取镇压和排斥政策，经两千多年来的摧残涤荡，在中原文化的主导与融合下，已经所剩无几了，但自古以来它仍然顽强地存在粤西地区。例如：罗定尚存的芋氏古姓、郁南连滩的禾楼古舞，特别是对洗夫人和对龙母的崇拜，都可说是百越文化的遗存或变异，在这一带地区是较普遍的。南江文化是在先秦汉人入侵后，与汉文化相融合而成，具有深厚的历史根源，其影响范围和程度是广阔而深远的。宋桂镇的元勋张公纪念祠，连滩镇的光二大屋，萍塘镇的"龙龛道场铭"摩崖石刻，罗定文塔、罗定学宫、青莪书院等，都是百越与汉族文化融合的产物。

云石文化：云城区和云安县的石材产业具有深厚的历史渊源，明代已经出现石材加工的作坊，云城区的云石遗址是石材产业的历史见证。伴随石材产业而生的石材文化，也扎根于地域文化之中。

六祖禅宗文化：云浮是禅宗六祖惠能出生和圆寂的故乡，六祖镇夏卢村是禅宗六祖惠能的故居，新州国恩寺是他圆寂之处。禅宗文化是六祖惠能留给世人的宝贵文化遗产，也是颇具岭南特色的禅宗文化资源。惠能的禅宗世界观认为，宇宙间有一个包罗一切、无所遗漏、圆融统一、觉行圆满的精神实体，这就是佛性，是"一合体"、"一合相"。从广义上讲："六祖禅宗文化"所提倡的包容，与中华民族的优秀传统文化是一致的。经过一千多年的流传，对中国和周边国家的传统文化产生了较大的影响，今天的六祖禅宗文化更是传播到了欧美、走向了世界，其意义作用远远超出了佛教的范围，无论在中国还是世界都具有很大的影响力。

挖掘南江文化内涵，培育具有地方特色的城乡环境，以南江文化为载体，促进跨境合作：1）南江文化为云浮、罗定、新兴、郁南及粤西地区构筑了一条经济与文化齐头并进的黄金通道，应强化该黄金通道上的经济及文化联系及交流，促进跨境合作；2）以南江文化为核心，带动历史文化遗产保护和生态文化旅游的发展；3）挖掘南江文化内涵，提炼南江文化的历史意义，构建具有地方文化传承特色的社区。

2. 打造六祖禅宗文化旅游生态镇

打造六祖禅宗文化旅游生态镇将从如下方面着手：1）新城镇是促进发展的城市化区域，也是主要的旅游文化服务中心。提供各类综合旅游服务，主要包括旅游文化服务中心、集散中心、游客接待中心等。2）六祖镇致力于打造为六祖禅宗文化旅游生态镇。策略上需控制开发强度，保障周边完备的生态条件，适当引导旅游服务配套设施的集中，形成生态良好、文化深厚、生活休闲的特色旅游中心。3）云浮市城市拓展轴将绕开六祖镇，遏制城市无序蔓延。其一，六祖镇作为佛教圣地，应保持其清净、安宁的空间品质；其二，六祖镇南部为生态控制地区，包括水源控制、生态景观控制区域，城市拓展轴绕开六祖镇可防止城市无序拓展侵蚀生态空间。4）交通统筹发展。高速公路等区域性道路在六祖镇边缘通过，六祖镇主要通过省道、县道等城市主要道路联系周边城镇和干线交通网，强化和新城镇的联系，使两者成为承担不同职能的统一整体。

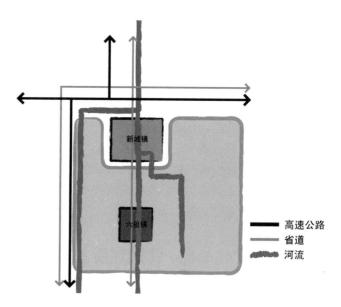

图 2-28　六祖禅宗文化旅游生态镇空间示意图

2.4.2　建立完善的县 - 镇公共服务设施体系

在尊重历史上形成的公共服务中心的基础上，对此类公共服务中心分布进行部分调整，形成完善的、覆盖面广的、均等化的公共服务设施体系。

规划中云浮市将形成四级服务中心，分别为一级服务中心（市级）、二级服务中心（县级）、三级服务中心（重点镇）及四级服务中心（普通镇）。核心服务中心以交通轴为主要组织方式，形成两个一级服务中心及两个二级服务中心，多个三级服务中心适当设置于四个发展轴线上。

一级服务中心（云浮市中心区、罗定市区）作为市级服务核心，是云浮市重要的行政、商业、金融及教育等公共服务中心，提供广泛的公共产品和社会服务。其中，云浮市中心区主要服务云城区、云安县、新兴县及郁南

县部分地区，邻近的肇庆市部分县镇的服务也将集中于云浮市中心区（云浮市中心区服务中心由两部分组成，分别是云城街、都杨镇，未来主要的行政、教育、商业金融机构等将集中于都杨镇及云城街这两个地区）。罗定市区主要服务范围为罗定市域及郁南县部分地区。

二级服务中心为重要的县级服务中心，主要有都城镇及新城镇，主要作为县域商品流通职能和其他公共服务职能。都城镇服务范围为郁南县大部分地区及北部封开县部分地区，新城镇服务范围主要为新兴县域。

三级服务中心及四级服务中心为重点镇及普通镇，主要提供生活日用品和农产品的流通服务。三级服务中心包括南江口镇、连滩镇、镇安镇、泗纶镇、罗镜镇、船步镇、天堂镇、六祖镇、簕竹镇等。除部分具备特色生产和服务功能的中心外，三级服务中心主要服务其周边镇村，是镇村级别较为重要的生活生产服务节点。

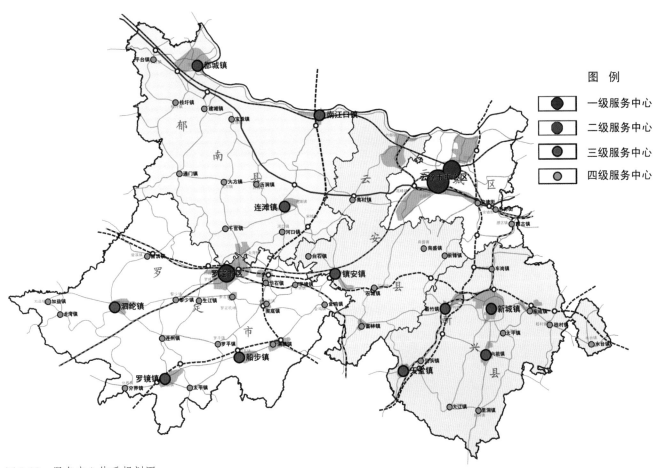

图 2-29　服务中心体系规划图

专栏

云浮市历史上形成的公共服务中心体系格局

影响要素：

（1）水系：市境内的主要河流为西江，是珠江水系的最大干流，除西江干流外，还有一级支流罗定江、新

兴江和南山河。在山脉、分水岭的分隔下，形成了云浮的水系格局。自古以来的人类聚落多沿河流水系呈鱼骨状分布。在交通工具不发达的古代，水运更是最为重要的运输方式，货物主要依靠河流水网进行流通，地处河流交汇节点的居民点往往会发展成为区域的中心城镇。根据云浮的水系网络格局，可以将云浮的水系划分为建

城河水系、南江水系和新兴江水系等数个系统，在这些系统内部由各自主干河流沟通起整个区域，系统内部的联系紧密，形成相对独立的系统。而系统外则通过西江联结在一起，共同构成一个区域性的上层系统。

（2）城镇发展：在农业文明时期，云浮所在的广东西部地区的人居聚落的发展顺应了自然条件，城镇聚落格局为沿西江、古驿道分布。其一，农业文明时期，农业发展、城市间货物交易紧密依赖于河道的灌溉、运输功能，广东省西部地区沿着西江水系两岸，形成了一批城镇聚落；其二，受自然地形的影响，在多山的广东西部地区，盆地地形为农业发展提供了便利，在西江支流水系流经的盆地上也发育了较早的一批城镇。

（3）交通联系：明清时期，市境陆路只有人力运输工具，如"过山兜"、轿子、独轮车等，运输效率很低。市境内主要的陆路通道有两条驿道，一条从德庆通往罗定，再向茂名方向延伸，一条从肇庆通往新兴，再向五

邑地区延伸。可以看出，新兴自古以来就与五邑地区具有较为紧密的联系。由于古代交通工具不发达，明清时期，云浮市境进出货物有 90% 以上经水路运输。水运的支配性地位，使得云浮城镇的发展与水运密切地联系起来。全市的货物运输，通过西江干流将各大水系联系起来，郁南西北部作为广西沿西江进入云浮的第一站，在货物中转和人员流通上具有中转站的地位，与梧州具有密切联系。

（4）商贸联系：从历史上的商贸联系可以看出，云浮市内各地区的联系主要以各区域的中心城镇为中心，呈等级体系发展，各县的县城成为沟通下面乡镇和体系外部的节点。在依赖水运的年代，各县以各自的水系网结成各自的水运系统，像葡萄串式由西江串联。在这些系统中，郁南的都城是云浮联系两广及湖南的节点，新兴县城及东南部各镇是云浮联系五邑地区乃至海外的窗口。

第3章　县域主体功能扩展的实践

3.1　县域主体功能扩展

县域主体功能扩展是通过"三化"融合，统筹发展实现市域空间发展布局的策略。县是中国社会最基层的行政单位。作为各种政权的经济基础，县长期保持相对稳定，既是一个经济系统，也是一个社会系统、文化系统，是可以对国土、区域和城乡建设进行综合协调的基本单元。以县为主体，才能对空间的开发管理进行有效安排。壮大县域经济，加强基础设施和社会服务设施建设，促进城乡协调发展，是在全球化形势下最基本最安全的对策之一。

计划经济时期，重工业优先发展战略与城市偏向政策抑制了小城镇的正常发展。作为农村地区的政治、经济和文化中心，县城一直承担了农村地区地方工业和服务业的职能，对国民经济，尤其是农村地区经济发展发挥了重要作用。改革开放30年后，在科学发展观指导下，发挥县域在工业化、农业现代化、城镇化过程中的核心作用，有利于探索一条整合区域资源，统筹城乡发展的新型城镇化道路。县域主体功能扩展就是以县域为主体，发挥县的承上启下作用，在落实上级指标的基础上，统筹县域改革实践、功能分区与资源配置，明确县域在统筹社会经济发展过程中的基础作用，实现县域资源优化配置。促进工业化、农业现代化和城镇化的"三化"融合和城乡统筹的目标。

3.1.1　县域主体功能扩展内涵

县域主体功能扩展就是实现市域空间发展规划，探索理想城市模式的策略机制。是以县域经济为发展主体，强调不同主体功能区在县域社会经济整体发展中的协同作用，对镇一级的发展主体功能的确定，并从政府的考

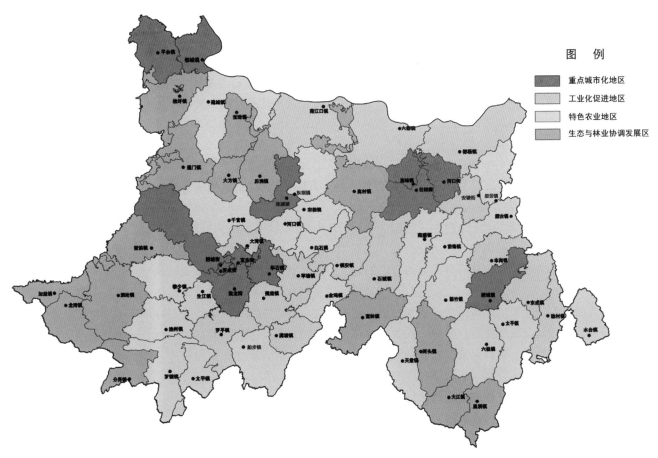

图 3-1　云浮市主体功能扩展图

核机制、财政机制等方面进行保障,实质是把空间主体功能和实施主体有机地匹配起来,在空间上实现了"让该干什么的地方干什么",在实施的主体上实现了"让能干什么的人干什么",在空间发展战略和行动计划之间建立起了政策保障机制。其内涵主要有二:

1.以"三化"融合为核心,明确区域发展的主体功能定位,实现空间与主体功能的最优匹配

县域主体功能扩展强调发展的主导性作用,重视在发展中解决问题。以"该干什么的地方干什么"为理念,根据不同区域的交通区位条件、资源环境承载能力、现有开发密度和发展潜力,按照"宜工则工、宜农则农、宜城则城"的原则,赋予不同区域以明确的功能定位。在确定各功能区时,以城市、工业、农业、生态等发展中的功能为主导,确定不同功能区类型。

以"三化"融合为核心,通过新型工业化、新型城镇化和农业现代化的同步推进、彼此串联、相互融合和协调发展,实现"三化"融合与主体功能扩展的完美统一。在以城市化为主导功能的地区,强调以商贸流通、居民服务和特色工业的发展,促进人居环境生态化与人口集聚,推动工业化地区的新型工业化与农业地区农业现代化水平的提升;在以工业化为主导功能的地区,强调探索建立符合地方特色的资源节约型、环境友好型工业体系,为其他区域的新型城镇化提供产业支撑,同时通过吸收农村剩余劳动力,为农业规模经营提供资金,促进农业地区农业现代化的发展;在以农业为主导功能的地区,通过特色农业的发展与农业产业化水平的提高,为城市化、工业化地区提供不竭的动力,最终实现空间与主体功能的最优匹配。

2.以县为单位,确定各级政府的主导职能,明确与主体功能区相匹配的配套政策

县域主体功能扩展通过对发展主体、管理主体的确定,强调"能干什么的人干什么",明确各级政府的主导职能。将县的主导职能明确为经济发展;将镇的主导职能明确为公共服务与农村基层建设;村的主要职能为村民自治、农业、生态保护,强调镇、村级政府在共同服务与发动群众方面的主体作用,从而形成更为合理的政府职权结构。

在明确各级政府主导职能的基础上,落实经济与社会发展中的各重点项目与设施建设。其中,县级政府在各类产业园区整合与建设、招商引资、农业基地建设和基础设施建设等方面发挥主导作用。而镇村政府则强调其社会建设和社会管理职能,通过创新社会管理制度与管理方式,夯实管理基础,通过扩大社会管理主体,充分发挥企业组织、中介组织、自治组织等社会组织的作用,充分调动社会主体参与社会建设和社会管理的积极

性。同时,通过各级政府职能的发挥,将各类企业等投资主体与群众主体紧密结合,促进社会经济的协调发展。

同时建立与主体功能扩展相配套的各级政府的财税保障机制、组织保障机制、绩效考核机制,形成实施主体功能扩展的制度保障。

专栏

主体功能扩展与主体功能区的差异

主体功能扩展并不是传统意义上的主体功能区。二者的主要差异在于:

(1)实施主体。传统的主体功能区主要在国家和省级层面实施,缺乏实际的操作主体,在推进中面临诸多困难。主体功能扩展以县级行政区为基本空间单元,将乡镇作为主体功能区划的基本单元,由于乡镇的均质性较强,且县为独立的财政、投资与绩效考核主体,操作性更强,有利于各地区主体功能的确立与实施。

(2)功能内涵。传统的主体功能区在确定不同地区的主体功能时,以优化开发、重点开发、限制开发和禁止开发为区分,忽略了不同功能区应具备的功能内涵,主体功能扩展则从不同地区所应具备的功能入手,强调发展的重要性,确定各地在发展方向上或工业、或农业、或生态的主导作用,明确了其功能内涵。同时,与政府"新型工业化、新型城镇化、农业现代化"政策实现对接,有助于主体功能的更好发挥。

(3)项目落实。传统主体功能区主要在于确定不同地区的主导功能与发展方向,在实施过程中缺乏实际项目与重点设施的配套建设,使主体功能区规划难以落实。主体功能扩展则依据不同功能区的特点与发展方向,确定各自发展的重点项目,同时辅之以农田水利、电力、公共服务和历史文化保护等重点设施建设,从而有效支撑各功能区建设,促进不同地区主体功能扩展的实现。

3.1.2 县域主体功能扩展意义

1.促进镇级区域的分工与合作,优化资源空间配置

县域主体功能扩展通过确定各镇的主体功能和产业发展方向,将引导各镇形成建立在自身的资源禀赋基础之上的产业结构,从而使县域产业分工更加符合整体发展和长远发展的需要,相应地引导人口在空间上的有序转移,使各地常住人口规模与经济规模相适应,促进生产力布局和人口分布的协调,实现县域资源在空间上的优化配置。

2.形成良性区域关系,推动区域整合协调发展

县域主体功能扩展通过对不同资源环境承载能力、区位条件和发展基础分析,确定不同地区的发展重点和

开发强度。同时通过利益共享机制与政绩考核机制的创新，有助于发展机会空间分布的合理化，从而形成良性的县镇、镇际关系，使各镇在良性互动中实现整合协调发展。

3. 促进人与自然，城市与乡村和谐共处，形成良好人居环境

县域主体功能扩展通过确定不同地区的开发强度，对生态脆弱、资源环境承载力较弱地区以保护为主，开发为辅。加强生态修复与环境保护，引导超载人口逐步有序转移，实现人与自然的和谐相处。同时通过对地区发展条件的分析，宜工则工、宜农则农、宜城则城，实现城市与乡村的互促协调发展，有利于城乡良好人居环境的形成。

3.1.3　县域主体功能区划分

作为实现主体功能扩展的核心载体，主体功能区是在对不同区域的资源环境承载能力、现有开发密度和发展潜力等要素进行综合分析的基础上，以自然环境要素、社会经济发展水平、生态系统特征以及人类活动形式的空间差异为依据，划分出的具有某种特定主体功能的地域空间单元。划分主体功能区，实施主体功能扩展战略是云浮市贯彻落实科学发展观、优化国土开发格局、促进区域协调发展的重要战略举措。

云浮市县域主体功能扩展规划在综合市域空间发展布局与市域土地适宜性评价基础上，根据自身发展基础与条件，以主导功能为确定依据。主体功能分为重点城市化地区、工业化促进地区、特色农业地区、生态与林业协调发展区。

1. 重点城市化地区

以提供城市综合服务产品或工业品为主体功能，在人口、产业等要素资源集聚上具有强大吸引力。该地区的工业化、城镇化发展基础较好，开发强度高，人口较为密集。发展方向侧重于以人为主体的发展模式，以优化公共服务、提升人民群众生活品质为基本出发点，坚持以人为本，通过推进新型城镇化进程，提高自主创新能力，加快推进城镇化，壮大城市综合实力，改善人居环境，提高对区域的辐射带动能力，促进区域综合实力的提升。

2. 工业化促进地区

以进行工业开发与生产为主体功能。该地区资源、交通和区位条件较好，资源承载能力较强，具有一定的工业化发展基础。发展方向侧重于以地区自身优势为基础，充分利用区域间产业转移的外部环境，发展具有地方特色的工业部门，以功能分区引导产业集聚，以循环经济促进产业发展，以信息科技推进产业升级，提高人

口与经济集聚水平，并通过与重点城市化地区的生产性服务业的良好互动，形成区域发展合力。

3. 特色农业地区

以提供特色农产品为主体功能，并进行适当的以农业为核心的旅游开发。该地区农业发展条件较好，且已初步形成了各具特色的农业生产类型。发展方向侧重于发挥地区特色农业生产优势，形成较具实力的农业品牌，发挥行业协会、农业合作组织、龙头企业的示范带头作用，提高农业经营产业化水平。加长农业产业链条，形成生态旅游与农产品生产、加工、销售等功能互动、组团发展的现代农业发展格局，促进农业增效和农民增收。同时，有条件的地区可进行适当的旅游资源开发，实现可持续发展。

4. 生态与林业协调发展区

以提供生态产品为主体功能，并进行适当的林业资源开发，强调生态环境保护与林业开发相协调。该地区生态系统脆弱、生态系统重要，资源环境承载能力较低，不具备大规模、高强度工业化城市化开发的条件。发展方向侧重于控制工业开发强度，建设自然保护区和森林公园，加大生态公益林建设规划力度，确保生态环境质量与水源涵养功能，提高生物多样性，构建新兴发展的生态屏障，实现野生动植物资源的良性循环和永续利用。同时在不影响主体功能定位的前提下，因地制宜地进行林业开发，引导超载人口逐步有序转移。

3.2　县域主体功能扩展规划

3.2.1　云城区

1. 定位

以城市综合服务为主导，以国际化石材商贸为特色，是具有很强集聚能力的高品质城市化地区。作为云浮市的中心城区，云城的定位应突出其中心集聚与辐射功能的提升与完善，不断提升城市服务水平，提高综合服务能力，改善宜居城市环境，促进城市化水平的提高。增强城市对区域的集聚与辐射作用是云城功能定位的首要目标。依托石材产业和佛山（云浮）产业转移工业园，发展围绕石材产业的商贸展销设计等现代服务业，提高石材产业国际影响力，增强城市生产性与生活性服务功能，提高要素集聚作用，为城市综合实力提升提供坚实基础。

2. 各主体功能区发展战略

根据云城区的发展方向与功能定位，云城区分镇主体功能分为重点城市化地区、工业化促进地区和特色农业地区 3 种类型。其中重点城市化地区包括云城街道、高峰街道和河口街道；工业化促进地区包括安塘街道和

都杨镇；特色农业地区包括腰古镇和思劳镇。

云城区的重点城市化地区侧重于城市综合服务功能的提供，通过云浮石材博览中心、石材加工技术研发中心项目的建设与带动，增强集聚能力，提升服务质量与数量，扩大服务半径，形成面向全市乃至区域的服务核心；工业化促进地区以石材加工、石材机械、金属加工等为主要特色，以工业生产与工艺设计、研发、展销等生产性服务业的良好互动，促进城市综合实力的提升；特色农业地区以贡柑、优质稻及衍生出的生态旅游为主要特色，通过思劳贡柑种植基地等项目建设，为全区提供优质、生态的农业生产环境，打造和谐宜居的城乡空间。

云城区各功能区重点项目　　　表 3-1

功能区	重点项目
重点城市化地区	云浮石材博览中心、云浮国际石材产业城、河口石材工业项目、云浮市石材加工技术研发中心、房地产开发项目、云浮大厦、城东商贸大厦等
工业化促进地区	佛山（云浮）产业转移工业园、都骑港区、现代物流园、安塘石材工业园、安塘街生态旅游区等
特色农业地区	思劳燕子山温泉项目、思劳禽畜水产养殖基地、思劳贡柑、马铃薯种植基地、腰古水东古村落生态旅游区、腰古旧河床房地产商住开发区等

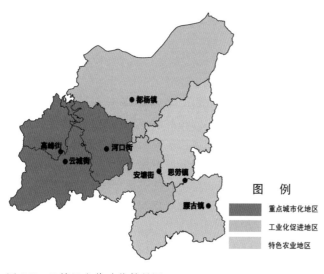

图 3-2　云城区主体功能扩展图

3. 分镇主体功能定位

根据云城区各功能区发展战略，结合各镇自身特色，确定各镇的主体功能定位如表 3-2 所示。

3.2.2 云安县

1. 定位

云城区分镇主体功能定位　　　表 3-2

功能区	功能定位
重点城市化地区	云城街：以商贸、金融、信息、科教和居民服务等城市型第三产业为主导 高峰街：以房地产、居民服务、建材加工为基础，以花卉、苗木种植为特色 河口街：以石材加工和石材展销、贸易和设计与研发为主导
工业化促进地区	安塘街：以石材加工为主导，以花卉、苗木和沙糖橘种植为特色 都杨镇：以石材机械、电力工业和港口商贸物流为主导
特色农业地区	腰古镇：以优质稻、无公害蔬菜种植和生态旅游为主导 思劳镇：以贡柑、马铃薯种植和鸭苗养殖为主导

以循环经济为主导，以港口物流为支撑，以生态农业为特色的农村综合改革示范县。

作为西江产业带上重要的临港服务节点，国家可持续发展试验区，云安应主动融入云浮核心经济区，构筑以石材、水泥、硫化工为主体的循环经济产业集群，实现规模化发展；应重点打造港口物流业，为产业发展提供有力支撑；应该优化农业产业结构，加快转变农业发展方式，提升农业基地的产业化水平，加快现代农业示范园的建设；作为广东省农村综合改革示范县，云安应深化农村综合改革，以农民增收为核心，努力形成资源优化配置、产业协同发展、基础设施一体、公共服务共享的城乡经济社会发展新格局。

2. 各主体功能区发展战略

根据云安县的发展方向与功能定位，云安县分镇主体功能分为工业化促进地区、特色农业地区、生态与林业协调发展区 3 种类型。其中，工业化促进地区包括六都镇、镇安镇和石城镇；特色农业地区包括南盛镇、前锋镇和白石镇；生态与林业协调发展区包括高村镇和富林镇。

云安县工业化促进地区以石材、水泥、硫化工及其构成的新型材料、农副食品加工业等循环经济产业为主要特色，通过循环经济工业园等载体，增强工业经济实力，同时将六都镇作为同城化中心城区的一部分，承担部分城市服务功能；特色农业地区以沙糖橘、西瓜种植等为主要功能，通过南盛十万亩柑橘种植基地等项目的建设与带动，提高农业产业化经营水平与农民收入，促进城乡一体化格局形成；生态与林业协调发展区以南药、沙糖橘种植和林场资源开发与保护为主要特色，强调生态环境的保护与资源的适当开发相结合，为全县提供健康舒适的生态环境。

云安县各功能区重点项目　　表 3-3

功能区	重点项目
工业化促进地区	云浮循环经济工业园、云浮新港物流园、云安新型材料产业基地、镇安水泥生产基地、石城石材加工基地；镇安蚕丝加工项目、石城腐竹生产项目、石城松脂深加工项目
特色农业地区	南盛柑橘种植基地、南盛柑橘批发市场、前锋无公害蔬菜种植基地、前锋禽畜养殖基地、前锋生态旅游区、白石西瓜基地、南盛卧龙湖生态旅游度假区等
生态与林业协调发展区	高村粮食生产基地、高村高产油茶示范基地、高村高脂松基地、高村禽畜养殖基地、高村矿产采掘及加工基地、富林万亩荔枝和畜牧养殖基地、云安商品林基地、云雾山漂流项目

图 3-3　云安县主体功能扩展图

图例
- 工业化促进地区
- 特色农业地区
- 生态与林业协调发展区

3. 分镇主体功能定位

根据云安县各功能区发展战略，结合各镇自身特色，确定各镇的主体功能定位如表 3-4 所示。

3.2.3 罗定市

1. 定位

以产业集群为核心，以现代农产品加工业和现代农业为基础，以南江文化为特色的历史文化名城。罗定市应强调以现有产业集群为核心，依托产业转移，壮大中心城区及周边产业集群，增强城区集聚与辐射功能。依托产业转移园和工业园区建设，提高工业化水平和人口集聚程度。应利用优越的农业生产条件，壮大现代农业生产基地，培育农业龙头企业；壮大现代农产品加工业，发展具有罗定特色的现代农业。应改善生活环境，推进

云安县分镇主体功能定位　　表 3-4

功能区	功能定位
工业化促进地区	六都镇：云城—云安同城化中心城区的一部分。是云安县域主中心，县域政治、经济、文化中心，以发展循环经济为特色的工业新城、港口新城、绿色新城；重点发展水泥、硫化工、新型石材、港口物流四大产业 镇安镇：云安县域南部工矿服务型中心镇，云安县西南门户，罗、云、郁三地商贸集散地，云浮市重要的水泥生产基地。以水泥、新型材料、纳米碳酸钙产业为主导，以蚕桑、松脂种植为特色 石城镇：云安县域副中心，县域南部的经济重镇和服务中心，云浮市重要的石材加工及商贸物流基地。以石材工艺加工和松脂深加工、腐竹加工及沙糖橘种植为主导
特色农业地区	南盛镇：现代农业及生态旅游型城镇，柑橘专业镇，重点发展以沙糖橘种植为主的特色农业及农业生态观光旅游业 前锋镇：现代农业及生态旅游型城镇，蔬菜禽畜水果基地，重点发展碳酸钙生产、养殖及生态旅游业 白石镇：特色农业主导型城镇，以西瓜、松脂、茶叶种植及粮食生产为主导
生态与林业协调发展区	高村镇：林业和矿产主导型城镇，云安县重要的生态保护区；重点发展高脂松、高产油茶、养殖、粮食生产、矿产采掘和加工 富林镇：农林生态型城镇，云安县的南大门，重点发展禽畜水产养殖、粮食生产，以及红色旅游、生态观光和漂流旅游。以高脂松、龙眼、南药等为特色和大云雾林场资源为基础

城乡公共服务均等化，建立完善的公共服务设施体系。应挖掘南江文化内涵，培育和增强居民的地方归属感与认同感，打造和谐宜居的历史文化名城。

2. 各主体功能区发展战略

根据罗定市的发展方向与功能定位，罗定市分镇主体功能分为重点城市化地区、工业化促进地区、特色农业地区和生态与林业协调发展区 4 种类型。重点城市化地区包括罗城街道、双东街道、素龙街道、附城街道和华石镇 5 个镇街；工业化促进地区包括苹塘镇、围底镇、㮟塘镇和罗平镇 4 个镇；特色农业地区包括罗镜镇、船步镇、太平镇、金鸡镇、生江镇、连州镇和黎少镇 7 个镇；生态与林业协调发展区包括替滨镇、泗纶镇、分界镇、龙湾镇和加益镇 5 个镇。

罗定市重点城市化地区以城市综合服务与化工、电子、建材等工业品生产为主要特色，通过广东服装纺织特色产业基地等项目建设，提高城区要素集聚能力，壮大城区综合实力；工业化促进地区以建材、化工等工业为主要特色，通过围底宏利达工业城等项目建设，促进地方工业的发展，提高农业产业化水平，促进人口的集聚；特色农业地区借助罗定良好的水土资源，以优质水稻、高产优质蚕桑等农产品种植为主要特色，通过全国绿色食品原料（水稻）标准化生产基地等项目建设，促进农

民增收和城乡一体化发展；生态与林业协调发展区以松脂、药材种植、自然保护区和生态公益林的建设与保护为主要特色，通过蕃滨肉桂苗圃种植基地等项目的建设与带动，强调特色林业资源开发与生态环境保护相协调，促进城乡生态宜居环境的形成。

3. 分镇主体功能定位

根据罗定市各功能区发展战略，结合各镇街自身特色，确定各镇街的主体功能定位如表3-6所示。

3.2.4　新兴县

1. 定位

以规模化农业为基础，以产业集群为特色，具有国际地位的以六祖禅宗文化为特色的旅游地区。新兴县应突出自身优势，以规模化农业为基础，培育和壮大农业龙头企业，发展"公司＋农户"的农业生产模式，提高农业现代化水平。以不锈钢制品和生物制药产业等产业集群为特色，壮大产业规模，增强品牌优势与行业竞争力。发挥文化优势，扩大六祖禅宗文化的国际影响力，并与温泉资源相结合，建设具有国际地位的以六祖禅宗文化为特色的旅游地区，并形成平等、包容、互爱的社会气氛。以新型城镇化建设为契机，提升县城综合服务功能，推动城乡基本公共服务均等化，实现城乡互促协调发展。

罗定市各功能区重点项目　　　　　　　表3-5

功能区	重点项目
重点城市化地区	广东服装纺织特色产业基地、附城电子高新工业园、双东环保工业园、产业转移工业园、火力发电项目、航天航空低空产业、肉桂产业创新科技园、物流园区、征信中心、"两园"建设项目、"三旧"改造及房地产项目等
工业化促进地区	围底宏利达工业城、罗定建材工业园、产业转移工业园、苹塘优质茶叶现代农业园区、苹塘优质蔬菜现代生态农业园区、罗平高产优质蚕桑生产基地等现代生态农业园区
特色农业地区	全国绿色食品原料（水稻）标准化生产基地、"亚灿米"种植及加工项目、罗镜人文景观和生态旅游、太平二氧化硅开发项目、船步嘉维化工、华润水泥（罗定）项目、中材（罗定）水泥项目、峰林山水旅游项目、"金瓯"大米加工项目、连州亚热带作物苗木繁殖示范基地、连州茶叶和龙眼生产基地、黎少"梁家庄园"生态园区及高产花生种植加工项目、金鸡腐竹深加工等
生态与林业协调发展区	蕃滨肉桂苗圃种植基地、龙湾生态旅游区、龙湾"氹仔鱼"养殖及黄榄种植基地、风力资源开发项目、泗纶罗竹种植基地及竹制品加工、石牛山森林公园、优质蔬菜现代生态农业园区、高产优质蚕桑现代农业园区、分界水源涵养及绿肥繁育基地、药材培植基地、三华李培植基地、加益木薯种植基地、大芒山生态公益林等

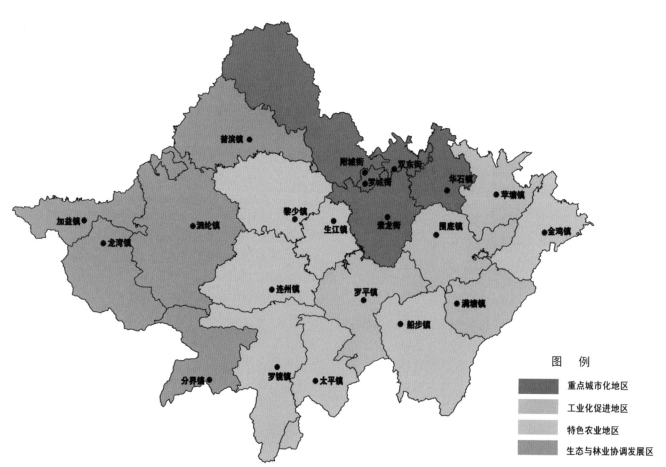

图 3-4　罗定市主体功能扩展图

图　例

■ 重点城市化地区
■ 工业化促进地区
■ 特色农业地区
■ 生态与林业协调发展区

罗定市分镇主体功能定位　　　　　表 3-6

功能区	功能定位
重点城市化地区	罗城街：以商贸流通、金融保险、科技服务等生产性服务和文化教育、酒店、旅游、房地产和居民服务为主导 双东街：以物流仓储等服务业和电镀、化工、铝材工业为主导 素龙街：以商贸物流、房地产等城市服务业和化工、电子、农副食品加工为主导 附城街：以商业、房地产等城市型服务业和电子信息产业、新能源产业为主导 华石镇：以商贸物流和建材工业为主导，以水果、中草药种植为特色
工业化促进地区	苹塘镇：以水泥产业、农副食品加工业为主导，以无公害蔬菜种植、生猪养殖为特色 围底镇：以五金、建材产业为主导，以禽畜养殖和优质稻种植为特色 㙟塘镇：以水泥产业为主导，以茶叶、"狗仔豆"种植为特色 罗平镇：以五金、塑料产业为主导，以高产优质蚕桑、优质稻和蔬菜种植为特色
特色农业地区	罗镜镇：以优质稻、罗镜梅菜种植为主导，以商贸业、特色农产品加工业、人文景观和生态旅游业为基础 太平镇：以优质稻和高产优质蚕桑种植为主导，以二氧化硅开发项目和农副产品加工为支撑 生江镇：以优质稻和荔枝种植为主导，以生态旅游为支撑 船步镇：以农林产品加工和禽畜养殖为主导，以化工产业为特色 连州镇：以蚕桑、茶叶种植为主导，以茶叶深加工和绿色旅游为支撑 黎少镇：以优质高产花生种植和深加工为主导，以生态旅游为支撑 金鸡镇：以优质稻、野山椒、木薯种植为主导，以建材、农产品加工业为支撑
生态与林业协调发展区	㮶滨镇：以松脂、肉桂、八角种植为主的生态农业和环境保护为主导 泗纶镇：以"亚灿米"、无公害蔬菜种植为主导，以竹制品深加工为支撑 分界镇：以紫云英种子繁育、药材种植和生态保护、水源涵养为主导 龙湾镇：以黄榄种植、"丞仔鱼"养殖和省级自然保护区建设为主导 加益镇：以肉桂种植、山地鸡养殖和生态公益林建设与保护为主导

2. 各主体功能区发展战略

根据新兴县的发展方向与功能定位，新兴县的重点城市化地区为新城镇；工业化促进地区包括东成镇、车岗镇和稔村镇；特色农业地区包括天堂镇、簕竹镇、水台镇、太平镇和六祖镇；生态与林业协调发展区包括里

洞镇、大江镇和河头镇。

新兴县重点城市化地区以商贸流通、金融与科技服务等生产性服务及酒店旅游、居民服务等生活性服务为主要特色，通过慧能广场等项目建设，增强城区集聚辐射与带动能力；工业化促进地区以凉果、皮具和不锈钢等工业为主要特色，通过东成镇初具规模的皮具产业和凉果工业城等项目建设，提高人口集聚水平；特色农业地区以禽畜、淡水养殖和青梅种植等项目建设为主要特色，并发展适当的农副食品加工业，促进农业现代化发展与居民生活水平提高；生态与林业协调发展区以高脂松、荔枝种植、文化生态旅游和林业、水源涵养地保护为主要特色，通过里洞镇天露山茶业生产基地等项目建设，为城乡提供优质的生态环境。

新兴县各功能区重点项目　　　　表 3-7

功能区	重点项目
重点城市化地区	佛山顺德（云浮新兴）新城产业转移工业园、不锈钢制品产业创业园、凤凰皮具城、慧能广场、温氏科技园等
工业化促进地区	东成镇凉果工业城、凌丰不锈钢及厨电产业基地、新城工业园东园、车岗物流中心区、稔村白土大塥国家级农业示范基地等
特色农业地区	簕竹国家级畜牧业产业化示范基地、佛手岭风景园、水台原种猪和原种鸡繁育中心、金水台温泉度假区、优质水果和花卉种植基地、太平飞天蚕生态茶园、象窝茶厂、六祖惠能文化博览园、神仙谷禅园风景园、龙山体育运动公园、天堂无公害蔬菜生产基地等
生态与林业协调发展区	里洞天露山茶业生产基地、洛洞生态旅游项目、河头自然保护区、森林公园和高质量生态公益林项目、河头荔枝龙眼水果基地、笋竹种植基地、大江合河水库水源地保护项目等

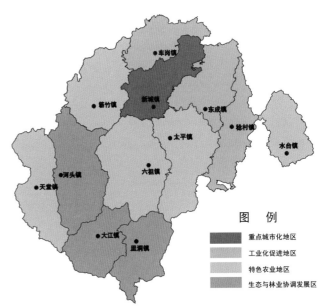

图 3-5　新兴县主体功能扩展图

3.分镇主体功能定位

根据新兴县各功能区发展战略,结合各镇自身特色,确定各镇的主体功能定位如表 3-8 所示。

新兴县分镇主体功能定位 表 3-8

功能区	功能定位
重点城市化地区	新城镇:以酒店服务、金融与科技服务等城市综合服务和文化旅游为主导,以不锈钢加工、生物制药等特色工业为基础
工业化促进地区	东成镇:以凉果加工、不锈钢制品和皮具制造等为主导,以淡水养殖为特色 车岗镇:以现代物流、纺织印染和饲料加工为主导 稔村镇:以建筑陶瓷、皮具制造为主导,以粉葛、花卉种植为特色
特色农业地区	天堂镇:以无公害蔬菜、花卉种植和生猪养殖为主导 簕竹镇:以农业总部经济、禽畜繁育、养殖饲料为主导,以饲料加工、食品加工等农副食品加工业为特色 水台镇:以禽畜繁育、花卉种植为主导,以建筑材料等新型工业为基础 太平镇:以青梅、花卉和蔬菜种植,禽畜养殖和淡水养殖为主导,以凉果等特色农产品加工为支撑 六祖镇:以生态观光农业、六祖文化与温泉旅游为主导,以生态建设与保护为基础
生态与林业协调发展区	里洞镇:以生态旅游、绿色农业和林业保护为主导 大江镇:以青梅、高脂松为主的生态农业和环境保护为主导 河头镇:以荔枝、青梅为主的生态农业和生态、水源涵养地保护为主导

3.2.5 郁南县

1.定位

以现代农业、现代农业服务业和特色工业为主导的区域商贸中心和滨江宜居绿城。郁南县应优化沙糖橘、无核黄皮等特色水果生产,营造优质特色品牌,建立具有特色的现代农业体系。应深化农村金融改革,大力发展农村金融为核心的现代农业服务业,为现代农业的发展提供强有力的支持。以电池和农产品加工等特色工业为基础,加快培育绿色食品轻工产业、生物医药业和环保型工业,提高工业化水平,增强重点城镇辐射带动能力。应依托南广高铁、广梧高速公路、西江黄金水道及连接两广的区位优势,形成两广区域性商品集散地和物流中

心。利用优越的自然条件,保护生态环境,建设广东大西关滨江宜居绿城。

2.各主体功能区发展战略

根据郁南县的发展方向与功能定位,郁南县分镇主体功能分为重点城市化地区、工业化促进地区、特色农业地区和生态与林业协调发展区 4 种类型。其中,重点城市化地区包括都城镇、平台镇和连滩镇三镇;工业化促进地区包括南江口镇、大湾镇和河口镇三镇;特色农业地区包括千官镇、东坝镇、宋桂镇和建城镇四镇;生态与林业协调发展区包括桂圩镇、宝珠镇、通门镇、大方镇和历洞镇五镇。

郁南县重点城市化地区以两广商贸物流、城市综合服务和电池、机械工业为主要特色,通过都城特色工业园等项目带动,增强城市对周边地区的辐射带动作用;工业化促进地区以建材、化工产业为主要特色,通过云浮精细化工基地等项目建设,强调依托西江黄金水道和高铁、高速公路等交通区位优势,促进工业化水平和人口集聚程度的提升;特色农业地区以无核黄皮、肉桂、沙糖橘等农产品种植为主要特色,通过郁南现代农业产业园等基地建设,适当发展具有地方特色的农副食品加工业,促进农业现代化与农民增收;生态与林业协调发展区以肉桂、南药种植和生态林建设与保护为主要特色,通过自然保护区与生态公益林等项目建设促进特色林业开发、保护与修复,提高生态产品质量,促进地区和谐宜居城乡环境的形成。

郁南县各功能区重点项目 表 3-9

功能区	重点项目
重点城市化地区	广东省电池产业升级示范区、都城特色工业园、南广铁路郁南站配套商贸物流园区、两广农产品交易中心、都城港、现代农业产业园、大王山国家森林公园、阳光时代广场、新永光度假大酒店、连滩南江文化艺术节等
工业化促进地区	云浮市精细化工基地、南江口建材仓储物流港口基地、佛山(云浮)建材产业转移转型升级示范区、大湾温氏肉鸡基地、大湾古民居群等
特色农业地区	郁南现代农业产业园区、十万亩优质谷生产基地、广东大西关万亩油菜示范基地、东坝大坪万亩优质蚕桑示范基地、五千亩优质水产养殖基地、万亩杂果(栗子、芒果等)生产基地等
生态与林业协调发展区	自然保护区与生态公益林建设、十万亩肉桂标准化生产基地、万亩荔枝标准化生产基地、二十万亩松脂生产示范基地、通门镇向阳湖、小流溪生态旅游度假区等

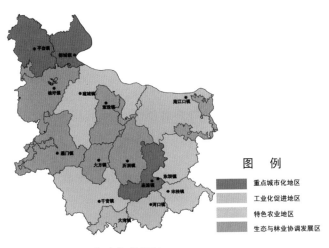

图 3-6　郁南县主体功能扩展图

3. 分镇主体功能定位

根据郁南县各功能区发展战略，结合各镇自身特色，确定各镇的主体功能定位如表 3-10 所示。

郁南县分镇主体功能定位　　　表 3-10

功能区	功能定位
重点城市化地区	都城镇：以电池产业集群、机械制造为主导，以农产品为主体的商贸物流和城市综合服务镇区 平台镇：以高铁站场配套商贸物流为主导，以无核黄皮、沙糖橘等特色农业为基础 连滩镇：以商贸流通和居民服务为主导，以南江文化艺术节为代表的文化旅游产业为基础
工业化促进地区	南江口镇：以商贸物流、化工、建材等港口工业及农副食品加工业为主导 大湾镇：以化工、五金为主导产业，以肉鸡和淡水养殖为特色 河口镇：以无核黄皮、河口香芒种植和肉鸡生猪养殖为主，逐步规划建设成为以新型陶瓷建材为主导的镇区
特色农业地区	千官镇：以优质水稻和茶叶为主导，以商贸集散地为载体 东坝镇：以蚕桑种植为主导 建城镇：以无核黄皮、沙糖橘、淮山种植为主导，以水果加工等农副食品加工为基础，以生态旅游为支撑 宋桂镇：以佛手等南药种植为主导，以机械、建材等环保集约型工业为基础
生态与林业协调发展区	桂圩镇：以肉桂、沙糖橘种植和林业生产与保护为主导 宝珠镇：以荔枝、松林种植和生态保护为主导 通门镇：以肉桂、沙糖橘种植和林业生产与保护为主导 大方镇：以肉桂、巴戟种植和生态保护为主导 历洞镇：以肉桂、松林种植和生态保护为主导

3.3　县域主体功能扩展配套政策

围绕主体功能扩展规划进行相应的行政管理体制改革，并出台各项配套政策是保障主体功能扩展规划有效实施的核心内容。云浮市各县（市、区）根据自身特色，

建立起了以财政保障机制、组织保障机制和绩效考核机制为基础的配套政策体系，保障主体功能扩展规划的有效推进。

3.3.1　财税保障机制

财税保障机制是通过县镇财税共享、激励和保障，增强镇级政权运转的保障能力。如云安县实施项目招入地与所在地税收共享，资源地和项目所在地税收分成，园区内税收增量按比例分享的政策，县直部门、县领导招商引资项目产生的税收实行八二分成（县财政占 80%、项目所在镇占 20%）；镇招商引资的项目产生的税收实行六二二分成（县财政占 60%、招商的镇占 20%、项目所在镇占 20%）；各镇向本镇以外的县辖区范围内企业、项目提供大宗资源（指占企业、项目生产所需原材料 70% 以上的资源）作为主要生产原料的，对企业、项目产生的税收实行二八分成（提供资源的镇占 20%，企业、项目所在镇占 80%）。罗定市对不同主体功能区采取各有侧重的财税激励机制，对重点城市化地区和工业化促进地区实行以经济发展为基本导向的激励机制，以各镇街地方库税收入库情况作为考核内容。对特色农业地区、生态与林业协调发展区实行以生态保护为基本导向的激励转移支付机制，通过对生态环境保护、农业农村工作和公共服务水平等内容进行综合考核评价，实行"以奖代补"的激励转移支付机制。

3.3.2　组织保障机制

组织保障机制是根据各镇街的主体功能定位，按照精简、统一、效能的原则，进行机构设置与相应的职权改革，通过明晰乡镇功能职责，保障乡镇功能发挥，明确乡镇履职导向，把政府事权改革与县域主体功能区建设有机结合起来，构建乡镇功能履职体系。各县（市、区）将原镇政府"七站八所"的机构设置改为"三办两中心"：党政办公室、宜居办公室、农业和经济办公室、综治信访维稳中心、社会事务服务中心。通过科学设置乡镇管理机构，优化编制配备，提升乡镇服务效能。同时，通过县镇机构改革，形成县以经济发展为主导职能，镇以公共服务、农村基层建设为主导职能；村以村民自治、农业、生态保护为主要职能的政府职能格局。其中，镇级政府履职重点为"5+X"。"5"即履职重点为"社会维稳、农民增收、公共服务、政策宣传、基层建设"的执政为民工作；"X"是根据不同的主体功能定位，确定各镇街的职责要求和经济社会发展目标。

3.3.3　绩效考核机制

绩效考核机制是根据不同镇街的主体功能定位，对

各镇街进行各有侧重的绩效考评,以相同的指标内容、不同的指标权重、实行分类考核,将考评重点放在乡镇主体功能应承担的职责范围内。重点城市化地区侧重于考核经济发展和功能优化,工业化促进地区侧重于考核工业产值的增长,特色农业地区侧重于考核农业产业化经营水平,生态与林业协调发展区侧重于考核生态公益林建设、水源保护等。以"功能发挥好、考核得分高"的原则,体现权责利相一致的机制,调动不同地区干部科学发展的积极性。如云安县将镇级经济社会科学发展评价指标体系分为区域发展、功能发挥和主体规划三大类,总分值为 1000 分。其中区域发展指标权重分配上,重点城市化地区 420 分,工业化促进地区 370 分,特色农业地区、生态与林业协调发展区 320 分;功能发挥指标权重分配上,重点城市化地区 380 分,工业化促进地区 390 分,特色农业地区、生态与林业协调发展区 400 分;主体规划指标权重分配上,重点城市化地区 200 分,工业化促进地区 240 分,特色农业地区、生态与林业协调发展区 280 分。

3.4　分县配套政策

1. 云城区
1) 关于印发《云城区简政强镇事权改革实施方案》的通知
2) 关于印发《云城区 2011 年各镇(街)"X"职责任务》的通知
3) 关于印发《云城区财政保障和财税共享激励机制实施办法(试行)》的通知
4) 云城区科级领导班子和领导干部落实科学发展观考核评价暂行办法
5) 关于印发《云浮市中心城区(第一批)石材企业转移实施方案》的通知
6) 中共云浮市云城区委办公室、云浮市云城区人民政府办公室印发《云城区关于大力推进现代农业发展的实施意见》的通知
7) 关于印发《云城区建设农村土地流转服务中心工作方案》的通知
8) 关于印发《云城区建立林业生态补偿机制实施方案》的通知
2. 云安县
1) 印发《云安县财税共享激励和保障机制实施方案》的通知
2) 印发《云安县关于建立城乡均等化财政机制的意见》的通知
3) 关于完善《云安县财税共享激励和保障机制实

施方案》的通知
4) 中共云安县委关于印发《云安县科级领导班子和领导干部落实科学发展观评价指标体系及考核评价实施细则(试行)》的通知
5) 中共云安县委办公室、云安县人民政府办公室关于印发《云安县 2011 年各镇"X"职责任务》的通知
6) 中共云安县委、云安县人民政府关于深化农村综合改革的意见
7) 关于印发《云安县简政强镇事权改革实施方案》的通知
8) 中共云安县委、云安县人民政府关于深化农村综合改革创新社会管理方式的实施意见
9) 印发《云安县县级园区税收增量共享资金使用管理办法》的通知
3. 罗定市
1) 印发《罗定市推进主体功能区建设工作实施方案》的通知
2) 关于印发《罗定市实施主体功能区域经济的基本保障和财政激励办法》的通知
3) 中共罗定市委、罗定市人民政府关于建立城乡均等化财政机制的意见
4) 印发《罗定市简政强镇事权改革实施方案》的通知
5) 中共罗定市委、罗定市人民政府关于印发《罗定市建设农村改革发展试验区工作方案》的通知
6) 关于印发《罗定市农村改革试验区(农业特色产业)发展规划方案(2009～2013 年)》的通知
7) 印发《关于推进罗定市城乡统筹发展深化户籍管理制度改革的意见(试行)》的通知
8) 中共罗定市委、罗定市人民政府关于深入推进创建全国农村劳动力转移就业工作示范县(市)工作的实施意见
9) 印发《罗定市科级领导班子和领导干部实绩考核暂行办法》的通知
4. 新兴县
1) 新兴县建设农村改革发展试验区工作方案
2) 中共新兴县委、新兴县人民政府关于推进简政强镇事权改革的意见
3) 印发《新兴县财税共享激励和保障机制实施方案》的通知
4) 印发《新兴县关于建立城乡均等化财政机制的意见》的通知
5) 关于建立村(社区)干部保障激励机制的实施办法
6) 县四套班子领导、镇党委书记镇长和县直单位

主要领导 2011 年落实科学发展观考核办法

7）关于县财政预算安排农村基层组织建设工作经费问题的复函

8）中共新兴县委办公室、新兴县人民政府办公室印发《新兴县农村干部规范化管理暂行办法》的通知

5. 郁南县

1）关于印发《郁南县贯彻落实〈云浮市建设农村改革发展试验区总体方案〉实施方案》的通知

2）中共郁南县委、郁南县人民政府关于加快农村改革发展试验区建设的意见

3）印发《郁南县农村金融改革发展综合试点总体方案》的通知

4）郁南县财税共享激励和保障机制实施方案

5）关于印发《郁南县科级领导班子和领导干部考核评价指标体系及实施细则》的通知

6）关于印发《郁南县简政强镇事权改革实施方案》的通知

7）关于印发《郁南县 2011 年镇级经济社会科学发展评价指标细化方案》的通知

附录 A 县域立体功能扩展配套政策文件

附录 A1 云安县财税共享激励和保障机制实施方案

【云县府办〔2009〕14号】

为进一步改革和完善我县财政体制,调动镇级组织收入的积极性,增强执政能力,促进全县经济社会又好又快发展,特制订我县财税共享、激励和保障机制实施方案。

一、指导思想

以科学发展观为统揽,以"建设科学发展新云安,实现富民强县新飞跃"为总目标,以开展"百亿云安大会战、新农村建设大会战"、打造"百亿云安、生态云安"为总任务,通过建立县镇财税共享、激励和保障机制,充分调动镇政府发展镇域经济的积极性和主动性,从机制上激励和促进镇政府全力以赴抓收入,促进财税增收,实现我县财税收入的协调增长。

二、基本原则

树立全县"一盘棋"思想,体现"责权利相结合","奖励先进、鞭策后进","资源共用、利益共享、实现共赢"以及"谁发展谁得益、发展快多得益"的原则,实现全县经济发展"功能区域化,建设同城化,利益共享化",达到确保既得利益,增强发展动力,更好地促进经济发展和财税增收,促进全县区域协调发展的目的。

三、建立完善财税考核指标体系

(一)以财税共享的镇级税收收入和镇属地征收的增值税、营业税、企业所得税、个人所得税、土地增值税(上述5项税收包括体制分成的县级、省级和中央级收入)、资源税、城市维护建设税、房产税、印花税、城镇土地使用税、车船税作为考核指标。

(二)合理确定各镇年度财税收入考核任务。为保持政策连续性和稳定性,按"一定一年"的原则,2009年各镇财税考核收入任务以2008年本镇财税考核收入任务实际完成数作参考基数确定(各镇当年税收收入、县级库收入任务另文下发)。对完成任务的镇,按2007年各镇奖励基数给予奖励,超额部分按超增分成办法奖励。对没有完成任务的镇,按2007年奖励基数乘以完成任务的百分比计算奖励金额。

(三)各镇城市维护建设税收入由县统筹安排开支,主要用于城市维护、社会公益事业建设等。其中:六都镇、镇安镇、富林镇的城建税收入全部奖励,石城镇按80%奖励,其余镇按60%奖励。城市维护建设税不列入镇年度财税考核县级库收入任务。

(四)契税、耕地占用税和县级以上重点工程所产生的一次性税收,以及根据招商引资优惠扶持措施,通过先征后奖励用于扶持企业发展的税收,暂不列入财税共享范围。

四、建立完善财税共享机制

本着相互合作、利益共享、共同发展的原则,建立完善财税共享机制。

(一)县级产业园区税收共享

按照"谁引进、谁受益"的原则,县直部门、县领导招商引资项目产生的税收实行八二分成(县财政占80%,项目所在镇占20%);镇招商引资的项目产生的税收实行六二二分成(县财政占60%,招商的镇占20%,项目所在镇占20%)。县级产业园区指六都工业园、黄湾工业园、镇安工业园。

(二)易地招商税收共享

县直部门、县领导招商引资项目到镇落户的,引资项目产生的税收实行二八分成(县财政占20%,项目所在镇占80%);镇招商引资项目到县内其他镇落户的,引资项目所产生的税收实行五五分成(引资镇占50%,项目所在镇占50%)。

(三)资源地与生产地税收共享

各镇向本镇以外的我县辖区范围内企业、项目提供大宗资源(指占企业、项目生产所需原材料70%以上的资源)作为主要生产原料的,对企业、项目产生的税收实行二八分成(提供资源的镇占20%,企业、项目所在镇占80%)。

五、建立完善财税激励机制

在确定财税考核基数的基础上,为促进镇域经济发展,增加财政收入,奖励先进,鞭策后进,建立"确定基数、超增分成、鼓励先进"的财税激励机制。

（一）超增分成

实行县级库（剔除城市维护建设税收入,下同）超增分成部分分档次按超收增长率分别给予奖励的办法,即超收增长率部分在 20 个百分点以内（含 20%）的,按 60% 给予奖励;在 20 ～ 40 个百分点之间（含 40%）的,按 70% 给予奖励;在 40 ～ 60 个百分点之间（含 60%）的,按 80% 给予奖励;在 60 ～ 80 个百分点之间（含 80%）的,按 90% 给予奖励;80 个百分点以上的,给予 100% 奖励。

（二）鼓励先进

设立上台阶奖、财税超增分成奖两个奖项。

1. 上台阶奖

为鼓励镇财税收入上台阶;对财税收入首次突破 3000 万元、2000 万元、1000 万元的镇,由县财政一次性相应奖励镇 30 万元、20 万元、10 万元。奖金的使用原则是:奖金的 20% 用于奖励党政主要领导,40% 用于

奖励领导班子其他成员,40% 用于奖励镇其他干部职工。

2. 财税超增分成奖

为鼓励镇域经济发展快、税收任务完成好的镇,给予财税超增分成奖。

（1）对获得超增分成奖励的镇,可在其超增分成奖励中提 30% 给予奖励有功人员,奖励最高不超过 50 万元。奖金的使用原则是:奖金的 10% 用于奖励党政主要领导,30% 用于奖励领导班子其他成员,60% 用于奖励镇其他干部职工。

（2）对获得超增分成奖励的镇,在其超增分成奖励中提 15% 给当地财政、国税、地税所支配使用,奖励最高不超过 15 万元,用于解决征收经费和个人奖励。

（3）其余超增分成奖励资金,其中 30% 用于偿还历年债务,其余用于弥补当年办公经费不足、促进镇经济和社会事业可持续发展。

按照就高不就低的原则,财税超增分成奖与市对镇经济考核奖由县财政负担部分不重复计算奖励。

附录 A2　云安县 2011 年各镇"X"职责任务

【云县办发〔2011〕11 号】

根据《中共云安县委、云安县人民政府关于深化农村综合改革的意见》（云县委〔2011〕4 号）的精神,结合当前县委、县政府决策部署,现就进一步明晰各镇 2011 年度主体功能区建设中的功能定位、职责要求和经济发展目标（即"X"职责任务）分解如下:

一、六都镇

围绕"服务园区经济、配合城市管理"的"X"职责核心任务,今年认真做好以下 10 个方面工作。

（一）完成征地 4348 亩任务,确保青洲水泥、环科年产 20 万吨电解锰和 100 万吨硫酸项目、云硫年产 120 万吨氧化球团、云浮新港物流基地第一期工程等项目,在今年 5 月底前全面完成征地拆迁任务;确保已签约的石材等项目在今年 8 月份内完成征地拆迁任务,协助处理厂农矿农关系,确保不出现到市以上上访,为企业营造良好的社会环境。

（二）配合城市管理,重点配合抓好六都圩镇乱摆乱卖和城区环境整治工作。

（三）年内完成新屋地市级名村建设任务。

（四）新增农村劳动力转移就业 2200 人。

（五）新增农村土地流转 800 亩。

（六）全面完成扶贫"双到"工作任务。

（七）全面推进农村垃圾处理工程,年内实现农村

垃圾处理覆盖率达 100%,并积极配合做好创建省级卫生县城工作。

（八）按要求全面完成农村安全饮用水工程,按"以奖代补"的原则全面推进农村"五小"水利工程建设。

（九）全面完成林改工作任务。

（十）按时完成村"两委"换届选举工作。

二、镇安镇

围绕"工农并举、打造二极"的"X"职责核心任务,今年认真做好以下 10 个方面工作。

（一）配合县建设新型材料基地,今年确保云浮市绿量电池材料科技有限公司的无铅环保电池 10 条生产线投产;云浮立伟达项目在上半年建成投产;云浮立伟达新材料基地建设项目上半年签约,年内协助做好项目的征地拆迁工作。

（二）实施圩镇改造工程,重点抓好圩镇基础设施建设,并于年内完成镇安垃圾填埋场工程。

（三）大力发展蚕桑产业,新增蚕桑面积 1500 亩;积极发动农民参与温氏养鸭,并配合温氏建立养殖基地;致力发展济草堂金银花种植产业。

（四）新增农村劳动力转移就业 2600 人。

（五）新增农村土地流转 3200 亩。

（六）全面完成扶贫"双到"工作任务。

（七）全面推进农村垃圾处理工程，年内实现农村垃圾处理覆盖率达 80% 以上。

（八）按要求全面完成农村安全饮用水工程，按"以奖代补"的原则全面推进农村"五小"水利工程建设。

（九）全面完成林改工作任务。

（十）按时完成村"两委"换届选举工作。

三、石城镇

围绕"工农并举、打造二极"的"X"职责核心任务，今年认真做好以下 10 个方面工作。

（一）提升传统石材产业，8 月份前完成东润二期 200 亩、榕树围村石材工业园 250 亩的征地拆迁任务；年底前完成石岩村石材工业园 350 亩征地拆迁任务；上半年完成沿 324 国道线石材企业环境整治工作，8 月份前完成沿 324 国道线石材企业的立面改造。

（二）新增农村劳动力转移 2800 人。

（三）新增农村土地流转 2800 亩。

（四）全力完成扶贫"双到"工作任务。

（五）在培育和提升柑橘产业的基础上，做优"托洞腐竹"农业品牌；积极发动农民参与温氏合作养鸭。

（六）整村推进留洞村社会主义新农村建设，其中把横洞村打造成省级名村。

（七）全面推进农村垃圾处理工程，年内实现农村垃圾处理覆盖率达 100%。

（八）按要求全面完成农村安全饮用水工程，按"以奖代补"的原则全面推进农村"五小"水利工程建设。

（九）全面完成林改工作任务。

（十）按时完成村"两委"换届选举工作。

四、高村镇

围绕"保护生态、治穷治灾"的"X"职责核心任务，今年认真做好以下 10 个方面工作。

（一）把油茶培育发展成为农民增收的特色支柱产业，年内新增油茶面积 3000 亩，把云安县东盛油茶基地打造成为县级现代农业示范园，并发动农户参与温氏养鸭。

（二）按要求全面完成农村安全饮用水工程，按"以奖代补"的原则全面推进农村"五小"水利工程建设。其中，重点抓好开展小河流治理，确保年内完成深步河治理工程，增强抗自然灾害能力。

（三）新增农村劳动力转移就业 2400 人。

（四）新增农村土地流转 3000 亩。

（五）全面完成扶贫"双到"工作任务。

（六）完成县交给的矿产项目征地拆迁任务，其中高枧铅锌矿 5 月底前能动工建设，龙窝石矿上半年前动

工开采。

（七）全面推进农村垃圾处理工程，年内实现农村垃圾处理覆盖率达 80% 以上。

（八）探索建立农民向城镇转移居住和向二三产业转移就业的新机制，力争年内有新突破。

（九）全面完成林改工作任务。

（十）按时完成村"两委"换届选举工作。

五、白石镇

围绕"保护生态、治水治荒"的"X"职责核心任务，今年认真做好以下 10 个方面工作。

（一）完成治水任务。按要求全面完成农村安全饮用水工程，按"以奖代补"的原则全面推进农村"五小"水利工程建设。其中，重点抓好以民安村小堤防维修和白石村十二冲水利设施维修为重点的面上水利工程，增强抗旱保丰收能力。

（二）完成治荒任务。重点抓好以圩镇周边荒山为重点的绿化工程，并继续对去年种植的树木、竹头、藤类作物追肥，全镇森林覆盖率比上年提高 2 个百分点。

（三）在继续培育"白石西瓜"特色农业品牌的基础上，积极发动农民与温氏合作养鸭，并积极配合温氏建立 1 个以上的养殖基地。

（四）新增农村劳动力转移就业 2400 人。

（五）新增农村土地流转 3200 亩。

（六）全面完成扶贫"双到"工作任务。

（七）全面推进农村垃圾处理工程，年内实现农村垃圾处理覆盖率达 80% 以上。

（八）探索建立农民向城镇转移居住和向二三产业转移就业的新机制，力争年内有新突破。

（九）全面完成林改工作任务。

（十）按时完成村"两委"换届选举工作。

六、富林镇

围绕"保护生态、营造优势"的"X"职责核心任务，今年认真做好以下 10 个方面工作。

（一）利用生态优势，推进温氏年产 1800 万只养鸭项目建设，确保上半年建成投产，把养鸭作为农民致富的特色支柱产业。

（二）利用自然优势，开发云雾山漂流项目，确保上半年完成一期建设任务并投入营业，把发展旅游业作为带动农民增收的重要手段。

（三）利用资源优势，建设"华南镁业低碳产业示范园区"，确保年内签约并动工建设。

（四）新增农村劳动力转移 2800 人。

（五）新增农村土地流转 3200 亩。

（六）全面完成扶贫"双到"工作任务。

（七）全面推进农村垃圾处理工程，年内实现农村垃圾处理覆盖率达80%以上。

（八）按要求全面完成农村安全饮用水工程，按"以奖代补"的原则全面推进农村"五小"水利工程建设。

（九）全面完成林改工作任务。

（十）按时完成村"两委"换届选举工作。

七、南盛镇

围绕"保护生态、建设名镇"的"X"职责核心任务，今年认真做好以下10个方面工作。

（一）建设南盛名镇，打造成为改革名镇、柑橘名镇、文化名镇，争当全省农村综合改革排头兵。

（二）建设省、市、县级和谐宜居村3个以上，其中，充分利用大田头村的自然资源、人文资源，把其建设成为省级示范村，试点对自然村创新设立村民理事会，增强村民自治能力，更好地发挥群众主体作用。

（三）加强产学研合作和产前、产中、产后服务，以科技引领和服务配套提升柑橘产业，确保年内建成"云安县柑橘现代产业示范园"，力争成为省级主导产业示范园。在此基础上，引导果农对老化的果树改种油茶，今年新种油茶面积达到3000亩；积极发动群众与温氏合作养鸡。

（四）新增农村劳动力转移2400人。

（五）新增农村土地流转1000亩。

（六）全面完成扶贫"双到"工作任务。

（七）全面推进农村垃圾处理工程，年内实现农村垃圾处理覆盖率达100%。

（八）按要求全面完成农村安全饮用水工程，按"以奖代补"的原则全面推进农村"五小"水利工程建设。

（九）全面完成林改工作任务。

（十）按时完成村"两委"换届选举工作。

八、前锋镇

围绕"保护生态、优化环境"的"X"职责核心任务，今年认真做好以下10个方面工作。

（一）重点保护和开发利用好市级崖楼自然保护区，并把崖楼景区打造成为省级扶贫旅游示范区，把崖楼洞表打造成省级示范村。

（二）新增农村劳动力转移2400人。

（三）继续做好养殖工作，在扩大养猪业的基础上，积极发动群众与温氏合作养鸡、养鸭，使养殖业成为农民增收的支柱产业。

（四）新增农村土地流转2800亩。

（五）全面完成扶贫"双到"工作任务。

（六）率先启动城乡建设用地增减挂钩试点工作。

（七）全面推进农村垃圾处理工程，年内实现农村垃圾处理覆盖率达100%。

（八）按要求全面完成农村安全饮用水工程，按"以奖代补"的原则全面推进农村"五小"水利工程建设。

（九）全面完成林改工作任务。

（十）按时完成村"两委"换届选举工作。

附录 A3　云安县简政强镇事权改革实施方案

【云县办发〔2011〕4号】

根据《中共广东省委办公厅、广东省人民政府办公厅关于富县强镇事权改革的指导意见》（粤办发〔2009〕33号）和《中共广东省委办公厅、广东省人民政府办公厅印发〈关于简政强镇事权改革的指导意见〉的通知》（粤办发〔2010〕17号）、《广东省人民政府批转省农业厅〈关于推进山区县农村综合改革指导意见〉的通知》（粤府〔2011〕20号）、《中共云浮市委、云浮市人民政府关于印发〈云浮市建设农村改革发展试验区总体方案〉的通知》（云发〔2010〕7号）、《关于印发云浮市简政强镇事权改革实施意见的通知》（云机编〔2011〕3号）和《中共云安县委、云安县人民政府关于推进乡镇职权改革的实施意见》（云县委〔2010〕23号）等的文件精神，结合本县实际，现就推进我县简政强镇事权改革提出如下实施方案。

一、指导思想和基本原则

（一）指导思想

以邓小平理论和"三个代表"重要思想为指导，深入贯彻落实科学发展观，进一步深化行政管理体制改革和人事制度改革，转变职能，下放权限，理顺关系，优化机构设置和编制配备，创新体制机制，增强基层活力，建立适应城乡统筹协调发展需要和服务型政府建设要求的镇级行政管理体制和运行机制。

（二）基本原则

1. 突出重点，简政扩权。加快政府职能转变，减少上级管理事项，扩大镇级经济社会管理权限，强化财力保障，做到权责一致，财力与事权相匹配。

2. 坚持创新，分类指导。创新管理和服务体制机制，健全行政运行机制；根据不同区域的特点和经济社会发展情况，对镇改革进行科学分类指导。

3. 统筹配套，稳妥推进。衔接县级政府机构改革，统筹兼顾各项体制改革，积极探索，稳步实施，处理好改革、发展和稳定的关系。

二、主要任务

（一）科学定位政府职能，扩大镇级管理权限

1. 划分主体功能区，统筹安排区域发展空间布局。根据各镇经济基础、区位条件、人口分布、资源禀赋等差异，划分为3个类型的主体功能区，六都镇为"优先发展区"，石城、镇安2个镇为"重点发展区"，高村、白石、富林、南盛、前锋5个镇为"开发与保护并重示范区"，实行分类指导、分级确定职责，明晰各镇的发展定位和功能职责，加快转变经济发展方式，围绕促进经济社会发展、加强社会管理、强化公共服务、推进基层民主4个方面履行职能，重点强化面向基层和群众的社会管理和公共服务职能。着重加强为"三农"服务职能，加强农村服务体系建设。

2. 按照不同功能区域城乡基本公共服务均等化的目标要求，构建"职责明晰、优势互补、高效有序"的功能履职格局。以强化县域经济建设、镇域社会建设、村级社区建设为重点，明晰镇村两级功能职责是"基本职责＋主导职责"，从而把镇村两级的履职重点转移到优化"三农"服务、均等公共服务上来，形成合理的功能履职格局。其中，乡镇政府履职重点为"5＋X"，"5"即"提供公共服务、促进农民增收、加强社会管理、维护社会稳定、加强基层建设"5项工作，"X"即赋予各地不同的功能定位、职责要求和经济社会发展目标。村级组织功能职责是"5＋1"，"5"即"促进农民增收、协助开展公共服务、维护社会稳定、保护生态环境、加强组织建设"5项共性工作，"1"即年度中心工作，包括贯彻落实上级决策部署，包括需要村级贯彻落实的县委、县政府的决策部署，以及乡镇结合功能定位、职责要求和社会发展目标而交办村级完成的工作任务。

3. 建立"不以GDP大小论英雄、只以功能发挥好坏论成败"的政绩考核机制。根据不同功能区域的职责要求，对各镇设置共同指标和类别指标，并科学设置分值权重，以相同的指标内容、不同的指标权重，实行分类考核，将考评重点放在功能职责要求上，体现权责一致。

4. 切实推进政企分开、政资分开、政事分开、政府与市场中介组织分开。优化政府职能结构，加大向社会和市场的简政放权力度，降低市场准入门槛，减少行政审批和行政许可事项，有条件的尽可能转为登记备案制。积极推行行政审批和许可"零收费"制度，降低政务、

商务和公众办事成本。改革后，镇属事业单位和社会组织，必须有法律法规授权，或者根据规章规定，方可委托承担行政许可或行政执法职能。

5. 深化行政审批、行政许可和行政执法制度改革。按照法定程序，与其经济社会发展水平相适应的行政许可、行政执法以及其他行政管理权，全部采取授权、委托方式下放给镇。

（二）理顺纵向权责关系，加强镇级财力保障

1. 理顺纵向权责关系。除法律和行政法规另有规定外，县直部门派出机构实行双重领导体制，其业务接受镇的协调和监督，资金财物调拨使用接受镇的监管；党群工作实行属地管理，主要负责人的人事任免、年度考核等事项要按规定程序征求所在镇党委、政府的意见。不得将法律法规和政策规定的应由县委、县政府及县直相关职能部门承担的责任转移给镇承担。确需镇配合做好有关工作或承办有关事务，要赋予相应的办事权限并提供必要的经费保障。

县政府及有关部门在实施管理过程中，建立健全与镇职能相适应的考核评价指标体系，更加注重绩效监督，建立与镇权扩大相适应的规范化、精细化的绩效监督评估体系，不得将不属于镇职能的事项或不应由镇承担的责任列入考核范围。切实推行依法监督、宏观管理、间接管理和"结果管理"。

2. 加强镇级财力保障。调整优化县、镇政府财政收支结构，理顺县、镇财政分配关系，使镇级财力与其承担的责任相匹配。为进一步增加镇级财力，加快化解历史债务，实施财政分配向镇倾斜，逐步完善财税考核指标体系、财税共享和激励机制，提高镇级财政供养人员公用经费标准，完善镇级经费补助制度，为镇履行职能创造条件。将所属各镇区域内的行政事业性收费中现属上级部分全额返还镇财政。镇财力要从竞争性行业和领域退出，重点保障民生和满足公共需求，不得参与经营性投资活动。

（三）完善公共管理和服务体系，创新运行机制和方式

理顺镇、村关系，整合镇、村公共服务和行政资源，做强镇、村综合公共服务机构和综治信访维稳平台，构建综合服务和大综治、大调解工作格局。村公共服务机构和综治信访维稳平台由镇、村联合组建，其主要负责人原则上由所在村党支部书记兼任。镇可对村相关机构实行经费项目计划和委托办理制度。鼓励镇深化农村管理体制改革，理顺农村基层组织关系，加强农村干部队伍建设和管理。

完善公共服务体系，扩大服务范围，通过政府采购、项目招标、合同外包、特许经营、社区治理、志愿者服

务、委托代理、公众参与等社会化方式，建立多元化的公共服务投入体系和运行机制。切实提高直接面向基层和群众的"窗口"机构的服务质量和效率，通过推行"一站式"服务、办理代理制、首问责任制、办理时限制等，减少办事程序和环节，完善服务制度。加大政务公开力度，落实公众的知情权、表达权、参与权和监督权。

研究制定政府购买社会组织服务的绩效评估机制和失信惩罚制度，不断创新社会组织和村民（居民）自治组织的管理体制机制。

（四）规范机构设置，优化编制配备

按照精简、统一、效能和"不增人员，减少成本，提高效率"，从"向上相对应"转为"向下相适应"的原则，科学设置乡镇管理机构，优化编制配备，提升乡镇服务效能。

1. 规范机构设置。按照镇辖区常住人口、土地面积、财政一般预算收入三项指标，对镇重新进行分类，建立镇分类动态管理机制。经报上级机构编制部门审批，综合指数在 150 以下的白石、前锋确定为一般镇，综合指数在 150 以上的六都、高村、镇安、富林、石城、南盛为较大镇。为推进乡镇大部门制改革，镇党政机构设置数量不超过 6 个，综合设置"三办两中心"：

党政办公室（挂镇人大办公室牌子）。主要负责党的建设、固本强基、党风廉政建设、宣传文化、日常事务、组织协调和检查督促等职责。负责设立两大工作平台：两代表一委员工作站，为辖区各级党代表、人大代表、政协委员履行职责、联系群众的工作平台，使其作用发挥常态化；行政综合执法队，为代表镇政府履行通过授权、委托所赋予的镇级行政综合执法职责。党政办公室主任由镇委副书记兼任。

宜居办公室。主要负责村镇和国土规划、绿道建设、旧村改造、环境整治、生态保护、农民生活设施建设等职责，全面推进新农村建设。宜居办公室主任由镇班子成员兼任。

农业和经济办公室（挂镇安全生产管理办公室牌子）。主要负责农业经济发展的综合管理。负责对农村土地流转服务中心、农村劳动力服务中心、农业发展服务中心等涉农单位的管理。农业经济办公室主任由镇班子成员兼任。

综治信访维稳中心（挂镇综治办公室、信访办公室牌子）。整合镇司法所、信访、综治等资源，主要负责法制宣传、社会管治、矛盾排查、纠纷调处、接待来访、应急处置、治安防控、司法建设等工作。主任由镇委副书记兼任，专职副主任由镇委委员及派出所所长兼任。

社会事务服务中心（挂镇人口和计划生育办公室牌子）。主要职能是行政服务、社会保障、计划生育、文化教育、医疗卫生、民政扶贫、基础建设的管理，增强城乡基本公共服务均等化能力，主任由镇班子成员兼任。

镇党纪律检查委员会机关、人民武装部按有关规定设置，工会、共青团、妇联等群团组织按有关章程设置。具体工作由党政办公室或配备专（兼）职人员承担，相关人员的待遇按照国家和省的规定执行。

2. 优化机关行政编制配备。根据本地实际，在上级核定的镇行政编制规模内，镇行政编制可参照以下标准配备：一般镇，不超过 35 名；较大镇，不超过 55 名。

不再按比例核定镇机关后勤服务人员编制，改为按行政编制的一定比例核定后勤服务人员数，原在编在职后勤服务人员占用后勤服务人员数并按原制度管理。

镇领导班子的职数配备，严格按照有关规定执行。

领导职数、人员编制和后勤服务人员数的配备由县机构编制部门另文下达。

（五）推进镇事业单位分类改革，创新管理服务体制机制

1. 理顺管理体制。除中央和省委、省政府及省编委有明确规定外，设在镇的事业站所原则上实行以镇管理为主、上级主管部门进行业务指导的管理体制。实行双重管理体制的单位，其主要领导的人事任免等重大事项要按规定程序征求镇党委意见。

2. 整合资源，改革镇事业单位站所设置，提升镇社会管理和公共服务水平。结合事业单位分类改革，将事业站所承担的行政管理职责划归镇政府，行政执法职责依法交由行政机关承担。对公益性站所加强财政保障，将经营性站所转制为经济实体或中介服务组织，今后不再设置经费自理的事业单位。加强农业公共服务能力建设，通过公共服务中心建设，整合站所资源，着力强化直接面向基层群众服务。站所按领域归类整合到公益类服务中心，暂保留牌子，人员岗位设置的类别及比例可参照原有站所设置。

①设立农村土地流转服务中心。加强村镇规划与建设、公用事业的统筹服务，整合村镇环保和规划管理的职责任务。

②设立农村劳动力服务中心。加强人力资源和社会保障统一管理服务，规范人力资源市场。整合镇劳动保障事务所（企业退休人员社会化管理服务所）职责任务。

③设立农业发展服务中心（挂人口和计划生育服务所牌子）。加强对农业、农村和农民的服务，整合农业水利站（农业技术推广站、农产品质量安全监督检验测试站）、林业站（林业技术推广中心）、畜牧兽医水产站（动物防疫监督站）、农村合作经济经营管理站、计划生育服务所、计划生育服务队和文化站的职责任务。

3. 探索编制核定和人员管理制度。根据公益类事

业单位承担的职责任务，合理核定人员编制或聘用人员数。探索按公益类事业单位职责任务实行财政经费包干。在包干经费内由事业单位依法依规进行岗位设置和聘用。不得在编制之外聘用为政府管理服务的临时人员。

4. 创新服务机制。积极探索建立社会力量参与的社会事业举办机制，建立以事定费、以费养事、养事不养人的财政投入机制，以理事会管理为核心的事业单位法人治理结构，以聘用制和岗位管理制度为核心的用人机制，与人员绩效直接挂钩的收入分配机制，鼓励发展多元化的农村社会化服务组织和农民专业合作组织。

5. 强化绩效评估。对公益性和准公益性事业单位的运行状况、服务质量、产出效益和人员结构等定期评估，依据评估结果相应调整政府公益性服务经费投入和机构编制。

（六）创新用人制度，完善激励机制

深化镇干部人事制度改革，加大选调优秀高校毕业生到乡镇培养锻炼的工作力度，提高从优秀村（居）党支部书记、村（居）委会主任，选聘到农村或社区以及社会组织和事业单位任职或锻炼两年以上的高校毕业生，服务期满考核合格的"三支一扶"高校毕业生，事业站所人员等基层和生产一线人员中招录公务员的比例。逐步建立乡镇公务员遴选到上级机关的工作机制。对长期在基层和边远艰苦地区工作的干部、长期担任乡镇党政领导职务的干部，探索实行有关待遇倾斜政策。欠发达地区要探索建立更加灵活的乡镇用人制度，引导优秀人才到乡镇工作，完善引得进、留得住、干得好的长效机制。

进一步完善对乡镇的科学评价体系，建立镇公务员和机关聘员绩效评估机制，健全公职人员绩效评估制度，并将评估结果与干部的职业荣誉、选拔使用和工作奖惩等结合起来。

（七）完善决策和监督机制，实现民主决策和有效监督

在扩大镇级政府管理权限的同时，相应明确镇级承担与其权力对等的责任。建立与扩大镇权相适应的民主决策和权力监管体制。完善两代表一委员评议制度，扩大公众对党政决策的参与，建立专家论证、决策听证与咨询机制和民意征集吸纳机制。

全面推行行政执法责任制，规范和监督行政执法行为，健全行政监督与外部监督相结合的长效机制。建立健全以党政正职为重点的镇党政领导监督制度。探索建立具有广泛代表性和独立性的行政行为和绩效监督评估机制。

三、组织实施

简政强镇事权改革工作在县委、县政府统一领导下，由县机构编制委员会负责组织实施，县机构编制委员会办公室承担具体工作。乡镇机构设置方案由镇党委、政府提出，报县委、县政府确定，2011年3月底前完成。各镇、县直各部门要从大局出发，充分认识简政强镇事权改革工作的重要性和紧迫性，切实加强领导，集中精力，精心组织，周密部署，积极稳妥实施，确保改革工作扎实有效开展。要正确处理改革发展稳定的关系，严肃组织人事纪律、财经纪律和机构编制纪律，加强思想政治工作，确保干部思想不散，工作秩序不乱，基层政权正常运转，农村社会和谐稳定。

第4章 城乡完整社区建设指引

4.1 建设完整社区的意义

4.1.1 社区是城乡的基本构成单元

社区是指聚居在一定地域范围内的人所组成的社会生活共同体，城市社区和乡村社区是城乡的基本构成单元。在空间上，社区是人们最常活动的范围，是人们进行生产、生活、交往、休息等活动的场所。在文化上，社区中共同生活的人由于某些共同利益，面临共同的问题，会形成一种共同的社区意识，在精神上产生地方认同感，是具有文化维系力的基本单元。在组织上，社区是承载基层活动的载体，是基层共同管理、民主决策的基本单元。

专栏 ————————————————————

邻里单元是完整社区的原型

邻里是一个城市化的地区，在这里人类活动处于平衡范围内。邻里聚集形成城镇或城市，而独立在自然景观中的单一邻里即为村落。邻里单元是以社区为基础，采用小规模的形式，致力于提升普通民众的生活质量和社会凝聚力，其要求在较大范围内统一规划居住区，使每一个邻里单元成为组成居住的"细胞"，并把居住区的安静、朝向、卫生和安全置于重要位置，使邻里单元中的居民的购物、工作、学习、休息等各种行为得到均衡组合。在邻里单位内设置小学和一些为居民服务的日常使用的公共建筑及设施，并以此控制和推算邻里单位的人口及用地规模。为防止外部交通穿越，对内部及外部道路有一定分工，住宅建筑的布置亦较多地考虑朝向及间距。邻里单元是"完整社区"的原型，其思想深刻，影响深远。

4.1.2 "完整社区"是宜居城市的基本单元

"完整社区"是宜居城市的最基本的组成单元，是以基层居民切身利益为基点，以硬件完善，软件优秀，内涵丰富的社区建设为载体，是以对人的基本关怀和社会公平与团结的维护为手段从而最终实现和谐社会的理想的关键。

完整社区要通过建立完整的社区服务体系、创造宜

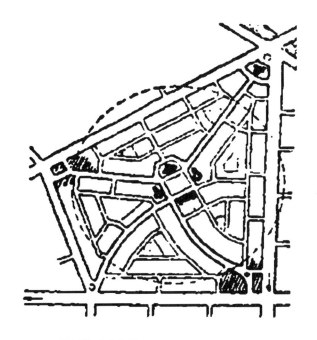

图 4-1 邻里单元示意图

人的公共空间、塑造兼容的社区管理系统、建设完善的基础设施和营造持久的地方感5个方面入手。

1. 宜人的公共空间

公共空间是社区居民各种活动的载体，是居民日常生活和交流最常使用的场所。公共空间是连接各公共服务设施的缓冲地区，也承担一定的交通和集散功能，紧急时候还能作为避难缓冲区。公共空间还为居民提供丰富的自然和人文景观，能提升社区的整体环境，满足居民休闲和审美的需求。作为公共空间重要组成部分的社区公共空间包括城市社区公共空间和乡村社区公共空间。

2. 完整的社区服务体系

社区规划与建设以基层居民的切身利益为根本出发点。建立与当地人口结构相符的社区服务体系是"完整社区"建设的重要内容，包括社会公共服务设施和服务组织，通过服务组织将公共服务设施联系起来，共同构成社区服务体系。

3. 兼容的社区管理系统

社区指聚居在一定地域范围内的人们所组成的社会生活共同体，是居民日常生活接触最密切的空间。在社会管理中，社区是社会系统中的基本单元。社区管理是"完

整社区"的社会工程建设的基本载体。

4.完善的基础设施

社区的基础设施是为居民提供最基本服务内容的主要部分，也是与居民生活最密切相关的部分，是实现"完整社区"的硬件方面的根本保证。

5.地方感

地方感是指人们与社区经济、文化相联系的生活方式，以及人们在感情上和心理上的认同感。居民对自己与邻居共享价值和利益的认可程度，以及社区与城市其他地方联系的密切程度是影响地方感培育的重要因素。"完整社区"包含的不仅仅是物质功能和服务功能的完整，还包括人们心理和情感的培育。塑造共同的社区文化，增强社区居民的文化认同感、归属感和幸福感，是构建"完整社区"的重要一环。

专栏

地方感的构成要素

（1）认知中心：在地方感的培育中最重要的是有一个认知的中心，一个具有代表性和凝聚力的中心，将人们对一个地方的认知范围聚集到一定的空间范围内，形成一种空间和认知的映射关系。这个中心可以是重要的服务设施，如体育馆、活动中心等；也可以是重要建筑，如祠堂、庙宇等；又可以是标志性的小品和元素，如大榕树、牌坊等；还可以是一定的开放空间，如广场、池塘、公园等。认知中心让人们对地方有一个清晰的概念，使地方在人们的认知中具有存在感。

（2）人的参与：地方感的培育需要人的参与，包容性是接纳人的参与的关键，无论是本地人还是外地人，不同的人进入一个地方，在包容和接纳的氛围下，相互接触相互交流，经过一个历史的演变过程，逐渐培育出新的地方认知，融合成一个新的群体文化。

（3）丰富的活动：丰富的活动是人与人，人与地方产生联系的媒介，也是文化的表现。通过丰富的活动，将地方中的人联系起来，使地方文化和不同人群的文化通过活动加深到人们的认知当中，建立起对地方新的认知，培育居民的地方感和归属感。

4.1.3 "完整社区"对云浮的意义

1.云浮的社会特征

云浮面临外来工、老龄化和留守儿童三大问题。

城市外来人口集中，以务工的年轻人为主。云浮市城镇人口结构在整体上呈现"上小下大"的结构，在年龄24～34岁段出现一个人口低谷，而40～54岁和10～24岁两个年龄段则处于人口年龄结构的高峰。从

老龄化程度看，云浮城镇人口年龄在65岁以上的人口数占总人口的8.36%，已经进入老龄化社会。总体而言，云浮的人口年龄结构与我国城镇人口年龄结构较为接近，具有一般性特征。城镇是外来人口的主要集中地，吸收了大量农村剩余劳动力。云浮作为广东的大西关，具有靠近珠三角的区位优势，也吸引了许多来自周边城镇的外来人口。云浮市的暂住人口统计显示，务工是外来人口的主要目的，占外来人口的78%，并且以20～40岁的年轻人为主。

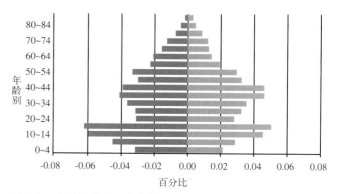

图4-2　云浮城镇人口金字塔

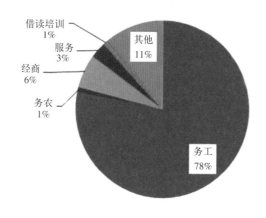

图4-3　云浮暂住人口结构

农村留村人口以老年人和少儿为主。云浮是一个农业大市，全市农业人口占全市总人口50%以上。由于农村人口众多，本地企业难以消化大量的农村剩余劳动力，大量年轻人外出就业，留在农村的多为老年人和少年儿童，因此农村留村人口中15～64岁的人口数比重仅占总量的56.4%，65岁及以上老年人与少儿的比重达到43.5%。

2."完整社区"意义

外来工、老龄化和留守儿童是云浮现今发展面临的三大难题，而"完整社区"的核心是以人为本，从人的基本需求出发，针对不同的人口特征进行与之相关的配套建设。通过政府和居民的共同努力，建立良好的居住

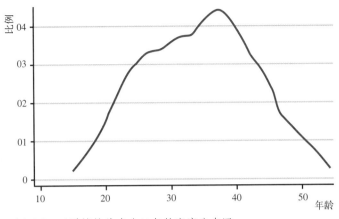

图 4-4 云浮城镇外来人口年龄密度分布图

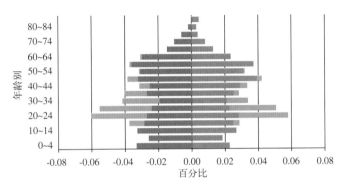

图 4-5 云浮农村人口金字塔

环境秩序，形成具有云浮特色的完整社区，从而实现云浮逐步迈向和谐社会的最终目标。

4.2 城乡完整社区建设指引

4.2.1 建立完善的城乡公共服务设施体系

社区公共服务设施供给应该结合当地社区的特征，深入了解各阶层人群的不同需求，解决社会空间分层导致的居民需求分化问题，合理地配置公共服务设施。城乡公共服务设施体系的建立，与人口的年龄结构密切相关，应针对人口结构特征配置相应的社区服务设施。目前云浮已经进入了老龄化阶段，同时由于云浮外出打工人口较多，留守本地的青少年是人口结构的主要组成部分。在构建云浮的公共服务设施体系时，必须注意老年人、城市社区的外来人口和农村社区留守儿童三个主要因素，加强公共服务设施建设，形成一个完整的城乡公共服务设施体系。公共服务设施体系分成重点配备和常规配备两个层次，重点配备要求服务设施具有较高的建设标准和服务水平，优先建设。而常规配备则要求做到服务设施的普及，满足居民的日常生活需求。

1. 城市社区

1）城市社区重点配备老年人服务中心、养老院、外来工培训与教育中心、青少年活动中心和社区医院。加强对老年人、外来工和青少年等弱势群体的关注，重视老年人、外来工和青少年的公共服务设施建设。2）保证与居民日常生活密切联系的常规配备，包括幼儿园、小学、中学、社区文化中心、文化室、街道办事处、派出所、社区服务中心、居委会、邮政所、肉菜市场等。3）从人口分布和居民日常需求出发，以社区为单位确定各公共服务设施的分布密度，保证居民能在日常活动范围内使用到整套完善的公共服务设施体系。4）完善公共服务设施组织管理体制，引入社会运营或政府购买服务等新型公共服务设施的运营方式，为社区居民提供更高效的公共服务。

2. 乡村社区

1）乡村社区以镇为单位建设养老院、儿童教育关怀中心和中学；以村为单位建设老人服务点、托儿所、幼儿园、小学和青少年文化娱乐设施。重点照顾农村社区的老年人和留守儿童，加强对老年人和留守儿童的关怀，提高社区的服务质量。2）公共服务设施的常规配备上加大村文化室、村委会、治安点、村活动中心和垃圾收集点的普及力度，确保农村社区的正常生活秩序。

4.2.2 加强社区基层民主建设，形成以社区为单元的社会管理体系

以服务居民群众为宗旨，以提高居民文明素质和社会文明程度、促进社区和谐为目标，通过健全群众利益协调机制、群众权益保障机制、劳动关系协调机制、社会矛盾调处机制和社会稳定风险评估机制五大机制加强和改进社区组织建设、队伍建设、制度建设、设施建设。努力把社区建设成为功能完善、充满活力、能够代表最大范围人民利益的基层群众性自治组织，进一步健全完善以社区党组织为核心的城市社区组织体系，形成以社区为单元的基层社会管理体系，为构建社会主义和谐社会奠定组织基础。

1. 城市社区

1）加强社区综合服务中心和居委会的建设。社区管理与服务组织和内容是构成基层社会体系的重要组成部分，因此其空间载体社区综合管理中心和居委会是社区管理与服务的重要场所。以社区人口结构的差异为前提，以均等化为原则，建设社区综合管理中心与居委会，将是构建城市社区社会管理体系的最基础与最重要的部分。

2）推进城市社区的组织改革。城市社区的管理和服务优先考虑将退休干部与社区党员作为管理骨干，将外来人口吸收进入组织管理层，发动社区内所有群众对社区进行共管共建。

3）以社区活动为抓手加强社区组织凝聚力和管理

组织的公信力。通过组织社区清洁、社区运动等社区活动和包括选举在内的民主政治活动，拉近社区管理组织和居民的距离，树立社区管理组织为民服务和与民同乐的形象。

图 4-6　社区代表投票

图 4-7　社区运动

2. 乡村社区

1）推进农村社区的组织建设的改革，为社区管理加入新的要素。与城市社区相比，农村社区除了法律上面的约束外，传统道德和伦理关系也扮演着极为重要的角色。坚持以乡贤作为管理核心，注意吸收在外开办工厂的老板和在外务工村民加入村管理团体，将城市发展的先进经验引入村内，加快村的建设进程。随着外出务工的情况增多，农村社区建立留守儿童与老年人关怀委员会，关注留守儿童和老年人事务。

2）保证村委会的工作用房。在农村社区中，村民委员会承担农村社区管理服务工作，村民委员会属于农村基层群众性自治组织，在党和政府的指导下自主管理农村公共事务，也是政府和村民的纽带，必须加强村委会的布点建设，完善村民委员会的服务。

3）以发展带动农村基层民主建设。以村发展为切入口，发动村民参与村建设大事，出钱出力出想法，共同建设宜居新农村，实现农村建设的"自己事情自己办"和"共享、共管、共议、共建"。设立自然村级别的村民理事会、行政村级别的社区理事会和镇级别的乡民理事会的三级理事会。村民理事会调解邻里小纠纷、兴办农村小公益、纠正群众小陋习、提出工作小建议、履行自治小职能，一些更重要的民意和更大范围的民事可以通过社区理事会进行商议，关乎全镇民生大事的则可以到乡民理事会进行反映和协商解决。

图 4-8　龙山塘村筹款活动

图 4-9　龙山塘村民合力挖水沟

4.2.3　塑造优质的城乡社区空间

塑造优质的城乡社区空间从小节点塑造、道路与流水控制、开放式空间布置、围栏或隔断建设和标志物设计五个方面入手。

1. 城市社区

1）建设目标

打造富有岭南特色的优质社区。云浮是一座历史悠久的城市，深受岭南文化的影响。进行社区规划和设计时，应体现社区的文化底蕴。在空间上，将传统的建筑形式应用到社区空间中，如骑楼、冷巷等，将云浮古民居中的灰塑、木雕、镬耳山墙、广船脊等传统元素融入到空间建设，塑造具有岭南特色的文化氛围；在服务管理上充分挖掘和发扬岭南文化的传统精髓，鼓励云浮本地独具特色的民俗活动，如禾楼舞、山歌、庙会等传统活动，为社区增添活力和文化气息，打造富有岭南特色的优质社区。

打造与自然结合，具地方特色的开放空间。历史上云浮的城镇沿水系布局，水系是地方发展的要素，开放空间建设需考虑云浮的水系走向。城市社区的开放空间与水体紧密结合，将河湖山川景观融入社区，充分利用名胜古迹，把自然和人文景观资源融入城市绿地系统。塑造人与自然和谐相处、融为一体的环境氛围。同时整合社区开放空间与公共服务设施及公园绿地，适当加入具有地方特色的雕塑等艺术要素，为社区建设增添独特的地方色彩。

增加社区绿地建设，构筑城市绿化生态网络。绿地是社区公共空间的重要组成部分，应大力建设社区绿地，可以利用社区内的边角地，设置绿地和小游园，将社区中公共绿地连成网络，做到点（公园、小游园）、线（街道绿化、江畔滨湖绿带、林荫道）、面（分布面广的块状绿地）相结合，并与市郊相关的各类绿地连接成完整的系统。

2）建设指引

小节点塑造：小节点主要由小块绿地或小型休憩空间组成。在节点选址中可以把小节点选址在可达性和安全性较好并能充分利用社区边角地的位置，如街角、街区内部、两建筑间、拓宽的人行道等。小节点的设计要坚持多层次原则，除基本的动静、公共私密层次外，在各自的区域内，也要进行多层次设计。例如把空间分为"英语角"、"信息廊"、"故事林"等能为市民提供多样化文化活动的类型。小节点的材料选用以本地特色材料为宜，如石材、木材和竹子。

道路与流水设计：房地产大型社区的道路设计中应按功能不同分类设计，可分为交通功能为主的机动车道和以休憩功能为主与景观结合的步行道，以此实现人车分流。在城市老社区中通过单行道的设置，道路线性的设计减少机动车对于日常生活的影响。在城市社区中引入水体作为组成要素，结合现有排水和天然水道打造串联城区的生态通道，并结合地势设置大面积水体，通过亲水平台和水岸的建设，增加居民与水亲近的机会。

开放空间布置：开放式空间主要由较大块的绿地和广场组成。社区广场应与城市广场连成网络，按照区位

的不同设置不同等级的广场，通过与社区开放空间的联结形成城市的景观轴线。将社区中公共绿地连成网络，做到点（公园、小游园）、线（街道绿化、江畔滨湖绿带、林荫道）、面（分布面广的块状绿地）相结合，并与市郊相关的各类绿地连接成一个完整的系统。绿地的建设上，应注重云浮当地树种，如樟树、松树和杉树等乔木，亦可将如无核黄皮、龙眼和荔枝等果树引入社区。

围栏与隔断建设：在广场、绿地与建筑的边界处结合小节点设计，使用本土材料如石材、木材或砖块打造不同类型的墙面和空间隔断。

标志物设计：利用具有本土文化特色的故事创作社区雕塑，将以雕塑为中心的小空间打造成为居民日常生活的活动中心。

2. 乡村社区

1）建设目标

保持农村社区的乡土气息。乡村社区建设要有乡土气息，结合本地农村的特色，体现农业生产的特点，因地制宜。要保护好乡村的自然生态环境，延续传统文化和民俗文化，让后代也能清楚前人的生活方式，使岭南特色的大地景观及田园风光与现代乡村交相辉映。

保存历史村落的自然格局。传统广府村落公共空间的构成除宗祠建筑外，还往往由几个固定的元素共同构成。其中包括：广场、水、大榕树和山。另外，构成公共空间的元素还常有亭子、土地庙、文昌塔等，但并不固定出现。这些元素相互之间的组合方式也呈相对稳定的状态，共同构成村落的基本格局。

延续宗祠作为村落中心的传统。古代乡村以氏族作为聚落组成的单位，宗祠作为祭祖和处理氏族公共事务的场所，是传统村落公共空间的核心部分。虽然随着社会的发展，祠堂已不能完全发挥过去的功能，但其隐含的中华民族宗法文化却是恒定不变的。它在人们的心中并不简单是祭祀的场所，而是一种观念的物化。正是祠堂的这种特殊功能，使得宗祠能够在村落里面一直处于"中心"地位。在新时代的农村建设中加强其公共聚集性，将其与老人活动中心、社区服务中心等农村公共服务设施结合，建设成为农村社区的核心。扩展宗祠前公共空间的功能，将村落宗祠前的广场、风水塘、大榕树等设施打造成农村社区日常休闲与节庆活动场所。

2）建设指引

小节点塑造：乡村社区的小节点可与村内大树和风水塘结合，也可以结合农村本地材质和地形塑造具有本地特色的公共空间，同时也可重新改造废旧用房，使其成为公共活动节点，云安县横洞村利用本村盛产的竹子建设公共空间的亭子和座椅就是很好的诠释。新兴县龙山塘村利用地形高差和流水，形成以凉亭为中心的活动

节点。郁南县历口村改造旧的民居用房作为农家书屋，既利用了废旧用房，还能为村民增加交流学习的空间。

道路设计与山坑水利用：乡村道路应与周边自然环境相结合，以渗水性材料作为其铺地材料，在实现硬底化同时减轻对环境的影响，同时要综合利用天然水道和水体。如新兴县龙山塘村用鹅卵石铺成的水道与利用村庄的高差建设包括水道和观鱼池在内的村庄水景系统，塑造了景观，同时也保证了排水功能。

图 4-13　历口村以本地树丛打造休闲空间

图 4-10　横洞村利用本地竹子建造的小亭子

图 4-14　横洞村用本地石材建造的休息节点

图 4-11　勿坦村内高台地建设的体育活动节点

图 4-15　勿坦村利用木头和水泥墩制作的休息节点

图 4-12　龙山塘村利用高差与流水建造的小节点

图 4-16　龙山塘村用本地石材建造的休息节点

图 4-17　横洞村利用竹子建造的小节点

图 4-21　龙山塘村利用水景打造的休息节点

图 4-18　龙山塘村以亭子和体育设施打造小节点

图 4-22　历口村用鹅卵石铺砌的道路

图 4-19　历口村拆除旧屋建造的花圃

图 4-23　龙山塘村建设山坑水排水道

图 4-20　历口村利用竹子建造的滨河观景台

图 4-24　龙山塘村利用山间跌水建造观鱼池

图 4-25　勿坦村利用废弃池塘种植荷花

图 4-28　横洞村利用本地石材制作的沿河栏杆

　　围栏建设：绿地或果园与村庄的边界处可使用具有本村特色的材料来建造围栏，如郁南县历口村以种桑养蚕为主业，在围栏建造上，使用干树枝与桑苗作为围栏的材料。而云安县横洞村则通过种植竹子形成天然围栏，将溪流和村庄进行自然的隔离，既保护村内的安全，也能增添乡村景观色彩。

图 4-29　龙山塘村利用鹅卵石和木材制作的栏杆

图 4-26　历口村利用干桑枝和桑苗制作的围栏

图 4-30　龙山塘村用石头建造的挡土墙

图 4-27　勿坦村利用本地石材制作的围栏

图 4-31　勿坦村用竹子制作的小篱笆

乡村中心塑造：乡村社区应利用村口榕树、宗祠等乡村社区传统空间打造乡村社区核心景观，形成乡村民众的心理中心，如郁南县历口村在村中大树下垒砌圆石座位，在周边通过人畜分离，整理空间建设活动广场，形成乡村居民交流的重要空间。

图 4-32　历口村利用村中大树打造交流场所

图 4-33　龙山塘村围绕礼堂建设的公共活动中心

4.2.4　完善城乡基础设施供给体系

完善基础设施供给体系包括以下两个部分：1）建立高度联系的交通网络，社区街道布局决定了社区交通系统的效率，通过规划完善交通网络，增强社区与外部联系，改善社区内部交通网络，优化社区空间环境，提升空间的利用效率，强化公共服务设施的功能。将交通网络和生态绿地相结合，形成良好的城乡生态系统。2）完善的社会市政设施建设是优质生活的基础，是其他公共服务设施功能发挥的保障。构筑公共服务体系，应该完善城乡基础设施供给体系，不仅需要从功能上考虑各公共服务设施，还要考虑与自然相结合，形成协调的城乡系统，打造美好的人居环境。

1. 城市社区

城市社区要建设完备的服务设施和市政设施。

1）社区道路建设。社区道路以社区绿道为主要载体，完善社区慢行交通系统，并建立与外部交通高度联系的交通网络。完善街道的设施建设，减少机动车对步行的影响，提高步行环境的舒适性和安全感。通过不同道路材料的使用，加强与周边环境的协调，体现当地特色与文化。

2）市政设施建设。建设完备的基础服务设施和市政基础设施。新建城市社区必须完成通水、通电、通路、通信和通气的基础设施建设。

2. 乡村社区

乡村社区重点加强污水垃圾处理、河涌池塘清淤、道路桥梁堤岸修缮、文体休闲设施、公共服务设施、市政基础设施和各类标识系统的建设。

1）社区道路建设。首先必须提高社区的可达性。通过农村社区道路的全面硬底化和与公路对接加强乡村与城镇联系，增强乡村社区活力。加强农村绿道的建设。增加农村与城市的连接度并结合乡村景观，形成特点突出的郊野型绿道体系。如新兴县龙山塘村建设了内部的步行和自行车交通系统，并以此连通整个社区，作为改造整体环境的起点。

2）市政设施建设。通过人畜分离、雨污分流、垃圾分拣和路无浮土、墙无残壁的"三分两无"优化村庄环境，其中人畜分离和雨污分流均可与塑造优质社区环境相结合。如新兴龙山塘村通过人畜分离，利用原有养殖场建设乡村社区宜人小空间，雨污分流工程下的水渠结合山溪形成流水景观。建立适应本村情况的污水与垃圾处理系统，经济条件较好的村庄可通过污水处理设施处理污水，条件一般的村庄通过生物降解来处理污水。对于那些因年代久远，而缺乏统一的基础设施体系且原有设施已经严重老化的乡村古村落，应在尊重历史，保存村落历史风貌的前提下，完善古村落的基础设施体系，更新古建筑的内部设施，改善居住环境，使之满足现代生活的需求。鼓励居民重新使用改造后的建筑，延续古建筑的生命活力。

图 4-34　龙山塘村道路硬底化工程配合本地绿化

图 4-35　历口村用卵石铺砌步行道

图 4-36　龙山塘村山坑水道与雨水排水结合

图 4-37　勿坦村利用荷塘整合污水处理池

图 4-38　勿坦村污水处理流程

图 4-39　龙山塘村雨污分流工程

图 4-40　历口村雨污分流工程

图 4-41　横洞村垃圾分类收集系统

图 4-42　龙山塘村垃圾收集屋

图 4-43　横洞村垃圾分类系统与垃圾焚烧炉

4.2.5　保护传统文化与历史古迹，营造地方感

"完整社区"建设要重视历史传统文化，保护地方的历史文脉。加大对历史古迹的保护力度，新建设项目要与原有环境相协调，保护社区整体环境的历史延续性，塑造整体和谐、文化底蕴浓厚的新社区。营造地方感可从两个方面入手，一是建筑、街道、山河等物质层面，二是节日、歌舞、手艺等非物质层面。

1. 城市社区

要重视历史文化遗产的综合价值。历史文化遗产承载着古人长期的生活所形成的习俗和流传下来的心理积淀，具有浓郁的地域特色和独特的地方风土人情味，是居民对地方的历史延续和地方认同感的象征。历史文化遗产也具有巨大的社会价值，对于传承传统精神和地域文化有着不可替代的作用，是教育年轻一代的独特教材。社区建设要保护历史文化遗产。在保护过程中要注重广泛性和整体性，不仅针对单处历史文化遗产的保护，更要重视对整个社区整体历史环境的保护。

图 4-44　云城区城市建设与喀斯特地貌共生

图 4-45　郁南县都城镇保护与重修骑楼街

图 4-46　新兴传统花灯与花灯舞演出

图 4-47　在南江文化艺术节宣传郁南禾楼舞

1）物质层面。通过历史建筑的保护，增强城镇本地居民的归属感。如连滩镇张公庙、新兴国恩寺等代表本地文化和历史传承的建筑要加强保护和宣传。在旧城区的建设中，应注意保留传统街道，不宜大拆大建，如郁南县都城镇的骑楼街，正是"无东不成市"的历史写照，在未来的建设中可参考苏州旧城更新的做法对老街道进行维护和更新。在社区建设上要和自然山水相结合，坚持盆景城市的景观格局，如云城区的社区建设应和穿

69

插城区的喀斯特地貌相结合。

2）非物质层面。通过对本地节日的发掘和再开发，按不同的重要程度，打造市级和县镇级的展示平台，市级可通过民间艺术节将各县的节日汇聚一堂，加强城市居民的凝聚力，促进社群融合。对云浮本地优秀传统和歌舞手艺，如禾楼舞、石艺和手指画进行整理并挑选传承人，通过宣传和拨款支持将其保留及发扬光大。

2. 乡村社区

农村社区应做到对本土要素的更新和保护的统一，如宗祠、宗祠前广场和村口榕树等体现乡土气息的要素，在保存其风格的基础上进行现代化改造。提高建设质量，在今后的建设活动中，从整体上作统筹，使之符合历史文化名村的风貌，既要避免对其总体功能、景观的破坏，还应尽量发挥村落自身的特色。

1）物质层面

乡村社区通过对宗祠、宗祠前广场和村口榕树等传统乡村要素的保护和再利用，将其作为村民日常活动的重要场所。如郁南县历口村将村内祠堂改造成为村内公共服务中心，并结合祠堂前广场共同组成村内重大节庆用地，同时利用广场边上的房屋打造当地的民俗博物馆。

对村内建筑的维护与再建设应尊重岭南村落的传统建筑模式，将锅耳墙、广船脊等要素融入其中，防止因大量采用欧式建筑模式或完全城镇建设模式导致对原有乡村建筑和肌理产生破坏。如郁南县勿坦村对原有建筑进行维护时并没完全拆毁，而保留了其岭南建筑的模式。

建设中应注意村落和农田及自然景观的结合。保护好山塘、水塘、风水塘、河流和山脉等饱含村落记忆的自然要素。如历口村在对三圣庙的多次维修中，并没有对周边环境进行破坏，村落与自然和谐融合。

2）非物质层面

延续农村的传统节日与活动，让村民重拾和增加归属感。鼓励各村传统手艺和歌舞，将其和节日和节庆结合。如云安县横洞村每年均会举行竹艺比赛，通过各种途径传承此门工艺。同时在村内有新人结婚时均作为节日形式庆祝，以此加强村民的共同感。

图 4-49　勿坦村内保存完好的岭南建筑

图 4-50　勿坦村改造污水塘建设聚集场所

图 4-48　横洞村用本地石材制作民约

图 4-51　历口村三圣庙与西江文化结合

图 4-52　横洞村用本地竹材打造公共活动场所

图 4-53　勿坦村利用荷花打造村中心景观

第5章　美好环境与和谐社会共同缔造行动纲要

人居环境科学的实践是把面对不断变化的社会结构与生态环境的建设管理转化为政府与群众的集体行为，美好环境与和谐社会共同缔造是人居环境实践的认识论和方法论，核心是政府发动、群众参与下的"共谋、共建、共管、共享"行为。在认识论上是"城市即人民"，群众是美好环境与和谐社会互动的主体和纽带。在方法论上是发扬中国共产党群众工作的传统，建立一套动员—激励—保障政策，通过社会组织的建设使群众自觉地参与到美好环境建设，通过美好环境的建设，增强社会凝聚力，改善社会关系，建设和谐社会。

云浮市从2010年就提出了美好环境与和谐社会共同缔造行动纲要，成为落实《云浮资源环境城乡区域统筹发展规划》的具体行动纲领，2011年提出《关于进一步推进美好环境与和谐社会共同缔造行动的若干意见》，并构成了一个完整的行动框架体系。

5.1 工作目标

5.1.1 让发展惠及群众

经济与社会发展必须以改善人民群众的生活质量和提高人民群众满意度为根本要求。必须通过开展宜居城市建设，改善城乡公共服务状况，推进城市户外活动空间建设，完善城市基础设施，让人民群众真正享受到发展带来的实惠。

5.1.2 让生态促进经济

良好的生态环境是推进经济社会持续、健康发展的必要条件，是推进科学发展观的要求。必须在保护生态环境的基础上，推进经济发展方式的转变，着力发展循环经济和生态低碳经济，通过良好生态推动现代产业体系的建立。

5.1.3 让服务覆盖城乡

必须坚持统筹兼顾的根本方法，缩小城乡差距，着力推进生态文明村建设，加快学校和医院改造，统筹推进教育、医疗卫生体制改革，加强饮水安全等基本公共服务设施建设，积极发展小额贷款等农村金融服务，逐步实现城乡公共服务均等化。

5.1.4 让参与铸就和谐

通过建立市筹划、县统筹、镇组织、村主体的组织体系和相应的激励政策，激发群众对公共事务的参与热情，更好地凝聚民智，树立云浮人新风貌，不断提升群众的综合素质，努力实现文明市民与文明城市的共同成长，促进人与人的和谐共处。

5.2 工作原则

5.2.1 群众参与为核心

将群众参与作为美好环境与和谐社会共同缔造行动的核心，发挥人民群众的主观能动作用，增强社会互动，以群众参与公共事务的决策共谋、发展共建、建设共管、成果共享的程度评判各项工作，让群众在参与中营造良好的社会氛围，用自己的勤劳和智慧，建设幸福家园。

5.2.2 培育精神为根本

通过发动群众广泛参与美好环境与和谐社会建设活动，体现其主体地位，培育"自律自强、互信互助、共建共管"的精神和社会价值体系，激发地方发展的内生动力，让一切创造活力充分迸发，促进城乡精神文明与物质文明共同发展，文明市民与文明城市共同成长。

5.2.3 奖励优秀为动力

建立"以奖代补"激励机制，科学合理确定奖励标准，对人民群众通过自身努力，参与"共谋、共建、共管、共享"程度较高的自然村（社区居民小组），让其优先选择"以奖代补"项目，"以奖代补"项目资金优先支持，以调动群众参与和自发推进的积极性。

5.2.4 项目带动为载体

借助"以奖代补"项目这一载体，统筹整合各种资源，通过农村基础设施、居住环境、公共服务等具体项目的实施，提高资源的利用效率，发挥部门单位规划、协调、服务的职能作用和群众自发推进的主体精神，实现内力作用和外力作用相结合，同心协力，推进各项工作。

5.2.5　统筹推进为方法

强调统筹城乡发展，统筹区域发展，统筹经济社会发展，以美好环境与和谐社会共同缔造行动为抓手，与农村改革发展试验区建设相结合，与实施"十大幸福计划"、"十大发展工程"相结合，与推进新型工业化、新型城镇化、农业农村现代化融合发展相结合，统筹兼顾，全面推进。

5.3　工作措施

5.3.1　结合自身山水特色，营造宜居城乡环境

充分依托云浮亚热带气候优势，引导运用首层架空，建设骑楼、冷巷及天井等传统亚热带建筑物的设计手法，推广使用太阳能、天然气等清洁能源，建设亚热带特色风貌示范区。启动"显山露水"工程，推进山水特色城市建设，引导和鼓励市民进行屋顶及阳台绿化美化改造。建设山地自行车赛道，带动市民开展健康活动。完成绿地系统规划建设，以步行及自行车等慢行交通系统为依托，科学布局市民活动场所，增设绿色开敞空间，从而营造宜居的城乡环境。

5.3.2　均等配置优质的公共服务，形成和谐的社会氛围

以市教育园区建设为重点，加大投入，大力发展中等职业技术教育，进一步优化教育网点布局，促进基础教育均衡发展，促进公共教育均等化。以市人民医院新院建设为重点，加强县、镇级医疗卫生机构建设，改善村（社区）卫生服务，提高公共卫生服务水平，逐步完善城乡基层医疗卫生服务体系，促进公共卫生均等化。加快图书馆等公共文化设施建设，逐步形成覆盖城乡、结构合理的基层公共文化设施网络，基本满足城乡居民就近便捷享受公共文化服务的需求。加快完善城市供水、供电、排污等基础设施，完善城市供水保障，加快农村饮水安全工程建设；进一步完善公共交通网络建设，推进城市公交向农村延伸，逐步建成惠及城乡、全民共享的城乡一体化公共交通服务体系。

5.3.3　发挥生态环境优势，促进循环生态低碳经济发展

云浮具有良好的生态环境，近年更率先规划建设了生态慢行绿道，环境优势突出。坚持走生态文明之路，努力实现经济发展与环境保护"双赢"。应充分发挥生态环境优势，吸引高素质人才进入，通过技术创新、资源整合，积极实施能源资源节约、资源综合利用等循环经济工程，推动石材、不锈钢制品、硫化工、水泥等传统产业向高端化发展，延长产业链，提升产业附加值，实现可持续发展。加快建设清洁能源基地和低碳化城市公共服务系统，引导低碳化的消费和生活方式；加快发展低能耗、低污染和高附加值的装备制造、生物制药等新兴产业，同时，以"三网融合"为平台，推动电子制造业和信息服务业发展，提升产业发展水平。

5.3.4　借助和谐宜居示范村（社区）建设，强化基层组织建设

以和谐宜居示范村（社区）为抓手，对省、市、县安排到村（社区）的政府资源进行统筹整合，优先配置到符合要求的示范村（社区），提高资源使用效益。建立"以奖代拨"的资源配置机制，设定奖励条件，激发村（居）民的参与热情，充分发挥群众的积极性和创造性。在推进和谐宜居示范村（社区）建设过程中，以塑造现代公民为目标，强化群众自我教育，培育"自主、自强、合作"的精神，提高群众的综合素质，营造良好的文明风尚，促进社会和谐。同时，通过推进"三网融合"建设，为民众参与公共事务管理提供良好平台。通过市民评审团、市民调查群、公众论坛、公共调查、公共辩论等多种公众参与方式，广泛听取各方面意见建议，了解民意，汇聚民智，推动决策的科学化、民主化建设。通过和谐宜居示范村（社区）的建设工作，引导有序的村（居）民自治，增强村（居）委的凝聚力，推进基层组织建设。

5.4　保障政策

5.4.1　组织保障

1. 成立专门机构，细化各级责任

美好环境与和谐社会共同缔造行动是一项系统工程，涉及面广，综合性强。各县（市、区）通过成立专门的工作机构，建立相应的工作机制和制定配套工作方案，进一步细化各级的责任，切实做到组织到位、分工到位、推进到位，推动美好环境与和谐社会共同缔造各项工作任务的落实。

2. 部门间协调联动，形成合力

各相关职能部门立足职能，密切配合，协调联动，形成推动共同缔造行动的合力。规划部门负责指导、组织编制和审查相关的详细规划，及时办理有关手续；发改部门负责相关项目的立项，产业政策制定；国土部门负责办理农用地转用、征收土地等用地手续；建设部门负责房屋的拆迁管理，工程项目建设监管；市财政、税务、监察、审计、农业、社保、环保、林业、文化、城管、公安、金融等相关部门通过积极配合，有效保证了公共缔造行动的开展。

3. 强化绩效考核，形成制度激励

各相关职能部门根据行动纲要，制定相应的具体实

施方案。市委市政府督查部门通过出台具体考核办法，对各相关部门推进美好环境与和谐社会共同缔造的工作实行绩效考核，并将其纳入《云浮市县处级党政领导班子和领导干部落实科学发展观评价指标体系及考核评价办法（试行）》，从而形成了稳定的制度激励机制。

4. 加大宣传力度，营造良好氛围

加大舆论宣传力度，各新闻媒体广泛深入宣传有关美好环境与和谐社会共同缔造工作的意义和目标要求，激发群众对建设美好环境、和谐社会的主动性、积极性和创造性。大力宣传工作中的好做法、好经验，以及好人好事，充分发挥典型的示范带动作用，形成全民参与、共建共享的良好氛围。

5.4.2　群众激励

1. 以分类施策为基础，发动群众参与

按照决策共谋、发展共建、建设共管、成果共享的群众参与度，通过组织人大代表、政协委员、村（社区）干部、自然村（社区居民小组）代表、老党员等进行综合评定，进行基础分类，把全市自然村（社区居民小组）分为自强村、自助村、基础村3类，在所在镇（街）、建制村、自然村（社区居民小组）进行公示，发动群众积极参与"共谋、共建、共管、共享"，建设幸福家园。

2. 以"以奖代补"项目为载体，吸引群众参与

统筹确定"以奖代补"项目，编制项目简介和操作指引，向社会进行公布，让群众自主选择项目，优先自强村选择"以奖代补"项目，进一步强化项目支撑。统筹林业、农业、水利、民政、交通、建设、环保、卫生等部门资金，用于支持"以奖代补"项目建设。建立"以奖代补"机制，制定项目立项和验收标准，项目资金优先支持参与"共谋、共建、共管、共享"程度高的自然村（社区居民小组）。建立政府引导、群众主体、市场运作、社会参与的投资机制，吸引社会资本参与"以奖代补"项目建设和经营管理。

3. 以培训提高为切入，引导群众参与

以市、各县（市、区）委党校为主阵地，分级开展专题培训。市委党校、市缔造办主要负责对各县（市、区）缔造办工作人员、市直单位"以奖代补"项目辅导员、各镇（街）缔造办工作人员进行培训。各县（市、区）委党校主要负责对县直单位"以奖代补"项目辅导员、村（社区）干部、自然村（社区居民小组）村长进行培训。把"以奖代补"项目，群众参与度考评标准等编制成简易教材，作为重点培训内容，引导自然村（社区居民小组）自主选择项目，引导群众积极参与。创新教育培训方式，通过组织现场参观学习和谐宜居村建设等方式，以生动事例和事实，增强培训的针对性和实效性。

4. 以年度考评为手段，激励群众参与

制定年度考核标准，每年年底对自然村（社区居民小组）决策共谋、发展共建、建设共管、成果共享的群众参与度进行考核。年度考核采取自然村（社区居民小组）自评申报与上级审核评定相结合的办法。实行分级动态管理，市主抓自强村的指导、督促、检查和考核，经市验收的自强村，由市委、市政府按年度命名；自助村由各县（市、区）按年度命名通报。在次年年底考评中，群众参与程度下降的将降级，群众参与程度提高的将提级，激励群众经常参与，促进群众参与"共谋、共建、共管、共享"，由参与一个项目向参与多个项目转变，由一次参与向长期参与转变，实现"以奖代补"项目一般管理向建立长效管理机制转变，提升农村整体管理水平。

附录B 美好环境与和谐社会共同缔造行动纲要配套政策文件

附录B1 美好环境与和谐社会共同缔造行动纲要

【云办发〔2010〕4号】

一、背景和意义

（一）"美好环境与和谐社会共同缔造"是加快经济发展方式转变、破解科学发展难题、实现科学发展的需要。单纯追求经济指标高速增长的粗放型发展模式，由于受资源环境承载力、社会矛盾等条件的制约，在云浮目前难以为继；以拼成本拼消耗的传统工业招商引资带动社会经济全面发展的策略，也因云浮的土地和人力资源、交通区位条件、基础配套设施等比较优势不突出而受到制约。作为广东欠发达的山区市，要实现跨越式发展，就必须努力践行科学发展观，坚持又好又快的发展，结合云浮的实际，探索科学发展之路。努力实现"好字当头，快在其中"，就必须把我们好的做得更好，去吸引别人，特别是吸引高附加值的人。为此，我们实施"美好环境与和谐社会共同缔造"行动纲要，统筹推进经济、政治、文化、社会、生态文明建设，增强城市的综合竞争力，并形成云浮特有的比较优势，促进各种经济资源与社会资源在云浮聚合，实现云浮科学发展跨越发展。

（二）"美好环境与和谐社会共同缔造"反映了广大人民群众对美好幸福生活的追求，是发展成果惠及广大人民群众的需要。2009年，我市以科学发展观为指导，对宜居城市建设模式进行了探索，在推进南山森林公园和城市环境改造工程等项目的建设过程中，坚持以人为本，规划让广大群众参与，建设体现群众需求，受到广大群众的称赞，也调动了群众参与建设的积极性。同时，还成功地探索了民办公助的宜居城市建设方式以及人民城市人民管的管理模式。实践表明，通过美好环境建设，可以引导群众有序地参与、规范地自治，增强基层组织的凝聚力和战斗力，促进和谐社会建设，同时又通过群众有序地参与和自治，促进美好环境的建设。

"美好环境与和谐社会共同缔造"的发展理念是在上述背景下，为推动转变经济发展方式而提出的，其内涵为：根据云浮面临的机遇和条件，坚持以人为本科学发展，以宜居城乡建设为载体，以人民城市人民建人民管的建设与管理模式，统筹经济建设、政治建设、文化建设、社会建设和生态文明建设，实现五者的相互统一、相互促进，把云浮内在的生态资本、资源资本与外部的物质资本、人力资本结合起来，实现云浮科学发展跨越发展，增强城市的综合竞争力。

二、指导思想和目标任务

（一）指导思想

以科学发展观为指导，以《珠江三角洲地区改革发展规划纲要（2008～2020年）》、《云浮市资源环境城乡区域统筹发展规划》和《云浮市改革发展规划纲要（2009～2020年）》为指引，坚持以人为本的发展理念，以建设广东农村改革发展试验区、循环经济和人居环境建设示范市、广东富庶文明大西关为目标，以建设宜居城乡为载体，统筹推进经济、政治、文化、社会、生态文明建设，营造健康、生态、幸福的美好环境，促进经济发展方式的转变，推进和谐社会建设。

（二）总体目标

坚持科学发展的执政理念，探索以人为本的发展方式，通过"美好环境与和谐社会共同缔造"行动，将云浮建成"健康、生态、幸福的宜居城市"。加强生态文明建设和人居环境建设，引导健康幸福的生活方式，发展健康和生态产业，形成低耗高效的生产发展方式，使经济效益、生态效益和社会效益互相促进，相得益彰，实现人与自然和谐共生、经济社会全面进步、人民安居乐业，把云浮建成"值得作为故乡的城市"。

（三）工作要求

1.让发展惠及群众：坚持"以人为本"的发展理念，以改善人民群众的生活质量和提高人民群众满意度为根本要求，开展宜居城市建设，推进城市户外活动空间（慢行交通系统）建设、完善城市基础设施。

2.让生态促进经济：坚持全面、协调、可持续的基本要求，实践发展第一要义，推进经济发展方式的转变，着力发展循环经济和生态低碳经济，构建现代产业体系。

3.让服务覆盖城乡：坚持统筹兼顾的根本方法，缩小城乡差距，着力推进生态文明村建设、学校和医院改造，统筹推进教育、医疗卫生体制改革，加强饮水安全等基本公共服务设施建设，积极发展小额贷款等农村金融服务，逐步实现城乡公共服务均等化。

4.让参与铸就和谐：坚持"人民城市人民建，人民城市人民管"的建设理念，探索转变传统城市建管模式，以资源的差异化配置为动力，激发群众对公共事务的参与热情，引导有序自治，增强基层组织的战斗力、凝聚力；以"三网融合"为平台，建设城乡公共交流空间，通过发动群众积极参与，更好地凝聚民智，树立云浮人新风貌；以推进和谐宜居示范村（社区）为着力点，不断提升群众的综合素质，努力实现文明市民与文明城市的共同成长，实现美好环境与和谐社会同步缔造。

三、工作措施

（一）以"三规合一"为手段推进各类规划在空间上实现整合。以资源环境承载力和建设的适宜度为依据，以实现城乡空间合理布局和区域协调发展为目标，通过调控城乡发展空间布局，实现资源环境城乡区域的统筹发展。

（二）以培育健康幸福的生活方式为主题提供舒适的户外活动空间。一是完成城区步行道规划，建设与机动车交通系统相分离的步行交通系统。二是完成城区自行车道规划，设立环城自行车道，并与步行系统相衔接，形成城区慢行交通系统，引导市民健康出行。三是建设山地自行车赛道，带动市民开展健康活动。四是完成绿地系统规划建设，以步行及自行车等慢行交通系统为依托，科学布局市民活动场所，增设绿色开敞空间。在提供舒适户外空间基础上，加大宣传力度，积极倡导生态、健康、低碳的生活方式。

（三）以山水特色为优势营造具亚热带风貌的宜居城市。一是倡导建筑节能减排，充分依托我市亚热带气候优势，引导运用首层架空、建设骑楼、冷巷及天井等传统亚热带建筑物的设计手法，推广使用太阳能、天然气等清洁能源，建设亚热带特色风貌示范区。二是启动"显山露水"工程，推进山水特色城市建设，引导和鼓励市民进行屋顶及阳台绿化美化改造。

（四）以生态慢行绿道系统为载体推动健康产业的发展。坚持"点、线、面"相结合，规划建设生态慢行绿道，将现有的自然景观、人文景观、生态农业示范区、特色村庄（社区）以及规划建设的和谐宜居示范村（社区）

连为一体，营造人与自然和谐的绿色生态环境，建设珠三角健康休闲度假基地，推动休闲旅游业发展；大力开展休闲健康运动，催生发展健康产业。

（五）以探索以人为本的发展理念发展循环生态低碳经济。坚持走生态文明之路，努力实现经济发展与环境保护双赢。一是大力发展循环经济。通过技术创新、资源整合，积极实施能源资源节约、资源综合利用等循环经济工程，推动石材、不锈钢制品、硫化工、水泥等传统产业向高端化发展，延长产业链，提升产业附加值，实现可持续发展。二是推进低碳经济发展。按照低碳经济的发展要求，加快建设清洁能源基地和低碳化城市公共服务系统，引导低碳化的消费和生活方式；加快发展低能耗、低污染和高附加值的装备制造、生物制药等新兴产业，同时，以"三网融合"为平台，推动电子制造业和信息服务业发展，提升产业发展水平。

（六）以营造和谐共享的社会氛围为目标均等配置优质的公共服务。一是促进公共教育均等化。以市教育园区建设为重点，加大投入，大力发展中等职业技术教育，进一步优化教育网点布局，促进基础教育均衡发展，不断缩小城乡、区域间教育发展差距。二是促进公共卫生均等化。以市人民医院新院建设为重点，加强县、镇级医疗卫生机构建设，改善村（社区）卫生服务，提高公共卫生服务水平，逐步完善城乡基层医疗卫生服务体系，为城乡居民提供安全、方便、价廉的公共卫生服务。三是加快图书馆、博物馆、影剧院，以及镇（街）综合文化站、农村（社区）文化活动场所等公共文化设施建设，逐步形成覆盖城乡、结构合理的基层公共文化设施网络，基本满足城乡居民就近便捷享受公共文化服务的需求。四是完善城乡基础设施建设。加快完善城市供水、供电、排污等基础设施，重点推进云浮中心城区自来水保障工程，加大饮用水水源和应急备用水源的规划、建设和保护力度，完善城市供水保障，加快农村饮水安全工程建设；进一步完善公共交通网络建设，推进城市公交向农村延伸，逐步建成惠及城乡、全民共享的城乡一体化公共交通服务体系。

（七）以和谐宜居示范村（社区）为抓手强化基层组织建设。坚持"政府引导、群众主体、共建共享"，做好和谐宜居示范村（社区）的建设工作，引导有序的村（居）民自治，增强村（居）委的战斗力和凝聚力，推进基层组织建设。一是整合资源。对省、市、县安排到村（社区）的政府资源进行统筹整合，优先配置到符合要求的示范村（社区），提高资源使用效益。二是建立奖励机制。建立"以奖代补"的资源配置机制，设定奖励条件，激发村（居）民的参与热情，充分发挥群众的积极性和创造性。三是文化熏陶。在推进和谐宜居示范村（社区）

建设过程中,以塑造现代公民为目标,强化群众自我教育,培育"自主、自强、合作"的精神,提高群众的综合素质,营造良好的文明风尚,促进社会和谐。

(八)以"三网融合"为平台推进公众参与提高公共服务水平。加快推进"三网融合"建设,为民众参与公共事务管理提供良好平台。通过市民评审团、市民调查群、公众论坛、公共调查、公共辩论等多种公众参与方式,广泛听取各方面意见建议,了解民意,汇聚民智,推动决策的科学化、民主化建设。同时,通过推进"三网融合"建设,改善信息化公共服务,缩小城乡、区域的信息服务差距,不断满足人民群众日益增长的精神文化需求。

四、2010 年工作要点

(一)积极打造健康、生态、幸福的宜居中心城区

1. 进一步完善慢行交通系统。重点推进"上山进城"工程建设。"上山"工程,对南山森林公园现有环境设施进行改造升级,完善南山森林公园周边步行系统,建设符合山地自行车比赛标准的山地自行车道。"进城"工程,推进南山森林公园与城区学校、市场、社区相连接的慢行交通系统建设,逐步使城区慢行交通系统形成南北拓展、东西呼应、山上与山下互动的新格局。

2. 积极推进绿地网络建设。以市城区慢行交通系统为主线,增加公共绿地面积,规划和推进居民区公共绿地及活动空间建设。

3. 推动亚热带特色风貌示范区建设。出台相关优惠政策,引导和鼓励市民进行屋顶及阳台绿化美化改造,推进城区街道的美化、绿化、亮化改造工作。

4. 建设"显山露水"工程,利用和保护特有的自然山水风貌,塑造独具个性和文化品位的城市景观,推进"城中有山,山中有城,城中有水,山水相映"的山水城市建设。

5. 加快旧城镇、旧厂房、旧村庄"三旧"改造,抓紧制定相关规划和措施,积极引进有实力的企业和商家投资参与"三旧"改造。

6. 继续实施"美化云城行动月"活动,推进市城区及其周边绿化、美化、净化工作,提高单位庭院和住宅小区、校园、部队驻地的绿化、美化、净化水平。

(二)连接珠三角绿道网加快推进我市生态文化旅游慢行绿道建设

以市区为中心,加快规划建设连接 5 个县(市、区)的慢行绿道,逐步形成连接禅宗六祖文化、南江文化和石艺文化三大文化区,以及自然景观点、人文景观点、生态旅游景观、和谐宜居示范村(社区)的生态文化旅游慢行绿道。

1. 积极开发禅宗六祖文化、南江文化和石艺文化三大文化旅游观光点和邓发故居、邓发纪念馆、腰古水东明清古村落、蔡廷锴故居、连滩光仪大屋、大湾古民居等旅游点,推动特色文化游。

2. 积极开发南山森林公园、城北大绀山森林公园、大王山森林公园(同乐大山自然保护区),推动生态休闲娱乐游。

3. 规划建设生态农业、观光农业基地或"农家乐"庄园,积极开发乡村风情体验游。

4. 规划建设具有亚热带风貌的林业观光带,推进沿线未开发用地的绿化工作。

5. 规划建设 10 条和谐宜居示范村(社区),保护和开发原有的人文景观,积极开发"广东大西关"淳朴乡土风情体验游。

6. 在慢行绿道自然风景点规划建设观光亭,依托河流、小溪、水库、山塘和绿地等自然资源积极开展钓鱼、泛舟、慢跑等户外休闲游。

(三)加快规划建设生态循环经济园区

1. 加快推进循环经济园区建设。

充分发挥后发优势,打响生态优良的牌子,大力发展循环经济,使经济效益和生态效益相互促进。

一是以循环经济的理念,推动省市共建先进制造业硫化工产业基地、广东省粤西水泥基地和云浮新型石材基地的整合,发挥云安县循环经济示范县示范作用,加快建设云浮循环经济工业园。

二是依托云浮市民营科技园,加强石材工业技术改造,增加石材行业的技术含量,推动石材企业节能减排,提高石材的循环利用率,发挥资源的最大效益,实现清洁生产和可持续发展。同时,出台优惠政策,引导城区石材企业入园发展。

三是依托罗定双东环保工业园,整合郁南大湾环保工业园,规划建设一个跨县界,以"绿色、环保、生态、科技"为定位的现代化环保工业园区,积极承接珠三角转移的五金、化工等产业。

四是加快省级高新技术产业开发区建设的步伐,全力做好省级高新技术产业开发区申报工作,加快佛山(云浮)产业转移工业园、温氏科技园和云浮循环经济工业园建设,以"一区三园"统筹发展,把高新区逐步建设成为企业增强自主创新能力的试验区、高新技术产业发展的示范区和高新技术企业孵化基地。

2. 加快推进现代农业园区建设。

进一步提升罗定优质粮生产现代农业园区、郁南县柑橘产业园区和新兴飞天蚕生态茶园三个现代农业园区,争取在云城区、云安县新建两个现代农业园区,推动现代农业园区均衡发展。积极完善农科信息服务网点,加

强园区服务。

3.加快规划建设六祖惠能禅宗文化博览园。

在六祖故里旅游度假区核心区规划建设以禅宗文化为主题的六祖惠能文化博览园，弘扬禅宗文化积极价值，努力打造一个集心灵和谐、自然和谐、社会和谐为一体的美好环境。围绕名寺、名泉、名人、生态、工农业观光等内容，推动旅游资源的整合，积极打造影响省内外、辐射东南亚的知名旅游品牌。

（四）加快规划建设和谐宜居示范村（社区）

在生态文化旅游慢行绿道沿线选取群众参与积极性高、基层组织能力强的村（社区）规划建设和谐宜居示范村（社区）。按照因地制宜、彰显特色的原则编制村庄总体规划，统筹和谐宜居示范村（社区）建设。

五、保障措施

（一）加强领导，落实责任。美好环境与和谐社会共同缔造行动是一项系统工程，涉及面广，综合性强，各地、各部门务必要切实加强学习，加强领导，以点带面，统筹安排。各县（市、区）要成立专门的工作机构，建立相应的工作机制和制定配套工作方案，进一步细化各级的责任，切实做到组织到位、分工到位、推进到位，推动美好环境与和谐社会共同缔造各项工作任务的落实。

（二）联创共建，形成合力。各相关职能部门要有大局观念，立足职能，密切配合，协调联动，形成推动共同缔造行动的合力。规划部门负责指导、组织编制和审查相关的详细规划，及时办理有关手续；发改部门负责相关项目的立项，产业政策制定；国土部门负责办理农用地转用、征收土地等用地手续；建设部门负责房屋的拆迁管理，工程项目建设监管；市财政、税务、监察、审计、农业、社保、环保、林业、文化、城管、公安、金融等相关部门要按要求积极配合。

（三）强化考核，务求实效。各相关部门要根据行动纲要制定相应的具体实施方案。市委市政府督查部门要出台具体考核办法，对各相关部门推进美好环境与和谐社会共同缔造的工作实行绩效考核，纳入《云浮市县处级党政领导班子和领导干部落实科学发展观评价指标体系及考核评价办法（试行）》。

（四）强化宣传，营造氛围。要加大舆论宣传力度，各新闻媒体要广泛深入宣传美好环境与和谐社会共同缔造工作的目的意义和目标要求，激发群众对建设美好环境、和谐社会的主动性、积极性和创造性。要大力宣传工作中的好做法、好经验，以及好人好事，充分发挥典型的示范带动作用，形成全民参与、共建共享的良好氛围。

附录 B2　中共云浮市委　云浮市人民政府
关于进一步推进美好环境与和谐社会共同缔造行动的若干意见

【云发〔2011〕3号】

一、指导思想

全面贯彻落实党的十七届五中全会、省委十届八次全会和市委四届九次全会精神，深入贯彻落实科学发展观，围绕建设幸福云浮这个目标，以自然村（社区居民小组）为基本单位的竞争性"以奖代补"项目建设等为载体，激发群众参与公共事务的热情，引导形成与建设幸福云浮相适应的社会价值观和社会公德标准，探索新形势下与人民群众在一起的新途径、新方法，实现美好环境与和谐社会共同缔造，为云浮加快转变经济发展方式、实现科学发展跨越发展注入新的动力。

二、基本原则

群众参与为核心。坚持把群众参与作为美好环境与和谐社会共同缔造行动的核心，以群众参与公共事务决

策共谋、发展共建、建设共管、成果共享的程度评判各项工作,让群众在参与中铸就和谐,用自己的勤劳和智慧,建设幸福家园。

培育精神为根本。通过发动群众广泛参与,培育"自律自强、互信互助、共建共管"的精神和社会价值体系,激发云浮发展的内生动力,让一切创造活力充分迸发,促进城乡精神文明与物质文明共同发展,文明市民与文明城市共同成长。

项目带动为载体。紧紧抓住"以奖代补"项目这一载体,统筹整合各种资源,充分发挥部门单位规划、协调、服务的职能作用和群众自发推进的主体精神,实现内力作用和外力作用相结合,同心协力,推进各项工作。

奖励优秀为动力。建立"以奖代补"激励机制,科学合理确定奖励标准,对群众通过自身努力,参与"共谋、共建、共管、共享"程度较高的自然村（社区居民小组）,

让其优先选择"以奖代补"项目,"以奖代补"项目资金优先支持,以调动群众参与和自发推进的积极性。

统筹推进为方法。坚持统筹城乡发展,统筹区域发展,统筹经济社会发展,以美好环境与和谐社会共同缔造行动为抓手,与农村改革发展试验区建设相结合,与实施"十大幸福计划"、"十大发展工程"相结合,与推进新型工业化、新型城镇化、农业农村现代化融合发展相结合,统筹兼顾,全面推进。

三、工作重点

(一)以分类施策为基础,发动群众参与。按照决策共谋、发展共建、建设共管、成果共享的群众参与度,通过组织人大代表、政协委员、村(社区)干部、自然村(社区居民小组)代表、老党员等进行综合评定,进行基础分类,把全市自然村(社区居民小组)分为自强村、自助村、基础村3类,在所在镇(街)、建制村、自然村(社区居民小组)进行公示,发动群众积极参与"共谋、共建、共管、共享",建设幸福家园。

(二)以"以奖代补"项目为载体,吸引群众参与。统筹确定"以奖代补"项目,编制项目简介和操作指引,向社会进行公布,让群众自主选择项目,优先自强村选择"以奖代补"项目,进一步强化项目支撑。统筹林业、农业、水利、民政、交通、建设、环保、卫生等部门资金,用于支持"以奖代补"项目建设。建立"以奖代补"机制,制定项目立项和验收标准,项目资金优先支持参与"共谋、共建、共管、共享"程度高的自然村(社区居民小组)。建立政府引导、群众主体、市场运作、社会参与的投资机制,吸引社会资本参与"以奖代补"项目建设和经营管理。

(三)以培训提高为切入,引导群众参与。以市、各县(市、区)委党校为主阵地,分级开展专题培训。市委党校、市缔造办主要负责对各县(市、区)缔造办工作人员、市直单位"以奖代补"项目辅导员、各镇(街)缔造办工作人员进行培训。各县(市、区)委党校主要负责对县直单位"以奖代补"项目辅导员、村(社区)干部、自然村(社区居民小组)村长进行培训。把"以奖代补"项目,群众参与度考评标准等编制成简易教材,作为重点培训内容,引导自然村(社区居民小组)自主选择项目,引导群众积极参与。创新教育培训方式,通过组织现场参观学习和谐宜居村建设等方式,以生动事例和事实,增强培训的针对性和实效性。

(四)以规划协调服务为纽带,启发群众参与。按照"分级负责,条块结合,以块为主,群众参与"原则,统筹协调推进"以奖代补"项目。市、县缔造办统筹策划,梳理"以奖代补"项目,统一编制印发项目简介,

并进行公布。市直主管部门负责对"以奖代补"项目规划、审批、实施、考核、奖励等进行指导与监管,并确定一名专职辅导员,指导开展工作。各县(市、区)党委、政府负责统筹组织好"以奖代补"项目实施相关工作,确保"以奖代补"项目高起点规划、高标准建设、高质量完成。镇(街)、村(社区)要积极配合,组织好"以奖代补"项目实施相关工作,以调动群众积极性。自然村(社区居民小组)要结合实际,发动群众参与,主动申报项目。

(五)以宣传培育精神和价值观为根本,提升群众参与。把宣传培育"自律自强、互信互助、共建共管"为基本内涵的社会价值观贯穿于美好环境与和谐社会共同缔造行动的全过程,通过宣传教育、广泛讨论、群众参与,组织开展形式多样的体验和参与活动,举办一月一个主题的地方特色文化活动,加强精神文明建设,着力提升群众综合素质和社会文明程度,着力增强群众参与意识,让"共建共享"成为全市人民的共同价值取向,让参与成为广大群众的自觉行为。

(六)以年度考评为手段,激励群众参与。制定年度考核标准,每年年底对自然村(社区居民小组)决策共谋、发展共建、建设共管、成果共享的群众参与度进行考核。年度考核采取自然村(社区居民小组)自评申报与上级审核评定相结合的办法。实行分级动态管理,市主抓自强村的指导、督促、检查和考核,经市验收的自强村,由市委、市政府按年度命名;自助村由各县(市、区)按年度命名通报。在次年年底考评中,群众参与程度下降的将降级,群众参与程度提高的将提级,激励群众经常参与,促进群众参与"共谋、共建、共管、共享"由参与一个项目向参与多个项目转变,由一次参与向长期参与转变,实现"以奖代补"项目一般管理向建立长效管理机制转变,提升农村整体管理水平。

四、组织保障

(一)加强领导。各地各部门要高度重视,全力以赴抓好美好环境与和谐社会共同缔造行动工作,党政主要领导要亲自抓,分别挂点一个村,要抽调精干人员充实缔造办,全力推进工作。市直相关部门要成立美好环境与和谐社会共同缔造行动"以奖代补"项目工作领导小组,确定一名领导专职负责,指导工作开展。市直部门单位、各县(市、区)、各镇(街)要协调联动,合力推进各项工作。

(二)统筹资金。成立"以奖代补"项目资金协调委员会,统筹落实"以奖代补"资金,确保"以奖代补"资金落实到位。加强涉农项目整合,由市"以奖代补"项目资金协调委员会统一规划,集中审批和上报项目,

以提高资金效益。市直有关部门要提前做好"以奖代补"年度实施计划，力争把"以奖代补"项目纳入省专项项目，变事后操作为事前操作，确保"以奖代补"项目资金落实。建立"以奖代补"项目资金激励机制，以财政部门核准的各单位 2010 年完成数为基数，对非固定项目、非固定资金向上争取增加部分，按照"争取越多，奖励越多"原则进行适当奖励，奖励资金由市财政安排解决。各部门单位要及时向市缔造办提出"以奖代补"项目，积极向上级争取资金，新增项目纳入奖励范围。建立"以奖代补"项目奖励基金，市财政每年安排 1000 万元，各县（市、区）每年共安排 2000 万元。奖励资金按照"多干多奖，多筹多奖"原则进行奖励。

（三）严格按时推进。制定目标任务推进时限，落

实各方责任，压任务、打硬仗，务求快速推进，务求2011 年内取得实效。实行目标责任制和严格的问责机制，加大督查和考核力度，推动工作落实。

（四）加强宣传。各级宣传部门要组织宣讲团深入基层，深入自然村（社区居民小组），宣讲政策，要及时总结典型推广经验。各级新闻媒体要设置专栏，宣传报道群众参与共同缔造行动的先进事迹和体会，用生动的事迹引导人、启发人，营造良好的共建共享氛围。

市委办公室、市政府办公室要根据本意见细化具体操作措施。各县（市、区）、市直有关部门要根据本意见制定具体实施方案。

城镇社区居民小组参照本意见执行。

附录 B3　美好环境与和谐社会共同缔造行动"以奖代补"项目操作指引

【云办发〔2011〕4 号】

为认真贯彻《中共云浮市委、云浮市人民政府关于进一步推进美好环境与和谐社会共同缔造行动的若干意见》（云发〔2011〕3 号）精神，进一步强化项目支撑，发动群众参与，促进项目落实，现对美好环境与和谐社会共同缔造行动"以奖代补"项目操作指引如下。

一、项目规划

1. 规划时限：每年 12 月（2011 年在 3 月底前）。

2. 项目提出：由市直单位根据职能，在每年规划时限，按照群众参与"决策共谋、发展共建、建设共管、成果共享"（以下简称"四共"）工作要求，组织县（市、区）对口部门规划提出，形成本单位"以奖代补"项目下年度实施计划，提供项目基本情况，确定熟悉业务的同志作为项目辅导员（职责见附件），并报市缔造办及按照同类项目资金以往申报形式，向上级提出项目资金申报。

3. 项目确定：市缔造办、市财政局统一规划梳理市直单位提出的项目，把可操作性较强、可以发动群众参与、群众受惠明显的项目作为全市"以奖代补"项目，编制项目简介。"以奖代补"项目确定后，市财政局应按照同类项目资金以往申报形式，会同市直有关单位向上级提出项目资金申报，并牵头与市缔造办制定"以奖代补"项目资金年度安排方案。

二、项目公示

1. 公示时间：全年向社会公示。

2. 公示范围：市、县、镇（街）、行政村（社区）、

自然村（社区居民小组）。

3. 公示内容：各批次的《美好环境与和谐社会共同缔造行动"以奖代补"项目简介》。

4. 公示形式：各级政府（办事处）网站、各级新闻媒体（报社、电视台、电台）专栏公示、行政村（社区）上墙张贴。

三、申报审批

（一）项目申报

1. 申报时限：每年 1 月（若遇国务院规定春节假期，顺延天数，2011 年在 3 月底 4 月初）。

2. 申报酝酿：市直单位、县（市、区）缔造办、县直部门、镇（街）政府（办事处）可根据不同自然村（社区居民小组）的实际情况，发动指导自然村（社区居民小组）选择可行的项目。自然村（社区居民小组）应按照"四共"工作要求，广泛发动群众参与，按照《美好环境与和谐社会共同缔造行动"以奖代补"项目申请表》（以下简称《申请表》），作出参与计划，推选自然村（社区居民小组）项目负责人，提出建设规模、投资计划、预计工期；初步统计折算村民自愿筹资筹劳、无偿出让物资、村集体经济投入、社会捐赠。

3. 申报确认：自然村（社区居民小组）项目负责人填写《申请表》，并经参与项目的群众代表（至少 10 名）签名确认。

4. 申报提交：自然村（社区居民小组）项目负责人在申报时限内将《申请表》集中报送镇（街）政府（办事处）。

（二）项目审批

1．审批时间：每年 2 月（不考虑是否含国务院规定春节假期，2011 年在 4 月初）。

2．审批单位：镇（街）政府（办事处）、县（市、区）直部门、市直部门。县（市、区）缔造办负责分别牵头组织市、县直部门审批。

3．审批标准：优先支持群众参与"四共"程度高、村民计划自愿筹资筹劳、无偿出让物资、村集体经济投入、社会捐赠多的自然村（社区居民小组）。同等条件下，自强村、自助村优先。

4．审批时限：每年 2 月 20 日前（2011 年在 4 月初）。镇（街）政府（办事处）把按要求填写完毕的《申请表》集中报送到县（市、区）缔造办，县（市、区）缔造办牵头组织县直部门集中审批，并形成《美好环境与和谐社会共同缔造行动"以奖代补"项目申请汇总表》纸质及电子文档（以下简称《项目申请汇总表》），按照《项目申请汇总表》"备注"要求，连同本县（市、区）《申请表》一次性报送到市缔造办。

每年 2 月 21 日至当月底，市缔造办牵头组织市直部门对县（市、区）报送的《申请表》、《项目申请汇总表》进行集中审批，对 2 月 21 日后县（市、区）报送的《申请表》、《项目申请汇总表》不予受理。

5．审批反馈：每年 3 月 10 日前，按照《申请表》、《项目申请汇总表》"备注"要求，逐级反馈审批结果至自然村（社区居民小组）。

四、项目实施

1．统一启动：每年 3 月底前（2011 年在 4 月底 5 月初），县（市、区）缔造办负责组织县直部门统一启动各村项目。需要招投标的，由县直部门参照同类项目以往做法操作。

2．组织发动：自然村（社区居民小组）项目负责人按照"四共"工作要求，广泛发动群众参与，落实自筹资金。

3．指导监督：项目辅导员、对口项目的县直部门应对自然村（社区居民小组）反映的项目建设问题、困难及时给予指导、协调。市、县（市、区）缔造办应对项目实施进行不定期检查，督促没有按照"四共"工作要求推进项目建设的自然村（社区居民小组）整改。

4．资金管理：由项目受惠群众（群众代表）按照"四共"工作要求，决定自然村（社区居民小组）自筹资金的管理形式。

五、项目验收

（一）验收

1．验收告知：项目辅导员、对口项目的县直部门应根据项目建设进度，及时将项目完工验收程序告知(送达)自然村（社区居民小组）项目负责人。

2．验收提出：项目完工后，自然村（社区居民小组）项目负责人应填写《美好环境与和谐社会共同缔造行动"以奖代补"项目验收申请表》（以下简称《项目验收申请表》），按照项目完工验收程序，向对口项目的县直部门提出验收申请。

3．验收时限：项目验收单位自收到自然村（社区居民小组）验收申请后的 10 个工作日内完成验收。

4．验收办法："以奖代补"项目除应达到相关质量技术标准外，自然村（社区居民小组）在项目建设全过程发动、组织群众参与项目共谋、共建；在项目建成后发动、组织群众参与共管，需将以上情况作为项目验收固定的、重要的条款之一。

5．验收归档：项目验收单位应按照《项目验收申请表》"备注"要求，将《项目验收申请表》作为项目验收档案之一归档。

（二）汇总

1．汇总时间：每年 12 月至次年 1 月 10 日

2．汇总对象：已验收的"以奖代补"项目。

3．汇总要求：次年 1 月 5 日前，项目验收单位形成《美好环境与和谐社会共同缔造行动"以奖代补"项目验收汇总表》纸质及电子文档（以下简称《项目验收汇总表》），报送到县（市、区）缔造办。县（市、区）缔造办应将各单位《项目验收汇总表》整理形成本县（市、区）《项目验收汇总表》，按照《项目验收汇总表》"备注"要求报市缔造办。次年 1 月 6 日至 10 日，市缔造办按照《项目验收汇总表》"备注"要求，对各县（市、区）《项目验收汇总表》进行处理、反馈，并形成全市《项目验收汇总表》纸质及电子文档，在本办存档。

六、项目考核

由市缔造办组织有关部门、社会各界代表，根据"以奖代补"项目资金年度安排方案，按照"四共"工作要求，对自然村（社区居民小组）项目计划完成情况进行考核，并形成考核报告，提交市委、市政府。对项目组织实施表现突出的单位和个人，由市缔造办提出奖励建议方案，提交市委、市政府。

七、工作要求

市缔造办、市委宣传部、市财政局、"以奖代补"责任单位，应按照《美好环境与和谐社会共同缔造行动"以奖代补"项目责任单位职责》的要求，切实发挥指导协调、推进落实、督促检查等作用，确保全市"以奖代补"项目顺利实施。

附录 B4 云浮市自然村（社区居民小组）基础分类评定细则

【云办发〔2011〕5 号】

根据《中共云浮市委、云浮市人民政府关于进一步推进美好环境与和谐社会共同缔造行动的若干意见》（云发〔2011〕3 号）精神，特制定本细则。

一、基础分类的目的

通过把全市自然村（社区居民小组）分为自强村、自助村、基础村 3 类，为实施"以奖代补"项目提供参考依据，激发群众广泛参与热情，共同建设幸福云浮。

二、基础分类的标准

以 2009 年至 2010 年期间，自然村（社区居民小组）群众参与公共事务积极性、社会稳定和谐程度、基层组织建设情况为依据。2010 年度建成的和谐宜居村（社区）免予考评，直接确定为 2011 年自强村等级。

1. 群众积极义务投工投劳、捐款捐物、捐地让地参与村（组）公共事务建设和管理，形成风尚，并有公示、有记录；2. 制定有村（组）务公开、村规民约等制度，村（组）重大事项听取群众意见达本村（组）人口比例 50% 以上，并有记录；3. 群众自强自律，诚信守法，不赌博，生产农产品不使用违禁农药、添加剂，维护社会文明风尚；4. 群众互信互助，村（组）风文明，邻里关系和好，没有发生群体性纠纷；5. 没有集体或个人到县级以上政府上访，没有拖欠电费等事件，社会和谐稳定；6. 本村（组）教育、文化、体育等公共场所日常免费向公众开放，管理规范；7. 村（组）基层组织充分发挥作用，服务群众，得到大多数群众的认同；8. 党员充分发挥先锋模范作用。

达到 8 条的为自强村，达到 6 或 7 条的为自助村，不足 6 条的为基础村。

三、基础分类的程序

（一）自然村（社区居民小组）自评（2011 年 3 月底前）

以村（居）委会为单位进行组织，村（居）委干部、自然村（社区居民小组）组长、村（居）民代表参加，参评人员无记名填写《村（居）委自然村（社区居民小组）基础分类自评表》，村（居）委会对自评情况综合汇总到《村（居）委自然村（社区居民小组）基础分类自评汇总表》报镇（街）党（工）委。

（二）镇（街）评定（2011 年 3 月底前）

1. 社会助评。参加人员包括：①镇（街）领导班子成员和驻村（组）干部；②镇（街）各办、站、所负责人；③本镇（街）80% 以上的"两代表一委员"（县级以上的党代表、人大代表、政协委员）。由镇党委（街道党工委）集中组织各参加人员填写《镇（街）自然村（社区居民小组）基础分类助评表》进行助评。镇（街）要将自评情况综合汇总，按得票多少排序，填写《镇（街）自然村（社区居民小组）基础分类助评汇总表》。

2. 镇（街）领导班子会议确定等级。镇（街）召开领导班子会议讨论，根据自然村（社区居民小组）自评和社会助评的结果，综合评定自然村（社区居民小组）的基础分类，并填写《镇（街）自然村（社区居民小组）基础分类评定表》，及按等级分类形成《自然村（社区居民小组）基础分类评定汇总表》。

3. 公示。各自然村（社区居民小组）的基础分类评定结果在镇（街）和各村（居）委公示 7 天。

（三）县（市、区）审核（2011 年 4 月初）

各镇（街）基础分类评定结果一式两份报县（市、区）缔造办，由县级缔造办审核，并报一份给市缔造办备案。

四、考评结果运用

"以奖代补"项目优先支持自强村、自助村。

附录 B5 云浮市自然村（社区居民小组）群众参与性评价考核细则（试行）

【云办发〔2011〕6 号】

为发动群众参与美好环境与和谐社会共同缔造行动，促进社会管理创新，全面推进各项工作，根据《中共云浮市委、云浮市人民政府关于进一步推进美好环境与和谐社会共同缔造行动的若干意见》（云发〔2011〕3 号）精神，制定本细则。

一、考核评选范围

对全市自然村（社区居民小组）（以下简称"村（组）"）群众年度参与决策共谋、发展共建、建设共管、成果共享的情况进行考评，按自强村、自助村、基础村 3 类进行定级。

二、年度考评标准（总分 400 分）

（一）决策共谋（100 分）

1．村（组）群众代表集中筹划公共事务，并有与会记录。（30 分）

2．决策前采取一定形式征询群众意见，如走访群众、座谈或发放征询意见表等，并有记录。（30 分）

3．对征询意见进行汇总分析，并采取一定形式公示集体决策方案和采纳群众意见情况。（40 分）

（二）发展共建（100 分）

1．年度申报批准实施共建项目（"以奖代补"项目或自建项目）1 个以上；对于公共设施较完备、服务较齐全的村（组），能组织群众参与对已建项目改造、扩建，或通过改进管理等，继续完善设施，提升服务，扩大共享成果。（30 分）

2．在共建项目建设过程中，群众自愿参与筹资筹劳、无偿捐赠土地和物资的折合金额占总投入的 30% 以上，参与户数占本村总户数 60% 以上。（40 分）

3．年度共建新项目或改建、扩建、改进管理的任务按计划完成，并通过有关部门验收。（30 分）

（三）建设共管（100 分）

1．村（组）事务按规定公开和实行民主管理，共建项目完成后订立日常管理公约，并建立监督和定期报告制度。（30 分）

2．共建项目完成后群众自愿筹集管护经费，并建立各户轮值管护的制度，或选出群众代表组成管护队伍管理，或委托专人管护。（40 分）

3．项目没有出现"豆腐渣"工程现象或由于管护不善导致设施损毁破坏的情况，没有接到群众相关投诉。（30 分）

（四）成果共享（100 分）

1．共建项目有效发挥作用，有关服务设施免费向群众开放，方便使用，受惠群众达本村人口 60% 以上。（40 分）

2．群众利用共建设施开展多种活动，并形成互信互助、和睦相处的社会风尚。（30 分）

3．村（组）基层组织以共建共管项目为抓手，充分发挥核心作用，服务群众。（30 分）

（五）级别评定和命名

考评总分 320 分以上的村（组）经定级审核后由市命名为自强村；考评总分 240 ~ 319 分之间的村（组）经定级审核后由各县（市、区）命名为自助村；考评总分 240 分以下的村（组）为基础村。

三、年度考评时间

从 2011 年起，每年考评一次，每年年底至次年 1 月为考评期。

四、年度考核管理

各县（市、区）、镇（街）要成立考核小组，按以下程序进行考评。

1．考核采取村（组）自评、镇（街）初评、县定级、市审核的方式进行。由自然村（社区居民小组）填写《云浮市自然村（社区居民小组）群众参与性评价年度考评申请表》，提出自评意见，上报镇（街），镇（街）考核组利用《云浮市自然村（社区居民小组）群众参与性评价年度考评评分表》组织初评，再由县（市、区）组织相关职能部门实地考核验收，进行定级，自强村报市考评小组审核。

2．确定、公布考核结果。自强村由市委、市政府命名；自助村由各县（市、区）党委、政府命名。每年度考评和定级后进行命名，实行动态管理。

五、考核结果运用

考核结果与奖优评先、"以奖代补"项目奖励挂钩，优先支持自强村、自助村。

第 2 篇

云 浮 共 识

云 浮 共 识

第6章 "转变发展方式，建设人居环境"研讨会综述

6.1 研讨会介绍

2010年6月5日，云浮市与中国城市规划协会、住房和城乡建设部城乡规划司、清华大学人居环境研究中心、广东省住房和城乡建设厅联合在云浮举办了"转变发展方式，建设人居环境"研讨会。会议由原建设部副部长、中国城市规划协会会长赵宝江主持；中国科学院院士、中国工程院院士、清华大学人居环境研究中心主任吴良镛作主旨报告。中国科学院院士、中国工程院院士、原建设部副部长周干峙，中国工程院院士、住房和城乡建设部城乡规划司司长唐凯等多位领导和专家学者在会上做了专题发言。这次会议主题鲜明，紧扣形势，权威性强，参与广泛，反响热烈，对落实科学发展观，转变发展方式，建设人居环境具有重要意义。

与会领导、专家学者对云浮落实科学发展观，转变发展方式，建设人居环境的理论和实践进行了深入的探讨，提出了真知灼见，取得了丰硕的成果。

第一，一致认为人居环境建设是落实科学发展观的重要载体。会议认为，人居环境建设与民生（住房保障体系）、发展（经济社会）、政治（和谐稳定）、国际竞争（可持续发展住区与人人有适当的住房）及人居环境科学研究等密切相关，其立足的人居环境科学理论，提倡以人为本，为人民群众营造健康、绿色、幸福、和谐、宜居的生活环境和社会氛围；提倡生态、经济、社会、科技、文化统筹考虑，相互促进，实现可持续发展，与科学发展观以人为本的核心相一致。转变发展方式，根本目的就是要落实科学发展观以人为本这一核心。所以，营造美好的人居环境符合科学发展观要求，是加快发展方式转变的现实需要，也是促进城市建设模式转变与社会和谐发展的现实选择。共建美好的人居环境符合广大人民群众的意愿，是顺应社会发展、满足人民群众日益提升的物质和精神需要的重要举措，因此提出"美好环境与和谐社会共同缔造"的发展理念。

第二，云浮人居环境建设实践成果充分印证了"美好环境与和谐社会共同缔造"的发展理念。会议认为，近年来，云浮市在人居环境科学理论的指导下，以人居环境建设为载体，积极探索山区科学发展新模式，让发展惠及群众，让生态促进经济，让服务覆盖城乡，让参与铸就和谐的实践成果充分印证了"美好环境与和谐社会共同缔造"的发展理念。

一是在指导思想上，把群众的切身需求与政府追求发展的作为统一起来。从以物为中心转到以人为中心，既做到以人见物，又做到以物见人，从群众身边、感受最深、最想做的、最愿意参与的"小事情"做起，成为推动云浮科学发展的最强大、最持久动力。

二是在发展路径上，突出差异发展、统筹发展和集聚发展。以完善交通路网建设为重点，营造区位发展优势；以推动"三网融合"为平台，营造公共服务均等化优势；以推进宜居城乡建设为载体，营造生活品质优势；以催生新兴战略产业，营造产业发展优势；从而实现差异发展。以实施"三规合一"，整合全市空间资源；以实施园区共建，整合产业载体资源；以打造"一江三组团"（"一江"即西江，"三组团"即云城区、云安县以及都杨新城区），整合城市发展资源，以加快农村改革，整合城乡资源，从而促进统筹发展。再就是突出主业，大力发展循环经济，推动石材、不锈钢制品、水泥、硫化工等特色产业集群发展，加快机械装备制造业、生物制药产业、三网融合应用、现代农业，以及健康生态幸福产业的发展，逐步形成现代产业体系，从而促进集聚发展。

三是在工作方式上，把"你"与"我"统一起来。把"你、我"变为"我们"，把群众的利益放在第一位，将群众的共同利益看作政府的利益，以此将"你"与"我"从利益上统一起来，培养出"我们"共同的事业和共同意志，从而增强发展合力，促进社会和谐。

四是在目标追求上，把美好环境建设与和谐社会营造统一起来。把建设美好环境作为手段，营造和谐社会作为目的，通过深入细致的群众工作，不断发动群众广泛参与，推动共谋、共建、共管、共享，不仅建设了美好环境，而且密切了干群关系，社会的互动性增强，达到了社会和谐的目的，政府得到了群众极大的支持和配合，各项工作推进更顺利，获得了良好的社会效果，真正体现美好环境与和谐社会共同缔造的目标。

五是在发展基础上，把全球化的要求与本土文化统一起来。以本土文化为根，嫁接外来文化，将两者有机统一起来。云浮把"美好环境与和谐社会共同缔造"始终植根于当地追求和谐共享、共同发展的优良文化传统上，

让和谐共享精神浸润到云浮人的认知、情感、价值观、行为和生活之中，促进形成了开放、交融、和谐的良好社会氛围。

会议形成并通过了《"美好环境与和谐社会共同缔造"：云浮共识》（以下简称《云浮共识》）。会议认为，"美好环境与和谐社会共同缔造"发展理念的正确性在云浮实践中已得到充分印证，实现了人居环境科学理论与实践的结合。为此，会议形成并通过《云浮共识》。

6.2 专家在研讨会上的发言

6.2.1 吴良镛（中国科学院院士、中国工程院院士、清华大学人居环境研究中心主任）

今天我主要讲四个方面，第一个就是人居环境科学探索历程和发展趋势，第二个是发展模式转型与人居环境科学的发展，第三个是美好环境与和谐社会共同缔造，第四个是倡导"美好环境与和谐社会共同缔造"的倡议书。

第一方面，人居环境科学探索历程和发展趋势。近年来，全国城镇化快速发展，按照目前的速度和预计，2015 年前城镇化率将突破 50%，进入国际上所称谓的"城市时代"。在这个过程中，人居环境面临的各种问题也将越来越尖锐，对中国社会经济发展的影响越来越重大。以 1949～2009 年中国的城镇化水平曲线，可以看出它的发展趋势，这个阶段是一个快速发展的阶段。中国作为工业化的后发大国，经济发展在取得长足进步的同时，也与人口、资源、环境产生尤为严重和复杂的矛盾冲突。最近有一本书叫做《预言》，是对国家各种不同的看法和理论的书，包括了一千多个作家对城市发展的预言和看法。中国作为世界上人口最多的国家，城镇化的建设进程将对 21 世纪人类社会的发展产生深远影响，这种影响包括正面的和负面的，所以人居环境问题是至关重要的。

1981 年，我第一次参加科学院的学术大会，在当时建设大高潮的形势下，深切感觉到建筑的发展面临巨大的挑战。在这种压力下，1982 年 7 月，中科院技术科学部在长春召开会议，我和周干峙等三位同志一起作了《住房·环境·城乡建设》的报告，在当时各种形势的挑战下，首先提出住房问题、环境问题和城乡建设问题。10 年以后的 1992 年，技术科学部在北京举行了一次学术报告会，我们作出了《我国建设事业的今天和明天》的报告，因为建筑学的概念已经不仅关系到解决当时建设事业的问题，也将关乎国际上乃至全世界 21 世纪建筑事业的发展，必须要提出来，而且也不能拿建筑来作代表，因为建筑不是说盖房子，这个概念到现在还缺乏正确的认识。2008 年 6 月，我在北京的中科院第十四次院士大会上作了《发展模式转型与城乡建设的再思考》的报告，

虽然这是改革开放 30 年之后提出来的，但其中包含了两个方面的探索，第一个探索是广义建筑学的构想。为什么叫广义建筑学呢？因为建筑必须要重组，就是适应发展的需要，要拓展，所以我们并不否定传统的建筑学，而是要扩展。清华大学成立了人居环境科学研究中心之后，我感觉到必须要有理论的发展来相适应，因此写出了《人居环境科学导论》这样一本书。现在看来，人居环境科学是一个国际学术研究的前沿，这方面由于时间关系我不多作介绍。我们的学术概念是从建筑学走向建筑学下面的有关科学的一般认识，在这个基础上，形成了"广义建筑学"体系，其中包括了社会学、经济学、人文科学和有关的技术科学以及文化等内容。在这个基础上，作为人居环境科学又有所发展，就是以建筑、城市规划引领为核心，以人为本。这个核心外围是城市建设和人居环境有关方面的学科，在核心之外的这些学科之间都是作为发展的前沿，人文地理具有区域的思维，就是环境和城市规划、区域规划的发展，城市规划向区域规划扩展，这是现代城市发展趋势。在这个趋势下，人居环境科学提倡以人为本，为人民群众营造健康、生态、和谐的生活环境和社会氛围。提倡生态、经济、社会、科技、文化统筹考虑，相互促进，实现可持续发展，这里分别有 5 个层次和 5 大要素，我不一一介绍。这个学科的本身是在这个学科群的交叉组织下形成的，得到的结论也不是单一的结论，而是可以有多种选择，是多种选择在不同情况下达到不同的结果。1999 年在北京召开的国际建筑师协会第 20 次大会上提出的《北京宪章》，是以广义建筑学与人居环境科学理论为基础，并得到了大会的认可。

人居环境科学发展趋势。我们可以回顾一下，1938 年有一个美国学者刘易斯·芒福德（L.Mumford）在帕特里克·格迪斯（P.Geddes）思想的影响下，写了一本书，叫《城市文化》。这本书里面有一个想法，"城市研究往往是各个学科的专家从他们各自的角度分别进行论述的，我想用一种比较综合的、统一的方式来展示城市的这个领域；另一种想法是考虑今后城市社区采取协同行动时的需要，我需要为此构建一些原则，以便遵从这些原则来改造我们的生存环境"。在 70 年后，清华大学人居环境研究中心建立了建筑与城市研究所，可以说我们总结了人居环境科学发展的历程，实现了芒福德的理想，就是用中国的统一方式构建出一些原则，以便遵从这些原则来改造我们的生存环境。

现在来看，人居环境科学面对世界经济危机、环境危机，鞭策我们不断探索前进的道路，生态、节能、低碳经济已经成为发展的主流趋势。由于全球经济与环境危机，事态已经发展到作为国家的行动，并且国际间需要协调行动。这里可以对比美国国家工程院在 21 世纪工

程学领域提出来的 4 个关键问题和面临的 14 大挑战。提出 4 个关键问题：可持续发展、健康、降低人类面临灾难的脆弱性和提高生活质量；提出 14 大挑战，包括要更加便利地利用太阳能、提供饮用水、修复改善城市基础设施等。中国科学院也提出要创新我们的研究，提出中国八大经济社会基础和战略体系，包括：可持续能源与资源体系、先进材料与智能绿色制造体系、无所不在的信息网络体系、生态高值农业和生物产业体系、善惠健康保障体系、生态与环境保育发展体系、空天海洋能力新拓展体系、国家与公共安全体系。科学院的这个报告提出了相关的指导理论，例如对全球气候变化应对，对流域质量、城市环境质量、生物多样性与生态系统的保护等。因为这是一个具有方向性的指导，所以被称为生态与环境科技发展路线图，指导发展的方向。

刘易斯·芒福德最早提出"技术与文明"这个问题，梁思成先生 1945 年接触美国学术界对二战后的反思，了解纳粹过度依赖发达的科学与践踏人文的历史，这使他于 1947 年上半年在清华同方部作"理工与人文"的重要讲演，呼吁理工要与人文相结合。梁先生当时提出的命题到现在并未解决。当时的科学史奠基者之一——萨顿提出，"为什么在一个最文明的时代（20 世纪），最文明的国家（德国），最文明的群体（科学家和医生），会发生如此不文明的悲剧呢？"萨顿认为，不管科学多么重要，单有学科无论如何是不够的，须提出新人文主义或科学人文主义构想。科学要重新与人生联系起来，要建立科学基础上的新人文主义。我们从建筑上来讲，例如我们在 20 世纪 80 年代初提出来的"地域建筑论"，并在 1998 年提出"乡土建筑现代化，现代建筑地区化"。例如南京的红楼梦博物馆，在曹雪芹的出生地建造，也试图把科学与文化结合起来。

我们还提出大科学、大人文、大艺术的统一与协调，过去强调作为学科群，现在结合人居环境建设形势，更要看到人居环境学科是一门非常有发展前途的学科，将向大科学、大人文、大艺术迈进。面对低碳、全球气候变化等新的挑战与发展，我们必须将人居环境科学推进成为大科学。学科的更高境界就是把科学与人文结合，形成大人文。科学中有人文体系，人文中有科学体系。人居环境也要走向大艺术，这是必然的方向，尽管还需要很长的时间，但是我们看到各地有山有水，如何把城市人居环境建设得有益于生活，陶冶人们的性情，这是我们要探索的。

十多年来，"人居环境"的观念拓宽了城乡规划建设研究的视野，已经从学术前沿变成社会的"普通常识"。人居是一个以人为本的民生问题，这个"民生"不是一般的，是要满足人民群众多种多样的物质的、精神的需

求，建立多层次的住房保障体系是让发展惠及群众的基石。人居环境是一个发展问题，无论"造城运动"还是"迁村并点"都事关中国经济社会发展格局；人居环境是一个政治问题，因为住有所居是社会和谐稳定的物质基础，相关的土地利用等工作就成为诸多矛盾的焦点；人居环境是一个世界问题，因为全球都面临这样的问题，"可持续发展的住区"与"人人有适当的住房"是国际社会的共同目标，与住房建设和使用相关的碳排放正在成为全球竞争的热门话题；人居环境是一个科学问题，需要以复杂系统的概念，针对错综的社会、经济、环境和城乡建设问题，进行科学研究，统筹解决。近年来世界经济危机和气候变化等重大事件迫使国际国内对政治、经济、社会、文化、城市等发展进行更多的思考和探索，从而推动了人居环境科学的发展。这其中包括以人为本，关注民生；重视空间战略规划，重点思考可能的新模式；发扬生态文明，推进人居环境的绿色革命；统筹城乡发展，完善中国城镇化进程等方面。

第二方面，发展模式转型与人居环境科学发展。城市化进入快速发展阶段，大量劳动力转移至城市，给城市的基础设施的供给提出新的挑战，给生态环境容量带来压力，并且造成和加剧了城市的社会问题，如基尼系数达到警戒值、校园安全事件等，所以城乡统筹与科学发展如何落实到我们城市规划和建设领域，当前至关重要。并不是说城市化就是人口达到一定的数目，还有入城人员的子女读书问题等，这些问题都得到了解决才是完善的城市化发展。现在国际社会都提出低碳经济、低碳技术、低碳生活方式，但是在城市的布局上、城乡的分布上，人文环境和自然环境协调建设要如何控建和组织也很重要，所以低碳城市不是一个口号。

营造美好的人居环境符合科学发展观要求，是加快经济发展方式转变的现实需要，也是促进城市建设模式转变与社会和谐发展的现实选择。共建美好的人居环境符合广大人民群众的意愿，是顺应社会发展，满足人民群众日益提升的物质和精神需要的重要举措。

第三方面，美好环境与和谐社会共同缔造。上海世博会的主题是"城市，让生活更美好"，把美好的城市与美好的生活联系起来，这也反映了时代的呼声。世博会的每一次主题都多少反映了技术、科学、和社会的发展，这次也不例外。

第一点，我们要回归社区，加强社区建设。社区是提供基本服务，培育社会凝聚力的场所。第五届世界城市论坛上，就是以"城市权利：促进城市平等"为主题。论坛上有很多的对话会议，比如推进城市权利，辩论谁的城市；被排斥群体和城市权利、实现城市权利的创新之路；还有促进城市平等——建立包容性城市，辩论城

市中的收入不平等、收入和消费不平等的问题；以及平等获得住房和基本城市服务的权利，辩论提供有设施服务的土地、可负担的和适用的住房等议题。从这些对话的问题来看，这些问题虽然未必得到具体的结论和解决方法，但是可以提供一定的信息，启发我们应该如何促进城市的和谐发展。

第二点，以人为本，关注民生，推动"美好环境与和谐社会共同缔造"这一人居环境科学具体实践。这是1999年在北京召开的国际建筑师协会第 20 次大会上由我作出的主旨报告，这也是人居环境科学的具体实践的一个方面。人居环境科学是人居环境建设的理论基础，提倡以人为本，为人民群众营造健康生活。这几天我们来到了云浮，"美好环境与和谐社会共同缔造"是人居环境科学理论在云浮的实践，这的确给我们提出了一种新的思考，当云浮把人居环境科学在实际工作中提出，我们可以称之为这是云浮的事业，所以我觉得我们有必要把人居环境科学应用到各个地方，建议国家有关部门选择若干试点。但是我们首先要认识到，构建和谐社会是一个大的方向，其含有丰富的思想内容，也是一个非常严谨的问题。根据社会学家提出的社会分层理论，就是社会的不同群体有不同的价值观，有不同的利益，还有不同的物质和精神需要。我们现在的社区建设理论和实践与现实的差别很远，我们的社区不仅是给你住房，现在很多的具体生活要求并不能满足。前两年我患了偏瘫，曾经身为残疾人，就看到同样坐在轮椅上的人，其实康复期是非常科学的，如果按照科学的方法是可以较好康复的，例如初期有康复医生来帮助你，就可以得到很好的治疗，但我看到很多病人在这方面都没有得到很好的治疗。1987 年我参观了纽约老年社区，老年人可以参与社区各种各样的活动，而在中国，社区服务要滞后得多，尽管国家有一系列的规定，但是得到实践的很少。我们提倡和谐社会的同时，这些问题也要得以解决。在城市发展的过程中，建议国家有关部门选择若干试点，以美好家园建设为载体，以"政府引导、群众主体、多方参与、共建共享"为原则，构建和谐社会，统筹推进经济、社会、文化的发展。

第三点，要积极推进县域城镇化研究，整体解决"三农"问题。县是农村经济、社会、文化发展的基本单元，是解决"三农"问题的主阵地。中国两千多年的历史，从秦汉建立了郡县制以后，州郡建设也发展起来，但是"县"是一个最稳定的基本概念。所以解决"三农"问题上，建议在壮大县域经济的基础上，对国土资源、经济社会发展和城乡建设进行综合协调，将积极推进县域城镇化，作为经济发展方式转变和社会管理制度改革的重要突破口，实现大中小城市的协调发展。如何使乡镇发

展"重新集中"，这些问题要继续研究。我们研究所近年来在苏南地区进行考察，所谓的"农民公寓"并不适合农民的生活。因此我们要重视城乡协调的问题。埃比尼译·霍华德（Ebenezer Howard）把乡村和城市的改进作为一个统一的问题来处理，大大走在了时代的前列。他是一位比我们许多同代人更高明的社会衰退问题诊断学家。他定义的田园城市不是城郊，而是城郊的对立面；不是重新退回农村，而是为有效的城市生活提供更为完整的基础。为什么不是城郊呢？我解释一下，这个在城市发展史上有过一个很大的争论，霍华德提出田园城市以后，当时有一个城郊花园，表面上看可以满足很多富有者的需要，但是农村并没有真正发展起来。因此我对中国城镇化道路有一个设想，一方面，大中小城市的崛起，特别是大城市、特大城市的发展，现在几乎没有任何区域不受全球化的影响，在此影响下出现世界城市，大城市地区也不断兴起。但是农民进入到大城市中去，促进了经济进程中的生产要素转移和产业升级，增强了经济竞争力，是我国城市化的一条重要途径。另一方面，在广大农业区域，尤其是中西部地区，需要保持住大量的农业地带，要保住 18 亿亩耕地的红线，农业系统的平衡非常重要，因此需要重点考虑县城—重点镇—集镇对农村区域的带动作用，以农业经济为主体均衡发展。人居环境要达到基本的标准，国家要反哺农村，改善生态环境，治理污染，社会保障、文化建设、学校等设施也要跟上，从源头上做到城镇化。

第四点，将"人居环境战略"作为重大战略规划内容列入"十二五"规划。人居环境建设涉及发展空间、资源，以及环境承载力和发展质量等，是对国家和若干社会经济整体发展目标具有战略意义的领域，建议将"人居环境战略"作为重大的战略规划内容列入"十二五"规划，制定国家人居环境发展战略，在国家层面统筹有关职能部门的规划与战略思想，为城镇化的有序进行提供空间保证。联合国人居署在 2009 年人居报告——《规划可持续发展的城市》中，提出了 21 世纪城市发展面临的挑战，城市地区、特大城市地区的发展要结合起来，这个问题必须要与时俱进，在不断面对新的问题下推进。

第四方面，"美好环境与和谐社会共同缔造"倡议书。周干峙部长提出的"深化细化城市规划设计，严密城市规划和土地规划管理"的建议我非常赞成。王蒙徽书记曾经把云浮的工作和做出的成绩在清华大学做了一次介绍，在这个过程中，赵部长、唐凯司长等等也参与了一些讨论。在这个讨论中，感觉整个事情很有特点。这个特点就不多讲，今天大家也亲身来看过了。今天听了王蒙徽书记的深入介绍，我们感觉到我们的城市建设很有必要将云浮和其他城市好的经验进行推广。城市规划的

最基本理念已经讲得很多了,有一本书《都市即人民》,就很好地说明了这一点。一个城市最根本的是什么?就是人民大众,他们是一切的创造力、一切的力量的源泉,我们物质和精神文明靠谁创造?就是靠人民。就像刚才有同志提的"民知、民有、民享"。所以,我们这些在学校教书搞理论研究,或者具体搞实践的,悟来悟去最根本的,就是为人民。当然,现在这方面讲得也挺多,真正做一些实际事情的,让群众参与,从小的事情做起,从群众切身利益的事情做起,而且取得效果并逐步发展的,这个我觉得在全国还没有形成风气。这种风气或者这种精神创造,是非常有意义的。我们在云浮看到了山川秀美、鸟语花香、群众载歌载舞,作为一个城市规划师,作为一个设计者,你可以对城市设计有种种想法,都可以运用我们经济的、社会的、人文的、建筑的知识来具体创造。但这些创造要生根,必须从一个地方人民群众的凝聚力上、精神寄托上进行共同缔造。所以,在后来我们琢磨一条,就是和谐社会。和谐社会谈得很多了,但是具体分析,的确这里面有很多不同的分歧。因此,就想这次会议结束时是不是应该有一个共识。这个现在只能作一个初稿,还要逐步推进这方面的工作。除了云浮以外,其他城市也要推进这方面的工作,共同创造。现在不是都在谈创新吗?其实有些问题不是一个创新的问题,创新是做好了就创新,它基本的道理还是为人民做出人民所希望做的事。所以,我觉得这个共识,在这么多同志的努力下还是挺好的。云浮开这个会虽然只有一两天,但还是非常有意义的。

6.2.2 周干峙(中国科学院院士、中国工程院院士、原建设部副部长)

很高兴参加今天的会议,研究这样一个重大问题,又能够见到很多老朋友,匆匆忙忙我也来不及准备,到达这里才准确知道会议的主题,"转变发展方式,建设人居环境",人居环境我知道,但是研究改革发展模式,实在没有考虑,也非常复杂,临时来讲,可能也讲不好,我就简单讲一讲对这个会议主题的主要想法。

我准备讲的题目是人居环境科学和系统论思想是研究解决我国城市发展问题的要素。刚才吴先生的报告当中也讲到,人居环境是 20 世纪 80 年代初,吴良镛先生在中科院的一次会议报告中提出来的,关于系统论钱学森先生在 1970 年代末期也作过一篇文章,系统地表达出来。近代科学发展有"三论",对推动科学和建设的影响非常巨大,钱老的工程控制论也是很早就提出来,从我们看到的文章来看,钱老是从事航空航天方面研究的,但是作为大科学家,他的思想不仅仅关注细枝末节的地方,而是着眼于大科学。从他的文章来看,他在 1979 年的一次讲话中提出,大家现在研究力学都是以前的思想,他已经观察到很多社会经济的问题。他讲到,我们完全可以建立起一个科学的体系,去解决我们中国社会主义建设的种种问题,他还讲到,我们就是要把马克思主义的认识论跟现代系统工程的方法论结合起来。我觉得这是我们国家科学发展中的一件了不起的事情,已经有一个囊括各行各业带有普遍性的重大问题,就是用系统的观点来观察。中央领导也好,科学界也好,都接受了这样一个观点。一直到 2004 年,胡锦涛总书记讲到,落实科学发展观是一项系统工程,要把自然科学、人文科学、社会科学等方方面面的知识、方法、手段协调和继承起来,要不断认识和把握社会发展的客观规律,对科学发展观进行周密的科学解释,为科学发展提供坚实的科学理论和基础。我体会所谓系统,是从事物的本质出发,一切事物都有部分跟整体,都有局部跟全局,都有各个不同的层次,都存在相互关系,所以研究客观世界就要从这些事物最基本的本性跟特性出发。而且这些事物互相关联和互相作用以后都会形成一些新的功能,从而体现系统的整体。一个城市是一个系统,一个经济协作区是一个系统,一个社会组织是一个系统,甚至可以把一个国家也比作一个系统,钱老的文章就提出要把一个国家看成一个系统,而且这个系统是要有组织、有管理的。钱老一篇文章中讲到,一些规模比较大的工程技术中间,都有总体,都有协调,因此必须要有个总设计师来统筹和协调这些工作。钱老有一篇文章叫做《新技术革命与系统工程——从系统科学看我国今后 60 年的社会革命》,很具体地提出影响系统工程和开展系统的研究,这也是一个庞大的系统工程。总之,钱老有不少文章是解读系统的方方面面,他的思想非常广阔。他的系统思想不仅从理性方面分析,还非常重视经验,提倡经验的重要性。他有一篇文章中讲到,当人们老是寻求用定量方法去处理国家系统的时候,数学模型很重要,数学模型看起来理论性很强,但历史难免牵强附会,需要将定性和定量的方法结合起来,当然最后要尽量得出定量的结论。可见,钱老不仅重视理论、经验,同时也非常重视管理,他主张用科学的方法论和先进的科学手段进行管理,重视抓大局、抓全局。我们这个系统问题是非常重要的,这是我们研究科学问题很重要的出发点。

第二个问题,是怎么样跟人居环境科学结合起来的问题。刚才吴先生讲了人居环境科学的发展过程,建筑科学在实践中间也在不断地发展,从传统的建筑学到广义建筑学,现在叫人居环境科学,这是逐渐形成的。我们的大科学已经形成了一些大的分支,我也曾经写过文章,讲到建筑学的各个分支,很显然,对应城市发展这一大系统必须首先要有科学系统,科学发展观就是一个科学系统，我们只有用人居环境科学概念来开展、组织各个分支系统，才能够推动全局的发展。关于总体的认识和各个专业的认识是联系起来的，也可以达到系统的协作目的，有了系统观念，就会非常清楚，搞得好就一加一大于二，搞不好就会一加一小于二，搞好这个大系统，与钱老的系统观念是一致的。随着改革开放的发展，我们这个系统显然越来越大、越来越复杂，特别需要能够将这个系统协同集成，虽然取得很多的成绩，但很多问题也是由于系统不协调造成的。

我们的城市发展已经面临了新的历史考验，有众多方面必须要协同和集成，城市和社会经济已经越来越密切，不可分割，必须要有共同的目标，要互相补充，要有规划，要有策划，要有同步，才能取得更大的效应，实现和谐。城市的问题非常复杂，学科思想要由人居环境科学来统筹，人居环境科学关系到方方面面，它的主动性、它的协调能力恐怕别的学科很难做到。我们国家目前所取得的成就是空前的，存在的问题也空前的，怎么去解决这些问题，需要积极地去想办法，新的经验才能解决新的问题。我们的人居环境科学到了这个程度，一方面学术规模不断扩大，另一方面我们的队伍建设也在不断扩大，比如建筑工程方面的从业队伍就有很多，农民工中间很大一部分就是建筑工人，这么庞大的一个队伍，必须要有系统的概念和系统的方法来组织领导。我相信钱老如果在的话，他一定会更多地联系到我们这个学科。我们讲学科的具体专业，必然会上升到人居问题，这两者实际上是从不同的角度说明了建筑科学和系统思想的关系，可以看出这两者中间的规律，这对今天的城市建设事业来讲是意义重大的。归结到这次会议的题目，我感觉到最重要的是要把系统思想和人居环境科学两者结合起来，恐怕只有这两者结合才是解决我们行业问题的途径。而且不仅是讲学科，讲建设，还要讲组织。总之，我们现在面临非常多的困难和问题，但是困难往往会转变成动力，我觉得我们只要思想对路，方法对头，再复杂的问题也能解决。

最后，预祝我们的会议能够圆满成功，对于我们所发表的共识，我也相信云浮一定可以为我们的城市化作出各方面的贡献，非常感谢云浮有这样一个好的经验。

6.2.3 赵宝江（原建设部副部长、中国城市规划协会会长）

今天是"世界环境日"，我们在这个特殊的日子里召开这次盛会是非常有意义的。今天上午我们参观了博物馆、规划馆、南山森林公园、绿道等，吴先生也作了主旨报告，周部长也作了重要的讲话，各位专家也进行了精彩的发言。会议的议程进行到这基本上就完成了。

我要说一下这个会怎么来的。这会议是在今年3月10日，在国家开两会期间，当时是江苏省建设厅厅长周岚、云浮市委书记王蒙徽、天津市滨海新区规划局局长霍兵、广州市规划局局长王东在清华大学建筑学院所发起的"美好环境与和谐社会共同缔造行动"发展而来。当时，吴良镛院士、唐凯司长，以及清华大学党委副书记、还有深圳市的土地规划委员会主任、清华大学建筑院院长和广东、江苏规划部门的领导同志出席了。出席这个会议的代表一致认为，吴良镛院士所提出的人居环境科学是人居环境建设的理论基础，营造美好的人居环境符合科学发展观的要求，构建美好的人居环境符合广大人民群众的意愿，会议倡议发起"美好环境与和谐社会共同缔造行动"，推进人居环境的具体实践，以美好家园的建设为载体，政府引导，关心民生，群众为主体，多方参与，共建共享，促进和谐社会的发展。那次会议就决定以"美好环境与和谐社会共同缔造"为倡议书，发起讨论，准备选择一个地方开一次会，后来就选择了到云浮来开。这个会就是这么来的。

今天这个会的议程基本上完了。各位领导、专家、学者，紧紧围绕"美好环境与和谐社会共同缔造"这个主题，表达了许多真知灼见，科学、人文、艺术在这里得到了融洽的交流和碰撞，达成了美好环境与和谐社会共同缔造这个共识。这次研讨会主题鲜明，内容丰富，意义深远。既有理论成果，又有实践经验，收获很大，达到了预期目的。

鉴于我国部分地方迫于GDP指标和打造城市地标等口号的压力，越来越多的城市规划建设趋向千篇一律、千城一面，而且大规模的拆建，既造成社会财富的浪费，也引发了一系列不稳定的因素。这种现象，源于指导思想偏差，而偏差的根本，在于缺乏一个科学的理论作支撑。

人居环境科学为破解上述窘迫现状，践行科学发展观，因地制宜转变经济发展方式，建设健康、生态、幸福、和谐的人居环境提供了正确的、系统的、全面的指导。

云浮市遵循人居环境科学的指引，坚持以人为本为发展理念，实施美好环境与和谐社会共同缔造，积极探索山区科学发展之路，加快经济发展方式转变，实现了错位差异发展、协调统筹发展、共建共享发展和自主创新发展。坚持"关注民生"为工作核心，推进执政理念的转变，城乡规划建设实现从以政绩考核指标为导向，回归到关注民生的基本立足点；从主观的、命令式的群众工作方法回归到深入细致、平等协商的我党群众工作优良传统；使理论与思路回归到实践，并在实践中不断发展完善；从照搬照抄西方现代文明外部特征的伪创新，回归到以发扬地方优秀文化为基础，吸收西方文明的合理内核，进行自主创新。云浮的实践，充分体现了人居环境科学的精髓。

云浮、天津、昆山三地的实践既为其他地方城乡规划建设创造了可借鉴的宝贵经验，又为人居环境科学理论的发展和实践的延伸提供了新的领域。

最后，我倡议，各地各部门以人居环境科学为指导，坚持科学发展，先行先试，通过多层次、多系统的实践推动理论创新，新的理论又指导推动进一步的实践，逐步建立完善与美好人居环境相适应的体制和机制，不断提升人居环境科学理论体系。

6.2.4 高世楫（国务院发展研究中心发展战略与区域经济研究部副部长）

非常感谢会议主办方邀请我参加这次会议，感谢云浮市委、市政府组织的这次会议，我们在青山绿水的云浮，通过实地考察，观看宣传片，让我们了解到一个环境优美、社会和谐的好样板。无论是上午吴良镛院士还是周干峙院士的发言，还是来自于云浮、天津、昆山各位领导关于各地发展经验的介绍，还有其他专家的发言，都围绕着我国现代化建设过程当中如何解决人居环境问题，实现科学发展进行了理论阐述、政策分析和实践总结，给了我很大的启发，我自己受益匪浅，作为一个研究公共政策的研究人员，可以说深感荣幸。吴院士在最后的演讲部分提到了我们国家如何走城市化、现代化道路的大问题，确实是需要我们中国人发挥智慧的。我想就这个问题谈一谈自己的看法。

中国过去 30 年的高速经济增长不但改变了全球的政治经济格局，也使我们国家迅速从一个农业社会向工业社会格局过渡，生产和生活方式发生很大的变化，必然带来人与自然环境关系的大变革。我们最终想要达成一个什么目标？由于我们国家各地方的要素条件不相同，特别是我们人均资源非常稀少，长期来看必须有一个向效率最高的地区转移的生产活动聚集过程，生产要素要向收益最高的地方流动，人们享受的基本公共服务和社会权利影响要相对等，生产活动在 960 万平方公里土地上的分布与 13 到 15 亿人的分布要高度相关。如果我们现在拿这个指标来看，相关度很不高，从经济发展水平来看，有的省人均 GDP 水平是另外省市的十分之一，我们现在讨论的很多问题就是因为人口的聚集严重滞后于经济活动的聚集。

要实现这个目标，要推动经济活动和人口聚集，就必然要求我们加快城市化，加快人口的跨区流动，向沿海、沿边流动。我们可以作一个简单的思考，我们是一个人多地稀的国家，如果不把农业人口从农村大量转移出来，农业人口的收入达不到城镇人口的收入，社会就无法实现和谐。我们的自然条件不是特别好，能够适宜人居的

区域也有限，因此未来二三十年大规模的人口向城市迁移也是人类历史上没有过的。

在这个过程中，我们一方面要完善市场制度，另一方面要加强政府职能。其中有三条我觉得非常重要，第一个就是政府的规划引导不可少，不管是大的空间规划，比如国家的主体功能区概念，是要重整河山，解决人口重新配置的问题，各个地方城市的规划建设也需要政府引导和实施，还有一些比如西部开发等大规模的基础设施建设，也通过政府的投资，使得一些生态要素、生产力释放出来，这也是市场做不到的。第二个是政府履行公共服务方面的职能必不可少，中央已经提出要学有所教、劳有所得、病有所医、老有所养、住有所居，推动建设和谐社会，这是一个非常庄严的承诺，需要我们全国人民共同努力才能实现。第三个是要加强环境监管，这是我们实现可持续发展必不可少的举措。只有市场的潜力得到充分发挥，政府的职能得到充分履行，我们才能保证资源得到有效配置，我们的整个国家国力才能提高，政府履行职能才能使得我们所有人都能享受到基本公共服务和平等的社会权利，只有政府在环境监管方面履行了职能，我们才能够实现整个国家的可持续发展。应该说这样一个大问题是需要国家在制度建设方面加大力度。现在我们理论准备不足，不光规划方面的理论准备不足，社会建设、经济发展关系方面的理论也准备不足，在理顺中央和地方关系方面，有些地方政府没做到，从理论研究上也有欠缺。

我们如何落实中央关于科学发展观的要求，我想举一下云浮的例子，虽然我到云浮的时间不长，但是也做了一些作业，看了一些材料，第一是印象，第二是理解，第三是展望。

从印象上来看，云浮是一个生态环境非常优美的城市，特别让我印象深刻的是这是一个没有"围墙"的城市。在北京和很多地方都有这样一个社会不和谐的现象，而这个城市没有出现这个社会不和谐的情况，老百姓参与的热情很高，这是我们看到的一种久违的现象。另外城乡差距比较小，在广东地区来看，云浮地区农民的人均收入相对比较高，这一点非常好，另外也做到了新农村合作医疗基本全覆盖，农村养老保险也正在尝试，从这些现状来看，可以看到这个地方在按照中央的要求并且很多工作都取得了成效。

第二是理解。中央提出科学发展观，立意非常高远，是具有重要指导意义的思想，强调了发展，强调了以人为本的核心，我们是社会主义，共产党执政都是为了人民的福利，提出全面协调可持续的基本要求，无论做公共政策研究还是做具体城市管理，这些要素都能够应用于我们的工作。国务院副总理王岐山说过，大到一个国家，

小到一个人，当他发展的时候都必须问三个问题，你要什么，你有什么，你丢什么。翻译成经济学的语言就是目标函数是什么，要素是什么，你愿意支付的基本成本是什么。用这三点来看云浮，第一是要什么，云浮过去的经验和未来的发展明确提出是社会经济全面进步，人民安居乐业，明确提出要发展惠及群众，生态促进经济，服务覆盖城乡，参与和谐，这个要什么是很明确的，和中央的科学发展观是一致的。有什么，丰富的矿产资源、独特的生态环境、纯朴的民风、潜力的区位优势、不断改善的基础设施，这是云浮所独有的，广东率先进行发展方式转变的这样一个大环境中，云浮地区民风纯朴，民众有凝聚力和向心力，这是我们发展所独特具备的。我们丢什么，云浮市委市政府明确提出不追求 GDP 的高速度，不走浪费资源、牺牲环境、牺牲老百姓利益的老路，这就是他们愿意丢的东西、愿意舍弃的东西，比较其他地方来看，我们云浮发展意识最清晰也是做得最好的。工厂可以转移、人才可以流动，但是青山搬不动，青山绿水生态资源就成为了云浮非常独特的资源。

第三是展望，凭借云浮提出的规划，过去的做法，政府的决心和老百姓的意志，包括省政府的支持，随着基础设施的改善，云浮一定能实现汪洋书记指出的又好又快发展，在好的基础上快。有两点值得注意，第一，切实强调规划的重要性，特别是应对广东的双转移，云浮确实能够发挥已有优势，并且在新的条件逐步具备的情况下，有的新条件更完善。云浮已经做了很多工作，是不容忽视的，需要一直保持下去的。第二在城乡统筹上，中央一级、省一级、县一级的财政制度，我们有很多公共服务均等化的实际困难，云浮城乡差别不是很大，具有大家共享发展成果、公担责任的民意基础，有这么一个好的基础，怎么能够使得公共服务所需要的财政体制作一些探索，做到公共财政公开、公共服务共享，这一方面确实是值得做的一篇大文章。当然在我们的大体制没有完全理顺的情况下，我们还是要做很多探索，要取得上面的理解、下面的沟通，所以城乡统筹方面可能是云浮今后更进一步在广东做先导、在全国做先导的领域。

6.2.5 唐凯（住房和城乡建设部城乡规划司司长）

我主要向大家汇报 4 个方面，第一是城镇化与城乡发展，第二是人居环境科学理论的意义，第三是人居环境科学理论与实践结合的意义，第四是积极促进人居环境科学理论与实践的不断发展。

一、城镇化与城乡发展

改革开放 30 年来，城镇化速度进入比较快的时期，国家也是积极推进城镇化。这个过程促进了产业结构的调整和资源的优化配置，有力地吸引了生产要素向城镇聚集。在未来 20 年当中，我们现在仍然处于城镇化较快发展的时期。据我们测算，城镇化水平如果按照每年 0.8 到 1 个百分点增长，预计 2020 年全国总人口约为 14.5 亿，城镇化水平达到 56% ~ 58%，城镇人口达到 8.1 ~ 8.4 亿人。

在整个过去 30 年城镇化发展过程中，我国人口也在不断流动。我们认为人口流动仍然将遵循由农村流向城市，由落后地区流向相对发达地区，由中小城市流向大中城市的规律。在 2015 年前人口依然向东部沿海地区聚集，在 2015 年以后随着中西部地区的崛起和东北老工业基地的发展而趋于稳定。

未来 20 年的发展中，我们将会面临一个较大的问题，我们的资源、能源使用量和消耗仍然非常大，而且伴随着国家经济实力的进一步提升，我国发展面临着国际环境趋紧，长期经济快速增长所带来的结构失衡显著，传统的经济增长方式难以持续，人口红利和制度变革所带来的增长效应趋于弱化等诸多不确定的因素。

面临这样的环境下，我们必须关注这么几个问题。第一个是人居环境质量不高。这里面包括居住条件有待进一步改善，现在我们旧城区的改造还有很多的任务，工作量也很大。第二个是居民出行不便捷，大城市、特大城市堵车非常严重，另外城镇群的网络交通建设相对缓慢，区域轨道交通刚刚起步。第三个是社会服务设施建设难以满足需求。第四个是城市安全存在隐患。现在全国 600 个城市当中 300 多个城市缺水，100 多个城市严重缺水，水源单一，供水系统脆弱。全国城市生活垃圾问题严重，比如广州的垃圾处理问题在全国引起了巨大影响。

尽管我们经过了 30 年，发展速度很快，竞争力越来越强，但实际上来看，我们形成的一些重点城镇群在国际上的竞争能力并不是很强，而且都是加工业，创新不够。从我们的小城镇看，承载力仍然偏低。城镇群中的小城镇总体上发展动力不足，特色经济不突出，人口集聚程度不高。据统计，县城平均规模只有 8 万人，县城以外的建制镇，超过 5 万人口的不足 400 个。我们现在还面临着城乡统筹缺乏实质性的推进等问题。我们的资源环境问题日益凸显，如果我们不注意土地资源节约，确实对我们来说是一个大问题。尽管中央反复强调科学发展观，但现在仍然存在一些问题，现在城镇群的遍地开花就是一个例子。当然这也是导向的问题，现在看到在不断建设经济带、城镇群，确实大家也希望形成一个城镇带、经济带或者城镇群概念，能够得到中央或者其他政策上的倾斜，城市建设追求奢华，热衷于建设高标准、高耗能、大体量等工程，都是我们发展中求快的表现。我们虽然取得很大的成绩，但是未来的发展我们还面临着很大问题。

基于这样的情况，我们觉得如何依据科学发展观指导我们在城乡建设过程中走哪一条路非常重要，这个过程中我们不断地请教吴良镛先生和周干峙部长，我们觉得人居环境科学理论对当前发展具有重要的现实指导意义。说一说我们规划理论发展的尴尬处境。我们在规划中经常碰到这样的问题：一方面城镇化的发展大家是认可的；另一方面，我们也知道发展的过程中，如果走了一条错误的路，盲目追求速度，不顾资源环境的话，势必会影响长远发展。因此，我们走节能减排的新型道路非常必要。这时候我们容易有一个错觉，就是发展和节能减排是矛盾的，应该说发展和走新型道路并不矛盾，我们应该认真地研究中国的实际问题，借鉴发达国家的经验和教训，完善人居环境科学的理论。中国城镇化走了 30 年，我们有这么大的实践，而且有这么多具体的问题，一定要有理论指导。但是现在非常尴尬，一方面，我们城镇化速度非常快，大量专业人员都在从事非常实际的工作，每天都忙不过来，几百个学校在忙于培养规划专业人才，没有时间认真去考虑理论问题。另一方面，我们现在的理论研究也不是特别好，从个人的收入来说，做理论的人肯定收入比较低，做规划的人收入比较高，我们在理论发展上可以说遇到这样一个问题。

二、人居环境科学理论的现实意义

上午吴先生系统地介绍了人居环境科学理论的历程，人居环境科学理论是面对全球挑战和中国实际问题提出来的，从我们行政部门的工作来说，觉得这是非常具有指导意义的。一个是吸收西方理论，一个是中国国学，根据我们当前研究的中国实际问题，建立一个中西结合处理中国问题的第三体系，人居环境科学理论没有一个框说一定是西方的或者一定是中国的。第二，是很有哲学意义的理论问题，人居环境科学有向大科学、大人文、大艺术迈进的趋势，超出了研究解决规律性问题的常规思路，开辟了研究和解决复杂问题的新领域。过去研究问题大多是用一对一的研究方法，而人居环境科学理论是在动态的过程中不断发展。还有一个是价值观的转变，坚持以人为本。中国从第一次鸦片战争以后经历了一百多年的革命，新中国成立以后曾经将"以人为本"批判成是资产阶级虚伪的人性论，但从骨子里我们想得更多的还是人性，今天我们再谈到以人为本可以说是观念上的回归。整体论的方法论和建立学科群的提出，对当前城市规划行政工作很有指导意义。城市规划工作经过了发展以后，过去我们是从工程学角度出发，现在已经远远不仅是工程学的问题，但是实际上我们政府仍然依据工程学的分类进行部门设立和职能分工，从而使我们当前的城市规划工作综合地位在下降。过去我们做规

划工作是综合服务，现在变成了城市规划工作要经过环境保护的评估，要经过土地规模的把关，还要通过气象局，反而是弄反了，温总理也提出过政府组织、专家领先、部门合作、公众参与。

三、人居环境科学理论与实践结合的意义

城市发展的复杂情况使城市规划从基本以工程技术为主的学科演变到涵盖经济、社会、地理、政治等专业的综合的学科。人文科学可以不受限制，城市规划学科总是要受到空间和时间的限制，往往我们在做的时候，理论和实践老是有差别，说白了就是观念和可操作性的差别，我们觉得人居环境科学理论植根于我们自己的专业。从现在来看，发展方式的转变和要求也为理论和实践结合提供一个很好的共同平台。在实践过程中，包括云浮的王书记、天津生态城和昆山的领导都介绍了自己的实践，各有不同，我不重复，确实有很多转变发展方式的探索，比如说生态城的建设，在传统城市和生态城市当中若干个不同追求的方面，比如对能源、交通、建筑、自然环境、社会等方面都提出了不同的理念。对云浮的实践刚才王书记也作了详细的分析和介绍，我们也觉得云浮实践真正重要的有几个方面，一个是对以政绩考核指标导向的模式进行反思，明确要让工作方法回归到关注民生的基本立足点，对主观强势推进的思路进行反思，明确要让工作方法回归到深入细致、平等协商的群众工作优良传统上，对追求豪华盲目照搬的方式进行反思，以发展优秀的传统文化为基础，云浮市市委、市政府对其发展理念进行总结，并形成了美好环境与和谐社会共同缔造行动纲要。操作方法上包括由上而下和由下而上，由精英到草根和由草根到精英的结合，这是很好的方法。

四、积极促进人居环境科学理论与实践的不断发展

经过这段时间的讨论，今天仅仅是一个起步，未来的路还很长，我们首先还是应该建立起学者、城市领导者、规划工作者的理论、决策、实践操作的结合。理论工作者和实践工作人员要有密切的配合，相互反馈。其次，我们这个体系应该是开放的体系，具有很强的包容性，不封闭，也是动态的，我们需要在实践中继续发展。再次，我们觉得要坚持整体论的方法论，在规划过程中叫做"走出'规划'的规划，回归'规划'的规划"。

6.2.6　吴建平（住房和城乡建设部城乡规划司副司长）

改革开放三十多年来，我国的城市规划建设取得了快速发展，随着功能的不断完善，现代化程度的不断提高，城市已经成为拉动与引领经济社会发展的核心和引擎。但是，在快速发展的过程中，一些地方在城乡规划建设工作中出现了不考虑本地的实际情况、不注意群众

的实际需求、一味求快、盲目攀比、大规模拆建等现象，不仅造成了社会财富的巨大浪费，也导致了众多不稳定因素。这种浮躁的现象，不仅引起了社会上强烈的反响，而且也对我国城镇化进程和城市规划建设的可持续发展构成了严重的影响。

云浮市位于广东省，但云浮市的现状条件，远不如珠江三角洲地区的城市，而与我国中部许多城市的状况相近，同样面临着在快速城镇化的背景下，促进发展的繁重任务。不过云浮市的城市规划建设工作的决策与实践，却没有循于习惯的思维模式，而是以科学发展观为指导，结合云浮发展的实际，坚持实事求是、以人为本的原则，按照和谐发展、效益优先、好字当头、快在其中的要求，走出了一条具有鲜明特色的路子，城市的后发优势正在充分显现出来。

应当讲，云浮市在城市规划建设工作中的指导思想、工作方法和基本思路等方面，展现出了根本性的转变，而这种转变，对于我们更加充分地适应新形势的要求，更加有效地面对严峻的挑战，具有十分重要的启示作用，也是值得我们去加以系统总结的。

一、城乡规划建设指导思想：从急于求成的政绩工程到实事求是的民心工程的转变，已经成为云浮市实现可持续发展的前提

在类似云浮市的城市，不鲜见的情况是，推出一个宽马路、大广场，两侧一排高层建筑的方案，以此作为改善投资环境和"现代化"的形象进行强势推进。这种做法面临最常见的状况是，一方面大规模拆建造成社会财富的浪费，另一方面公众对其持冷漠观望态度，而一旦涉及切身利益，又会诱导出一系列不稳定因素，从而使工作陷入一种难以为继的怪圈中。

针对这种状况，云浮市的城乡规划建设工作，从决策思考、工作思路到具体实践，都坚持了将实事求是、以人为本作为立足点和出发点，他们的基础性建设，无论是"三网融合"建设，推进区域基础设施建设，还是推广"温氏经验"，营造特色风格等，其目的都非常清晰，就是充分发挥独有的后发优势，为利民、富民的发展创造条件；他们的城市建设，则完全摒弃了形象工程的概念，把解决群众最关心的问题，满足群众最迫切的需求作为基本前提。

这种指导思想的转变，就使得我们在云浮市经常可以看到，群众对于规划决策和发展建设工作，真正主动地关注与参与，发自内心的热情支持。而这种氛围的形成，对于云浮市未来的健康发展，奠定了最重要的基础。

二、城乡规划建设工作方法：从主观的、命令式的方法回归到细致的群众工作方法，已经成为云浮市实现构建和谐社会的前提

随着民主法制建设的不断完善，公众的维权意识也不断增强。在新的形势下，城乡规划建设工作传统的工作方法，即以主观命令、强势推进为主的工作方法，显然是难以适应要求的。比如征地拆迁，政府的主观是为了发展、为了公众，而公众却会认为这跟他们并没有直接关系，这种情况下如果进行强制，就会引发矛盾，造成社会不和谐的因素。

针对这种状况，云浮市的决策者下决心摒弃了传统的工作方法，通过实践总结，提出了"政府引导、群众参与、体系开放、共建共享"的工作方式，形成了政府发动为前提、群众参与为关键、开放体系为保障、共建共享为目的的工作模式。即使是从营造特色需要出发，推广建筑坡屋顶这样的工作，他们也没有采取通过行政许可"一刀切"的做法，而是从尊重群众意愿出发，利用成功范例宣传和引导，逐步进行推广。

工作方式转变后最显著的效果，一是基层组织在引导中发挥了"骨干带动"的作用，主动征求群众意见、带头参与建设、积极调解群众纠纷，较好地起到了示范带动的作用，凝聚力和号召力大大增强；二是公众参与的主动性、积极性和创造性得到了充分调动，如在城区慢行系统建设中，沿途的集体或个人主动捐地、捐款、捐物，义务投工；三是群众的积极性和责任感被有效调动起来，促使公众的观念意识发生了转变，一些困扰多年的历史遗留问题，得到了妥善的解决，如云浮中学与临近社区的一段道路权属纠纷，市区内涉及数千谭姓居民的两穴谭氏祖坟的搬迁问题，都是多年未能解决的"老大难"问题，而在慢行系统建设过程中，当事人却能主动提出协商，纠纷得以顺利解决。

群众工作是我们党的最重要的法宝之一。然而在相当一段时间里，我们的行政决策却往往忽视了群众的意愿，我们的行政管理也不善于发挥群众的积极性。云浮市的实践恰恰证明了，在城市规划建设工作中充分调动群众积极性的必要性与可能性。把城市规划建设工作由"要公众做"变成了"公众要做"，这样的工作方式，使得群众感受到自身利益受到尊重，积极性和责任感被自然、有效地调动起来，从而营造了全社会广泛参与的浓厚氛围，这就为实现云浮美好环境与和谐社会共同缔造的目标奠定了最稳定的基础。

三、城乡规划建设基本思路：从盲目追求所谓"现代化"到充分发扬优秀传统文化优势的转变，已经成为云浮市实现自主创新发展的前提

云浮市在对照搬照抄西方现代文明外部特征的做法进行反思的基础上，形成了立足于自身优秀传统文化，吸收西方文明的合理内核的思路，并在这方面进行了一系列的实践。例如：及时总结深受"共建共生、和谐共享"

文化理念影响的"温氏经验"，推动以地方文化核心理念为基础的特色模式的发展；按照这一企业文化的内涵，推动云浮另一特色——石材产业集群经营模式做大做强；推动石艺、石雕工艺设计从模仿抄袭国外来件来样向传统文化特色设计转变，逐渐形成自主品牌；注重突出独有文化特色的城市风格；推动技术和工艺设计与地方山水特色、优秀传统文化相结合，转变千篇一律的所谓现代化外部特征等。这些工作的开展，对于云浮未来以优秀传统文化为核心的创新发展，奠定了最坚实的基础。

从我国经济发展的实践看，做到"快"并不很难，实现"好"则并不很易。城乡规划是引导和调控城乡发展建设公共政策的重要组成部分，它的制定和实施又是与广大人民群众切身利益息息相关的，改革开放三十多年来，在国家经济社会的快速发展的背景下，城乡规划工作为我国城乡发展建设的进展提供了重要的保障，对于提高综合实力，改善人居环境发挥了重要的作用。但是也必须清醒地看到，随着社会主义市场经济体制的建立和不断完善，我国城乡规划建设工作也存在着诸多不适应，作为一项政府职能工作，传统的、单一计划经济体制下的一些弊端，如见物不见人的管理理念，主观、命令式的工作方式等，或多或少地仍然在影响着城乡规划建设工作的指导思想与实践，也成为导致城乡规划建设工作中一系列问题的根源。进入新世纪，为了适应新形势的发展要求，党中央高屋建瓴地提出了科学发展观理论，而以人为本是科学发展观的核心，也是党的执政理念的核心。脱离了执政理念的执政实践必然是盲目的，和谐社会的构建也就无从谈起，从这个角度看，在一定意义上，云浮市以科学发展观为指导，坚持以人为本、可持续发展的原则，在城乡规划建设决策思考与实践中的转变，是涉及执政理念转变的概念，是需要加以认真关注的。

改革开放三十多年的持续、快速发展，我国在事实上已经形成了独一无二的、中国特色的城镇化进程，而在社会主义市场经济的体制下，在资源环境约束的条件下，在推进和谐社会建设的背景下，我国城市规划与发展建设面临着全新的形势，从传统管理体制下脱胎而来的、现有的城乡规划学科理论，存在许多不能适应新形势发展要求的问题，已经很难完全有效地指导实践，必须进行创新和完善。

我国城乡规划大师、清华大学教授吴良镛先生早在20年前就已经预见到了这个问题，并进行了长期、广泛、深入的总结和研究，在此基础上，不断丰富和完善了人居环境科学理论，对于从根本上转变我国城乡规划工作的指导思想，提高新时期我国城市规划制定和实施的科学性，具有至关重要的现实意义。事实上，云浮市城乡规划工作的决策思考与实践，很大程度上也正是在这个理论指导下的，例如人居环境科学理论将关注民生作为基本立足点，以人为本、"安其居、乐其业"是其核心理念，而云浮市正是坚持了以人为本这个基本原则。人居环境科学理论认为，中国的优秀特色文化为第一体系，西方文明科学人文成就为第二体系，基于中国国情，两者融合为第三体系。第三体系需分门别类，根据具体情况再创造，古今中外皆为我用，云浮市正是按照这一理论，确立了立足发挥传统文化优势，为自主创新发展奠定基础的工作思路。因此，云浮市城乡规划建设的思考与实践也充分说明，我国城市规划建设需要先进学科理论的指导。

云浮市关于促进城市发展的思路，做好城乡规划建设工作的理念与实践，体现了人居环境科学理论的精髓，对于从根本上端正城乡规划建设的指导思想，提高城乡规划工作的科学性，都具有重要的借鉴意义，也应当引起我国城市规划理论界的重视。

6.2.7　张新平（中国社科院城市发展与环境研究所党委书记）

今天来到美丽的云浮市参加"转变发展方式，建设人居环境"研讨会，我很荣幸。来的那一天刚得到主办方的通知让我发言，我自己不是专门从事研究工作的，所以今天也没有什么准备。昨天看了一些报纸材料，今天又参观了云浮市的博物馆，上午我听了吴先生和周部长的重要讲话，下午听了其他领导的讲话，深受启发，因此比较仓促，没有稿子，就讲一讲我的几个印象。

第一个印象：云浮市委、市政府关心经济，关心经济发展，更关心民生问题，显山露水，山水相映，建立了广东省首条慢行绿道，推进了城市生态环境建设和人文环境建设，引导云浮人民追求健康、幸福的生活方式，引导群众主动参与，得到了群众的热烈回应，为云浮今后的发展创造了条件，打造了良好的基础，给我的印象非常深。

第二个印象：积极转变经济增长方式。云浮充分依靠自身的资源优势，在硫化工、石材、不锈钢、水泥、电力五大支柱产业发展过程中，发展循环经济，引进先进技术，淘汰落后工业技术，体现了云浮市走科学发展、转变经济模式之路，树立人与自然环境和谐发展的榜样，我相信云浮市的未来会快速发展。

这些年来，我们也去过很多的城市，特别是长三角、珠三角区域的城市带，近几年我们国家确立了很多城市带，发展非常快，刚才几位领导在不同的角度阐释了城市发展的状况，我在这里也想重复一下。目前我们国家的发展非常快，但是一个很突出的问题就是资源、环境、人口在城市发展过程当中带来了巨大的压力和挑战，特别是我国人口众多，资源相对匮乏，经济快速增长与资源的大量消耗，生态环境破坏的矛盾越来越突出。21 世纪头 20 年是中国经济社会发展的一个重要战略机遇期，城市化在工业化的持续推动下，将在较长时间段内仍将得到较大的发展，这为我们提出了严峻的考验，因此要树立科学发展观，针对城市化过程中资源环境问题和矛盾根源，从发展模式上寻求解决问题的对策，切实改变粗放的经济增长方式和城市发展模式，走资源消耗低、环境污染少、经济效益好的经济增长方式，按照建设资源节约型、环境友好型社会的要求，把城市发展与资源合理配置有机统一起来。

通过云浮市的发展，我们感觉云浮市转变了自己的发展方式，我们感觉到这种方式非常好。中国社科院城市发展研究所的研究方向正好和人居环境理论非常符合，我们研究所建立的时间不长，大概十多年的时间，我们的一些科研人员从事环境、气候变化等方面的研究。我们这个所在整个社科院里属于一个自然科学和社会科学的交叉，发展相对比较快，社会需求比较旺盛，这些年来我们在城市经济、城市战略上，包括我们的气候变化等方面做了大量的工作。我们走了这么多城市，特别是在珠三角、长三角、京津冀的研究上也出了一些成果，十七大以后，中央提出城乡一体化，作了很多的重要指示，现在我们对城镇化的研究也在加快。我们的科研人员分成三块，一块是研究城市的，一块是研究环境的，一块是研究气候变化的。气候变化经济学研究室是属于外交部确立的三家对外单位之一，一个是清华大学，一个是国家发改委的气候司，一个是我们，因此我们在气候变化这一块走得比较远。另外我们每年都要参加全球气候变化大会，我们从去年、前年开始在低碳城市、低碳经济上作了很多的探索，吉林省的低碳经济发展就是由我们来做的，现在我们正在做四川广元低碳经济规划，另外还在做湖北黄石的低碳开发区，通过低碳的研究我们也在深入对城市、环境、生态的研究。因为我不是专门从事研究的，我在这里仅谈一点体会和看法，谈一谈我现在所做的工作。

6.2.8 李宏伟（中央党校马克思主义理论部教授）

今天通过各位专家的演讲，收获很大，我想从这个题目上谈一下我的感受，把握好区域定位，实现科学发展，这也是我今天非常深切的一个感受。我们的题目"转变发展方式，建设人居环境"，谈到这个议题和我在中央党校研究的课题很一致。通过一天的学习，我觉得这样几个方面给我印象非常深刻。

第一点，在云浮这里，还有刚才听到的来自天津和昆山的同志所介绍的经验，精彩的发言当中，我感到这些地区对于发展的观念、对于经济发展方式的转变都把握得非常好，特别是能够对自己本地区有一个明确的定位、有一个明确的目标，这方面做得非常好，应该说在观念上首先做到了，我觉得奠定了一个良好的基础。在云浮，我们听到的一些词，不光是观念上觉得美好，通过看也觉得实践得非常好，他们打的"生态牌"、"宜居云浮"这样的一些口号都是因地制宜的，非常符合当地的实际。我们现在谈科学发展观，更多的是在观念上谈，我们发展为了什么？或者说我们要什么样的一种发展模式，刚才王书记的讲话当中引用了汪洋同志的一段话，给我非常深刻的感受。汪洋同志对云浮是一种嘱托，但我们很多地方都要树立新理念，不要重复别人走过的老路，不要走别人走过的弯路、交别人交过的学费，我觉得这就是一种观念的深刻转变。科学发展实际上是不是可以和低碳经济发展联系起来呢？刚才我们建设厅的蔡厅长提到改革开放之初我们来到广东看"三来一补"，是符合当时的广东发展需要的，必须快速发展。但是走到今天，其他地区还在说广东也是走过了先污染、后治理的路，对于云浮，我们不像周边的一些城市那样高速发展起来，跟他们相比还属于有点欠发达，但是我们当地的生态确实有我们的独特优势，应该说我们可持续发展的能力很强，这时候我觉得发展心态要放稳，不要因为目前我们处于低位就很气馁，我觉得低碳经济发展也是科学发展的应有之义。

第二点，我谈一谈当地所做的具体行动，成效非常显著。昨天晚上一进入我们的社区，包括今天参观，有三个非常亮丽的字眼，在我脑海中闪现，我觉得我捕捉到的是"绿"、"爽"与"和"，绿色、爽快和和谐，这样的一种感受与我们今天的主题人居环境是对应上的，我们想要的什么，我们想追求的是什么。亚热带的气候给了我们天然的禀赋和资源，这让我们来自北方的同志很羡慕。一下高速，红色的中国结路灯给我的感觉非常亲切，有我们的民族特色和自豪感，同时又有一种和谐的气氛。昨天晚上已经快 10 点钟了，广场上还有很多人在跳舞和散步，和谐的气氛非常浓厚，且还有在城市里很难体味到的自然气息，觉得非常的爽。还有一点是值得我们其他地区借鉴的，就是当地的文化特色。这个文化包括他们重视文化建设，建了文化馆、博物馆，还有一项是公共参与，这个也可以叫做文化建设，在这个小城市真的是发挥得淋漓尽致。特别是今天上午我听到志愿者王老师的介绍，我觉得和谐社会真的要靠大家来共建共享，宜居环境也是靠每个人的行动，不是光政府部门投点钱、投点资就能建设起来，这是给我的一个深刻感受。可见我们在人文色彩和关注民生的方面做得非常好。

还有一点非常让我意想不到，就是"三网融合"。我来之前问过一些广东城市，他们觉得自己的地区还是欠发达，可是我们的"三网融合"做得非常好，信息化程度不比大城市差，甚至还要领先。我上个月参观了西雅图的微软，看到了智能家庭，我们这个"三网融合"完全可以和他们相媲美，这也是与现代化、信息化相接轨的，做得非常好。

第三点，可能是我的一些思考，或者是一些疑问，是我想请教的，就是我们如何能把科学发展贯彻下去，或者说把可持续性做到极致。去年、前年搞科学发展观，我们调研了很多地方，他们都是通过宣传发动群众，通过项目带动当地的经济发展。比如说某一个地区，它先是抓住机遇招商引资，领导也给这个地区批项目，项目资金一下子就集聚起来了。但是长久来看，这种发展模式可能和科学发展观相悖，你可以在短时期内发展起基础设施，但是要想增强一个地区的可持续发展能力，这是一个长效、长期的东西。

我听刚才王书记的介绍，当中也听到了一些忧虑，我也一直在琢磨，我们无论在资源、资金、技术、人才、区位上，有我们优势的方面，但是相比较而言，为什么云浮到现在不是广东最发达的地区，确实有我们的劣势所在，怎么样能够在这样的劣势下能够更持续发展下去，这是我们的难题，里面有很多问题还值得我们探讨。刚才我听天津和昆山的发言，昆山的基础其实是相当好的，当中有一些值得我们借鉴的，比如教育、人才、科研、对外交流、高新技术方面都有自己的优势。天津滨海新区可以说是不毛之地上创建的新城，但是在资金方面的优势又比我们要突出，又是国家的项目和品牌，可以说各个地方有自己的特色。而在云浮这个地方，生态宜居是一个有起点没有终点的事情，我们做了规划之后，怎么样让它持续发展下去，我们还是遵循马克思的教导，物质是基础，物质文明是能够让我们生活富足的一个基础。怎么样来搞好物质文明建设，刚才我们听到五大支柱产业，我仔细琢磨了一下，似乎这几个方面无论是从水泥，还是电力——电力我们很多是火电，还有硫铁矿等，还是一些比较传统或者高耗能的产业，虽然我们现在在做循环经济发展模式，但是我还是有一些忧虑，我不知道以后市委市政府在这方面会怎么样加大力度和更好地扬长避短。我上次在西雅图还有一个感受，微软和波音这两个公司都在西雅图，却被联合国命名为最适合人居住的城市，人居环境最好，确实绿意葱葱，像我们广州也有中山大学等这些资源，我们是不是也能够考虑和他们相结合。

6.2.9　韩骥（西安市规划委员会总规划师）

这是我第二次来，一个月前我与住房和城乡建设部

吴司长、清华大学左川教授分别代表城市规划协会、住房和城乡建设部和清华大学，一起来考察这次会议是不是放在云浮开。我们这三家近两年来一直想开这样一个会，主题是：美好环境与和谐社会共同缔造。这个主题也旨在中国规划界改革开放以来，回望过去 30 年的历程，探讨今后如何发展，所以想开这样一个会议。

第一，我介绍一下为什么选在云浮开这个会。当时国内有这方面追求的城市，也有一些表现很好的城市，像昨天在会议上做介绍的江苏的、天津的，然后我们这是广东的。这很有意思，在我们国家最发达的三个地区：珠江三角洲、长江三角洲、京津冀各涌现出来一个美好环境与和谐社会共同缔造的城市，会议放在哪个城市开，需要考察一下。天津滨海新区处于初创阶段，江苏昆山已初具规模，经济发展规模大是它们的特色。而云浮从经济、社会、环境、人文各方面更为完备。

城市规划协会从学术角度促进中国城市建筑发展，与学会不同的地方是协会的成员大都是在城市工作的领导和规划工作者，很务实。学会侧重理论上的研究更多一些，也可以超出实际谈一些。但协会是落脚我国当前建设，我们要研讨的问题是当前面临的需要迫切解决的，要贯彻国家方针。在三个城市就选中了云浮。选中云浮首先觉得云浮的发展意识领先；其次，它有这么好的规划思想。21 世纪城市发展的主旨就是生态、以人为本，云浮城市建设的路子符合 21 世纪发展的潮流。

第二，云浮把中央以人为本的精神、可持续发展的战略、绿色经济等这些方针政策与地方的具体实际结合得很好。这个结合体现到城市规划、建设上就是像昨天王书记说的走自己的路、突出自己的发展，这一点非常突出。对我们搞城市规划的人来说，规划本身就是给地方政府做蓝图，蓝图的制定首先在于立意是否高远、符合时代潮流，其次是否符合实际。有的理念很好，但操作起来很差，但云浮在王书记的领导下这方面结合得很好。第三是方法很好。说起来很有意思，国际上城市规划发展大体有三个阶段。国外规划界一直贬低中国城市规划，认为中国城市规划有政策而无理论，其实我们的政策里也有理论。1933 年，"国际现代建筑会议"有一个《雅典宪章》，对于 20 世纪以来的 30 年走过的路他们作了一个总结，他们提出的一些现代城市发展的理论现在成了我们教科书的内容，比如城市功能分区。过去是农业城市，现在变成工业城市，多了很多要素，城市功能增多，这样城市规划中就要把它摆到适当的位置。其次，《雅典宪章》提出了现代城市四大活动要素：居住、工作、休闲、交通。这四点我们当时学习的时候都觉得这是理所当然的事情，但如果结合我们国家的实际看中国城市的发展，就会发现我们丢掉了很多东西。一直到

1960年代,中国的城市规划指导思想还是"十六字方针":工农结合、城乡结合、有利生产、方便生活。当时的样板是大庆,我也去大庆考察过,我就发现他们居住在半地窖里,条件非常差,因为我是从西安去的,西安6000年前的半坡先民居住的是地窖,我一想,怎么又回去了。然后就是生产,一个一个的井位,没什么娱乐和公共建筑,当然,大庆的实践有其必然。但作为中国社会主义现代化城市建设的方针,那就很不妥当,举这个例子说明当时我们对现代城市理念的理解很肤浅,从我们中国建设现代化城市来讲好像都缺乏理论基础。直到改革发展后,很多城市在快速发展中也存在这样的问题,比如交通还没解决好,很多工厂就摆进去了,最后造成交通混乱。另外有了工厂以后,人们来工作了,但他们没有现代的城市生活。这个事情如果联系到当前社会发生的一些问题就是温总理所说的"深层次问题",其实这个问题有很大一部分是我们规划的问题。我们建设的现代化城市是有缺失的、不完备的,城市生活是不平衡的,最后的结果是不和谐的,这些问题如果不解决,在21世纪会越来越突出,我们是干这行的,知道病症所在,急于要解决,从这个角度说云浮这次会议意义重大。昨天开完会后,周部长说:"这会可开了。"我说我们开了一次"遵义会议",因为这会我们念叨很多年了。

第三,云浮的领导城市建设的工作方法非常好。如果从我党传统来说就是毛主席说的"从群众中来到群众中去"、"关心群众生活,注意工作方法";如果从国际上来说,到了20世纪末城市规划的发展已经走向了民间,如果说20世纪初是专家决策,20世纪中叶就是社会决策,特别是城市规划的人文因素,所以法律、文化工作者参与了进来。20世纪末,国际城市规划进入了一个"波普"潮流,就是老百姓介入,很多城市你要盖一个大楼,除了政府同意外,还要社区讨论,老百姓同意。发展到这个阶段,老百姓就有发言权了。从国际上看,云浮符合国际潮流,很有"波普"潮流的意象,如果中国在这方面要拿些例子到国际上看,云浮这个例子是能得高分的,虽然就是修一条步行路,工程量不大但意义很大,它预示着21世纪中国城市规划的一种重要工作途径。因为我们前个阶段政府决策很多,政府依靠专家,专家们很自负,我们认为我们代表先进生产力。很多地方"贪大求洋",跟群众的生活发生抵触,势必造成矛盾,造成矛盾的时候我们还要责怪群众,认为他们水平太低、缺乏专业知识、不了解城市发展,但从本质上讲,是我们对国际城市规划的总体发展趋势认识不足。另一个是有些专家学者对我党的传统没有好好继承发扬。云浮这个很好,我们上次来看,就觉得云浮是中西结合,就是它有国际上很先进的理念,同时与老传统搭起来。为了了解这个

我们还专门去社区了解群众意见,据说老百姓支持率达到96%,这很罕见,在我们国家很多地方,老百姓对于一部分工程的支持率达到30%就很不错了,云浮能达到这样的支持率非常好,说明云浮的工作方法很好。

第四,我们也跟省里的领导谈到这方面,知道云浮这方面得到了省里的大力支持,汪洋书记来视察的时候把云浮作为广东排头兵,起着一个带头作用,这对我们做基层工作来说非常重要。省里支持你,比如我们到河北省开一个会,但省上没有意识到这一点,这对我们推进全国的工作不是那么好。但云浮自己做得好,又有省上的支持,像云浮这样一个例子,如果我们把它拿出来,它基础雄厚,而且广东以它作为样板可以推出好多先进的城市,这对全国影响就大了。这是会议定到这里的四个原因。

我们国家有很多特殊性,从非常破落的基础开始工业化,然后又历经很多波折,所以城市的发展如果单纯看城市建设确实有很多弊病,如果与发达资本主义国家比起来,我们就是带病上阵,但我们发展得很快,新中国成立后60年走的路就是资本主义国家100年走的路。党中央提出科学发展观,这是一个大的治国思路,具体到各行各业还有很多跟不上的思维,规划上也有。我们要快速发展又要解决弊病,我们规划协会、住房和城乡建设部、清华大学深感我们现在缺乏一个城市规划的理论基础,也是这次《云浮共识》里面的第一条的第一句:人居环境科学是人居环境建设的理论基础。这个特别重要,没有理论的实践是盲目的实践。我们国家的人居环境科学理论的学术带头人就是吴良镛教授、周干峙教授,这二位就是我们这个行业的带头人。他们很年轻的时候就身居中国规划界的领导地位,他们跟着共和国的脚步亲历六十多年发展的全过程。

这次会议很成功,重要原因是这次会议的规格之高是其他专业会议望尘莫及的。一是两位两院院士同时参加,国家住房和城乡建设部副部长赵宝江主持,还有三个最发达地区的三个先进城市讲了先进经验,很完备。这个会议是个很高标准的会议。会议之后取得了《云浮共识》,大家也提了一些建议,从许多国际城市规划纲领性文献诞生的历史角度来观察,我个人预期《云浮共识》发表后很可能成为21世纪中国城市规划发展的一个纲领性文件,虽然现在说这个话为时过早,也许20年后回头看就是这样。

改革开放后我们忙忙碌碌干了三十多年,现在我们用人居环境这样一个理论按照科学发展观的总的部署,结合建设绿色城市、经济转型的一个国家大趋势,《云浮共识》有可能成为今后城市规划的一种重要思想,这实际上是把人居环境提到了一个应有的地位。1933年《雅

典宪章》里讲到城市四大功能，第一个功能就是居住，结果大家忙了将近100年把居住给忘了，而其他的事情大家很关注，比如交通，现在交通飞速发展，城市交通由轨道发展到真空管道，现在就差跑飞机了。高标准的旅游、娱乐搞了不少，但和人们生活贴近的一些设施比如慢行绿道、城市中心小广场这些倒被忽略了。我们忽略的这些，都是科学发展观、人居环境理论早就关注的，所以《云浮共识》在这方面将来会起到很重要的作用。

云浮现在已经有一个很好的规划了，现在云浮整个状态很好，我就担心它受到外来冲击，冲击的力量很大。第一个就是交通，将来高铁、高速公路都从这里过，因为交通的发展可能在这里就要部署一些新兴产业，这里就涉及如何淘汰落后产业、发展新兴产业，这是将来云浮要面临的重要问题。如果新兴产业选得很好，是绿色产业、高科技产业，旧的产业也改造得很好，如提高石艺加工的水平，将有利于云浮市的产业转型。

六祖禅宗文化在日本很发达，希望云浮加强国际交流，真正起到圣地的作用，作为禅宗的精神故乡，云浮市的发展空间很大。

6.2.10 武廷海（清华大学建筑学院博士、副教授，清华大学建筑与城市研究所副所长）

一、以人为本，营造美好的人居环境

近年来，中国城镇化快速发展，按照目前的速度预计到2015年前城镇化率将突破50%，进入国际上所称的"城市时代"。在此进程中，人居环境面临的各种问题将越来越尖锐，对中国社会经济发展的影响越来越重大。作为世界上人口最多的国家，中国城镇化建设的进程将对21世纪人类社会的发展产生深远影响，中国人居环境问题至关重要。

人居环境的核心是"人"，人居环境建设实际上是一个以"人类居住需要为核心"的民生问题。2007年10月15日胡锦涛在中共十七大报告中要求加快推进以改善民生为重点的社会建设。

报告中指出，社会建设与人民幸福安康息息相关。必须在经济发展的基础上，更加注重社会建设，着力保障和改善民生，推进社会体制改革，扩大公共服务，完善社会管理，促进社会公平正义，努力使全体人民学有所教、劳有所得、病有所医、老有所养、住有所居，推动建设和谐社会。

所谓"学有所教、劳有所得、病有所医、老有所养、住有所居"，总体来说就是要求以人为本，改善民生，建设美好的人居环境。大力推进与人居紧密相关的住宅与公共设施建设，营造美好的人居环境符合科学发展观要求，是构筑和谐社会所必需的物质基础和基本保障，是

促进城乡建设模式转变与社会和谐发展的现实选择。

二、城乡规划与人居环境建设

近年来，随着对美好人居环境建设的日益重视，我们对城乡规划认识随之不断深化，对城乡规划的内涵与研究也在不断拓展。2004年3月25日，吴良镛在国家发改委区域规划研讨班（宁波）上的演讲中提出"区域规划与人居环境"的命题，人居环境建设是城乡规划发展的基本内容。2010年6月，吴良镛等专家学者在中国科学院咨询报告中进一步建议"开展人居环境科学探索，促进城乡发展模式转型"，发展模式转型与人居环境建设成为城乡规划发展的大背景。

众所周知，城乡规划需要从空间上整合多方面的发展需求。通常，人们把城乡规划视为经济社会发展计划在空间上的"落实"或"投影"，城乡规划在相当程度上从属于经济社会发展计划。实际上，城乡规划不是被动地把经济社会发展需求"落实"到空间上，更重要的是通过"落实"或"投影"，将社会、经济、环境等方面在空间地域上整合起来，正是这种空间整合，赋予城乡规划特别重要的意义，即从结果来看，城乡规划超过了社会、经济、环境等单方面的影响，带有全局性的甚至决定全局的战略意义。全局观念是城乡规划考虑问题、研究问题、解决问题的立足点和出发点，城乡规划的战略性思维就是要求总揽全局、驾驭全局、服务全局，争取全局的主动与胜利。识别战略方向、关注长期的有深远意义的选择、整合区域资源、实现区域协调及调控，以及增强工作的预见性、创造性和驾驭全局的能力，都是开展城乡空间规划的重要内容与基本要求。

三、面向宜居环境建设，改革城乡规划体系

城乡规划是国家空间治理的重要手段，是国家或地方应对外部环境变化的战略选择，它整合了经济、社会和环境等方面，并落实到空间上来，为区域采取战略行动而提供综合的指导。然而，客观上当前中国城乡空间规划发展尚处于初级阶段，还没有形成规范的、综合协调的区域空间规划体系，其最明显的表现之一就是与编制城乡空间规划相关的部门之间尚缺乏明确的职责分工，引发了对城乡规划空间的争夺。由于政府体系内纵向权力划分不明晰，住房和城乡建设部、国土资源部和国家发改委等都从主管职能出发，从全国到省到市到县到乡，自上而下，层层编制各种规划，对于具体的空间地域来说，则出现了内容重复甚至相互矛盾的空间规划，"神仙打架，凡人遭殃"，空间规划政出多门，地方无所适从。胡序威先生指出：部门间相互争夺区域规划空间的现象，尽管名目不一，各有侧重，但其内容多大同小异，导致大量工作重复，资源浪费，各搞各的，互不协调，甚至各不认账，严重影响规划的科学性、实用性和权威性。2005

年 11 月 7 日《瞭望新闻周刊》刊文，将这种现象比喻为规划编制的"三国演义"。

如何综合地认识国民经济和社会发展规划、国土规划和城市规划三者的内在联系，并妥善地加以处理，已经成为制约我国空间规划协调发展的一个关键问题。目前，就地方建设美好的人居环境来说，一方面，宜在多头管理的现行体制下，通过建立统一的空间规划体系，明确各部门相应的事权范围，避免规划内容上的交叉和空间上的重叠，也就是要对国土规划、区域规划、城市规划各管到哪一个空间层次以及规划的主要内容进行必要的明确；另一方面，对于市县地方一级，由于地域空间尺度有限，规划问题变得较为集中和具体，三种规划之间的关系十分密切，客观上需要"三规合一"，成为更务实，更贴近地方需要，更具操作性的规划，没有必要再"分兵把守"。因此，在有条件的地方努力建立统一的空间规划部门，编制统一的空间规划，实施整体的空间发展政策，确保城乡人居环境建设的协调开展。

四、广东云浮市"美好环境与和谐社会共同缔造"的实践探索

云浮市位于广东省中西部，古为百越之地，1994 年设立地级云浮市，现辖云城区、新兴县、郁南县、云安县，代管罗定市。全市总面积 7779.1 平方公里，2009 年末户籍人口 275.8 万人。总体看来，云浮市有较好的山区综合开发基础，但经济发展的总体水平较为落后；有较具潜力的区位优势，但交通等基础配套设施建设相对滞后；有较为协调的城乡发展趋势，但城镇化程度不高；有较为丰富的可开发资源，但较少转化为经济发展优势。对云浮这样一个相对后进的地区来说，发展的机会是永远存在的，关键是找准发展的思路和模式。在实践过程中，云浮把建设人居环境与构建和谐社会作为探索科学发展的重要抓手，积极开展"美好环境与和谐社会共同缔造"行动。

在规划层面，云浮积极探索建立以主体功能区规划理念为基础的"三规合一"机制，制定出台了《云浮市实施"三规合一"工作方案》，充分发挥城乡规划引领宜居城乡建设的基础性作用，实现人居环境各层次空间"协调控制"。一方面，以"合一"统筹"三规"，以资源环境充分利用和保护为目标，协调好国民经济和社会发展规划、土地利用总体规划、城乡总体规划的关系，使之相互衔接；另一方面，以"三规"来落实"合一"，建立以《云浮资源环境城乡区域统筹发展规划》为核心的"一套规划，统一编制，分头实施"的规划编制体系，构建"一个平台、统一标准、分类管理"的规划管理体系，使"三规"和统筹发展规划形成一个有机的规划体系，确保规划符合科学发展的要求。这个想法已经在云安县进行了实践，

以主体功能区划空间布局改革为纲领，建立健全与主体功能区划相适应的干部政绩考核评价机制、公共财政城乡均等化机制、共建共享机制和公众参与机制等，引导县、镇、村三级干部积极落实主体功能区划，推动经济社会统筹发展，取得了非常良好的效果。目前这个工作已经在云浮市域层面上逐步推进，努力在城乡、区域的空间平台上统筹生产组织、空间布局和制度安排，做到发展过程中资源、环境、城乡、区域的相互匹配，实现资源的高效利用，构建城市与农村和谐相融的现代人居形态。

人居环境建设是一个地区协调发展的战略内容之一，如何植根本土文化，"从战略规划到行动计划"，这是值得进行具体、深入探究的内容之一。可以说，广东云浮市已经进行了难得的尝试，并取得了初步的经验，有必要加以总结和提炼，并在适当的条件下加以推广，共同推进美好人居环境建设。

6.2.11 陈鸿宇（广东省委党校副校长）

"田园城市"是 19 世纪末英国社会活动家、城市学家埃比尼泽·霍华德提出的城市规划理论。吴良镛院士的主题报告中，引用了刘易斯·芒福德在《明日的田园城市》一书 1946 年版序言中的一段话："霍华德把乡村和城市的改进作为一个统一的问题来处理大大走在了时代的前列，是一位比我们许多同代人更高明的社会衰退问题诊断学家。"

2009 年 1 月，云浮市委、市政府确定了探索以人为本的发展方式，通过"美好环境与和谐社会共同缔造"行动，确立将云浮建成"健康、生态、幸福的宜居城市"的发展目标。这一发展目标将"健康"、"生态"、"幸福"、"宜居"4 个关键词有机地组合在一起，体现了云浮市委、市政府坚持以人为本的核心价值观，立足本市实际，把乡村和城市的改进作为一个统一的问题来处理，实现城乡协调发展的自觉探索。

一、"健康、生态、幸福、宜居"是以人为本的人居环境的基本标志

第一，"幸福"是衡量发展是否以人为本，是否能让人民群众共享发展成果的终极标志，也是科学发展的根本要求，是"美好环境与和谐社会共同缔造"的根本。

第二，"宜居"是衡量区域、城乡能否全面协调发展的综合性标志，也是市、县域贯彻落实科学发展理念的落脚点。中央政治局委员、省委书记汪洋同志在省委十届三次会议上指出："建设宜居城乡，涉及面很广，从广义上说，包括城乡规划建设、生态保护、改善民生、扩大公民有序政治参与等，我们要突出创造良好人居环境这个重点，统筹推进。"因此，"宜居"，首先必须宜于创业，宜于就业；其次，必须政治昌明，社会安定；再次，

必须改善民生,让所有公民都享受到基本公共服务;最后,必须环境友好,宜于生活。将"宜居城市"作为云浮的发展目标,本质上就体现着对片面强调经济增长的传统发展模式的反思和扬弃。

第三,"健康"和"生态"是群众通过直接感知,衡量一市、一县的发展是否符合科学发展理念的标尺。在群众眼里,良好的生态环境有益于人的健康,而健康的生活方式又必然体现为对生态环境的保护和治理。而社会有机体理论认为,社会有机体的"健康",是涵盖全社会经济、政治、文化。社会和生态等所有领域的"健康",包括经济结构(产业结构、所有制结构、区域空间结构、市场结构等)的协调、社会的和谐稳定、政治力量的相互制约和均衡、文化的繁荣和创新等,从而形成一个良性循环的、富有生机活力的、可持续发展的社会生态系统。

二、把乡村和城市的改进作为一个统一的问题来处理是"美好环境与和谐社会共同缔造"的落脚点

工业化和城市化是任何国家和地区不可逾越的发展阶段。走一条低成本高回报的真正体现以人为本的工业化、城市化路子,是云浮转变经济发展方式的关键。

根据党的十七大关于区域、城乡协调发展,统筹推进新型工业化道路、中国特色城镇化道路、社会主义新农村建设的精神,从理论意义上来看:(1)区域协调发展的本质问题,是有限的资源要素的空间合理配置问题;(2)新型工业化道路的本质问题,是工业化阶段性历史进程中,人口等资源要素与产业在时间维度上合理集聚与扩散问题;(3)中国特色城镇化道路和社会主义新农村建设的本质问题,是要素与产业在不同的主体功能区上合理集聚与扩散问题;(4)具有社会公平和正义意义上的区域、城乡间的基本公共服务均等化,是人口等资源要素在空间地域间合理流动和配置的基本前提与制度基础。因而,区域协调发展与工业化、城镇化、新农村建设统筹推进问题,从本质上就可以归结为在基本公共服务均等化目标约束下,资源要素、产业要素时间上和空间(不同功能区)上的多重聚集、扩散和再集聚的问题。

近 10 年来,在统筹城乡协调发展方面,广东和全国一样,出台了许多政策,采取了许多措施,也取得一定收效。但从根本上看,城乡发展仍然不平衡,科学发展的理念还未能被一些县市的党政领导所接受。分析其思想根源,主要是对工业化和城镇化的理解出现了偏差,没能把乡村和城市的改进作为一个统一的问题来处理。(1)将工业化错误理解为"工厂化",就是办工业企业、抓工业产业,将发展工业错误理解为"发展工业大项目";(2)将城镇化等同于"城区化"、"非农化",误认为城镇化率(城市化率)是没有极限没有边界的,可以无限扩展;(3)由于发展理念上对工业化和城镇化的双重扭曲,实

践中有些地方的工业化和城镇化基本靠"土地财政"支撑,客观上是以牺牲农业、农民和农村发展,不断强化城乡"二元结构",牺牲社会长久和谐为代价的,这样的工业化和城镇化是不可永续的。

因此,必须将统一处理云浮的乡村和城市的协调发展问题,作为"美好环境与和谐社会共同缔造"的运行机制,首先要从片面发展观和扭曲的工业化、城镇化理念中解放出来,使工业化、城镇化的实践转到科学发展的轨道上来。

第一,工业化是指全社会的经济、社会的各个方面都提升到工业社会的水平,经济、政治、文化生活都与社会化、国际化的大工业生产紧密相连、融为一体,是工业社会的生产方式的普遍化。工业仅是工业社会生产方式这一"长链条"的中间几个"链节",工业化是全社会的生产函数质上的普遍提升。不能把工业化简单理解为办工业企业,更不能理解为就是抓工业大项目。

第二,城镇化(城市化)的本质是工业社会的、现代城市生活方式的普遍化。从时间维度上看,城镇化的一般发展形态应是"城镇化—城市集群—都市区—大都市连绵带",城市化率是存在极限的,当城市集群发展到"都市区"和"大都市连绵带"阶段之后,其产业空间结构是以"夹工夹农夹三产"为基本形态的;其城镇空间结构是以"夹城夹镇夹村落"为基本形态的;其生态空间结构是以"夹山夹水夹绿带"为基本形态的,这是城镇化的一般规律。条件不成熟,基本公共服务水平低下,人为地通过"农转非"、"村改居"、"镇改街"来提高城市化率,是片面发展观和扭曲的"政绩观"的表现。

从这个角度看,云浮通过"美好环境与和谐社会共同缔造",建设"健康、生态、幸福的宜居城市",已经体现着以人为本,统筹工业化、城市化和现代农业进步,兼顾城乡协调发展的要求。

三、协同推进工业化、城镇化和农业现代化建设,进一步统筹云浮城乡协调发展的建议

第一,建议继续加大解决"三农"问题的力度。要从战略的高度,认识建设社会主义新农村和现代化农业的意义和地位,围绕城乡之间的三个"等值化",即投入农业和投入其他产业的要素(劳动、资本、技术等)的回报应基本等值;城市居民和农村居民享受的基本公共服务水平基本均等;城市常住人口和农村常住人口的社会地位完全平等,来设计解决"三农"问题的各项政策措施。要重点培育农村地区的内生发展机制,引导和扶持农村地区的全民创业,重点支持农村地区加快工业化和城镇化步伐,形成的"满天星斗"的"草根企业"及产业集群发展态势,形成与"大项目布点"交相辉映的发展格局。在区域产业选择方面,要适当改变投资重点,

重点扶持欠发达地区的现代农业和现代服务业发展，使主要依靠第二产业带动向依靠第一、第二、第三产业协同带动转变这一要求落到实处。

第二，建议普遍提高全市城乡间的基本公共服务水平。缩小城乡发展差距最直接的举措，就是从提高基本公共服务水平入手，最终实现基本公共服务均等化。只有这样，现代化农业和社会主义新农村建设才有坚实的现实基础，人口等资源要素才能跨区域合理配置，城市才能真正卸去流动人口无序集聚和沉重的公共服务的负担。目前的城乡间的基本公共服务水平差距很大，有的"雪中"无人"送炭"，有的"锦上"继续"添花"。为此，建议有条件县区下决心改革现行的财政管理体制，将全县（市、区）用于养老、医疗保险，以及各乡镇的办公经费的财政支出集中，在缜密计算的基础上，在全县统筹使用，实现全体居民养老保险和医疗保险全覆盖。同时，尽快建立更为透明、规范的纵向财政转移支付制度，包括生态补偿和教育补偿制度，使"以工补农、以城带乡"机制真正形成。

第三，建议将加快县域经济的发展作为"十二五"期间云浮经济工作的重点。县域是协同推进工业化、城镇化、农业现代化和新农村城市的一个主要载体，县域经济能否又好又快发展，关系到能否把乡村建设的问题来统一处理。因此，建议将扶持县域经济发展，作为"十二五"期间经济工作的重点。建议授权各县（市、区）以镇为基础单元制定本县域的主体功能区规划，确定县域经济的支柱产业和产业布局，并与省、市的主体功能区规划对接。因为一县的空间地域内部的地理区位、资源禀赋和经济社会发展水平均会有较大差异，其国土的综合承载能力也会有较大差异。主体功能区规划的基础单元如果过大，区域内部的差异性无法显现出来，该区域将规划的主导产业和主体功能也无法科学确定。云安县以镇为基础单元确定主体功能区并形成跨区域生态补偿机制的做法，值得肯定和借鉴。

6.2.12 黄伟宗（广东省政府参事、中山大学教授、广东省珠江文化研究会会长）

这次研讨会是很有现实指导意义的全国性学术盛会，这不仅表现在主办单位是中国城市规划协会、国家住房和城乡建设部规划司，以及参加会议的有两三位院士和全国各地学者，更为重要的是研讨的中心："转变发展方式，建设人居环境"是具有全国性以至世界性的热点问题。因为"转变发展方式"是全国各地正在贯彻的党中央号召，"建设人居环境"是正在进行的上海世博会总主题"城市，让生活更美好"中的子主题。

这次学术盛会使我深受启发的是：必须以文化引领，因地制宜为指针，去转变经济发展方式，建设现代城乡人居环境。

大会通过的《云浮共识》开篇即指出："人居环境科学是人居环境建设的理论基础，提倡以人为本。"以人为本，就是以人的精神和物质需要和可能，以人的意识和实际，去发展经济和建设，尤其是人居环境的建设，这就是文化引领。

每个城乡的人，都有各自地域的文化特质，有独特的文化观念和传统，有独特的文化需求和基础，有独特的发展条件和方式。从这些独特实际出发，就是文化引领，也即是因地制宜。

在研讨会上，有三个单位介绍了自身建设人居环境的探索与实践，其现实指导意义的核心，正是如此。

天津市的中国和新加坡共建的"生态城"，名称和主旨都是"生态"，可谓名正言顺的以人为本。新加坡是当今世界在环境保护建设方面的先进国家。天津市引进其先进科技和经验，在开发区建设新型宜居环境，正是以人为本、因地制宜的跨越式发展。改革开放以来，引进外资共建城乡项目，在全国甚多，但类似天津"生态城"者尚少。所以，其在引入外资共建人居环境项目中，具有文化引领、因地制宜的典型意义。

江苏省昆山市，是在改革开放中，从一个农业县发展成为"中国百强县榜首"的现代城市，又是江南水乡的先进城市。在会上他们介绍了在推进经济社会又好又快发展的同时，不断转变发展方式，优化人居环境，促进经济社会可持续发展，先后荣获国家园林城市、国家生态市、中国人居环境奖等称号的经验。昆山市以文化引领、因地制宜持续发展的经验，对全国经济基础较好的乡镇的发展是有普遍指导意义的。

我省云浮市，参与主办这次盛会，并由王蒙徽书记在会上介绍自身探索转变发展方式建设人居环境的思考与实践，不讳自身是欠发达的山区城市、不妄自菲薄，而是坚决按照中共中央政治局委员、广东省委书记汪洋同志指示："要坚持走科学发展的路子，不要重复其他地区走过的老路，不再走别人走过的弯路"，坚决摒弃"硬拼"、"蛮拼"、"豪拼"之老路，探索出"发展水平整体提升"、"整体发展环境改善"的新路，明确"人居环境的核心是人"，坚持从自身特点出发，将劣势变优势、将优势变特色，掌握发展的低与高、快与慢的辩证法，实践跨越式的发展。这些文化引领、因地制宜持续发展的经验，对于全国占多数的欠发达地区来说，是更具有普遍意义的。

6.2.13 王浩（广东省城乡规划设计研究院规划师）

一、宜居城市的发展背景

103

1.宜居城市的提出

宜居的本意就是"适宜居住"。我们一般说的宜居城市，是指宜居性比较强的城市，是具有良好的居住和空间环境、人文社会环境、生态与自然环境和清洁高效的生产环境的居住地。

改革开放以来，是我国城市理想的重构时代。人们提出了很多新的口号——文明城市、园林城市、生态城市、环保城市等。每个口号都代表了一种追求、一种城市理想。

2005 年 1 月，国务院批复北京城市总体规划时，首次在中央人民政府文件中出现"宜居城市"的理念，此后国务院审批的多数城市总体规划都把宜居作为重要的标准。宜居城市的概念比较准确地体现了科学发展观的思想内涵，体现了以人为本的执政理念，抓到了关键。大家突然意识到，原来我们一直追求的城市理想就是"宜居"两字。目前，全国已有一百多个大中小城市把"宜居"作为发展目标，宜居成为新的城市理想。

2.广东省推进宜居城乡建设

2008 年，中共广东省委、广东省人民政府印发了《关于争当实践科学发展观排头兵的决定》，明确提出要"开展宜居城乡创建活动，提升优美环境建设水平"，力争通过 5 到 10 年的努力，在全省建设一批生产发展、生活富裕、生态良好、文化繁荣、社会和谐、人民群众充满幸福感的宜居城市、宜居城镇和宜居村庄，真正做到"市市有天堂、乡乡有新村"。

为此，省建设厅组织起草了《关于建设宜居城乡的实施意见》，其中宜居城市重点关注城市的成熟度、环境的健康度、生活的方便适宜度、居住的舒适度 4 个方面的指标。

二、云浮建设宜居城市具有良好的资源条件

云浮作为一个 20 余万人的中等城市，具有建设宜居城市的良好资源禀赋。

一方面，云浮自然生态环境良好，山清水秀，群山环绕。云浮的山：南有南山森林公园，北有规划中的大岗山森林公园，城区内部还有众多各具特色的小山头，如文笔山、天柱山、九星岩、马岗山点缀城区。云浮的水：南山河横穿城区，西江在城市北部蜿蜒而过，城区内部有风景秀丽的蟠龙天湖。

另一方面，云浮组团式发展的城市空间布局，有利于推进宜居城市建设。首先，云浮中等城市的发展规模，各项设施配置最为经济合理，市民使用最为便利；其次，组团式发展，亦有利于城市各类要素的优化配置，增强市民的宜居感。

三、建设宜居云浮的建议

云浮市委市政府高度重视宜居云浮的建设工作。如目前正在推进步行空间、自行车道的规划；重视公共服务设施的建设，正在推进云浮教育园区、云浮人民医院的建设等。在此，结合云浮的发展条件，提几点建设宜居云浮的建议：

1.注重云浮山水资源的开发利用

通过"显山露水"工程，建设显山路径、亲水路径，让市民能够观（游）山、亲水。构建"青山环城、绿廊相楔、绿心点缀"的城市生态结构。

2.建设便捷、舒适的交通体系

一方面，加快与区域快速交通体系的衔接，如高铁、轻轨、高速公路，让云浮与区域经济发达地区建立快速联系。另一方面，城市组团之间、组团内部亦要建立舒适方便的公交体系，让市民能够便捷出行。

3.建设高品质的居住社区

要改变云浮过去建设了大量私人住宅的现状，通过引进知名开发商，建设高品质的居住社区，增强居住的舒适、安全性，营造良好的居住环境，吸引人口到云浮居住。

4.完善公共服务设施配套，建立开放兼容的公共服务体系

利用云浮城区"退二进三"的有利时机，完善公共服务设施配套，落实设施建设用地需求。通过建设大型公共服务集中区，提高公共服务的档次和水平，使云浮的公共服务不但满足云浮市民的需要，而且能够为周边地区提供服务，增强云浮公共服务的开放性。

5.大力发展经济，增加就业岗位

首先，培育云浮自身特色产业，如建材、机械等；其次，大力承接区域产业转移；再次，大力发展商贸服务业。通过大力发展云浮经济，增加就业岗位，合理布局云浮的产业空间和居住空间，让广大市民能够乐业安居。

6.市民、专家、政府、企业"四位一体"，共同推进宜居云浮建设

在建设宜居云浮的过程中，需要坚持依靠"四位一体"。

首先，需要公众参与。市民是城市的主体——人民是城市文明的创造者和享有者，宜居城市体现的就是老百姓的愿望。老百姓要善于通过各种渠道表达自己的愿望。

其次，需要专家指导。宜居城市建设是专业性非常强的工作，必须根据科学判断和决策，需要专家的智慧。

再次，需要政府主导。无论老百姓有什么愿望、专家有什么想法，都得靠政府制定规划来推行才行。

最后，需要企业推动。落实靠企业——要将专家的理念、政府的规划和人民的意愿变成马路、公园、小区这些实实在在的东西，都必须依靠企业进行资金运作和建设。

附录 C 《云浮共识》

2010年6月5日，我们集中在广东云浮，讨论人居环境科学理论与实践。我们认识到：

一、营造美好的人居环境，符合科学发展观的要求，是推动城乡规划建设指导思想转变和实践新型城镇化的现实需要，也是促进经济发展方式转变的必然选择。

二、实现美好人居环境的共建，符合构建和谐社会的要求，是顺应民主社会发展，真正满足广大人民群众日益提升的物质和精神需要的重要举措。

三、人居环境科学理论提倡以人为本，为人民群众营造健康、生态、和谐的生活环境与社会氛围，提倡环境、经济、社会、科技、文化统筹考虑，相互促进，协同集成，实现可持续发展，这是人居环境建设的基本目标和方向。

四、人居环境科学理论是人居环境建设的理论基础，推动美好环境与和谐社会共同缔造行动是人居环境科学理论的具体实践。

为了共同推进美好人居环境建设，我们倡议：

一、坚持经济、社会、政治、文化与生态文明建设的统筹推进。让发展惠及群众，让生态促进经济，让服务覆盖城乡，让参与铸就和谐。

二、坚持"人民城市人民建"。按照政府引导、群众主体、多方参与、共建共享的原则，努力创造有利于广大人民群众的真正拥护和参与的氛围。

三、坚持实践探索与理论创新相互促进。通过多层次、多系统的实践推动理论创新，逐步建立、完善与营造美好人居环境相适应的体制和机制，不断拓展完善人居环境科学理论体系。

四、坚持新型城镇化方向，一切从实际出发，满足广大人民群众的基本需求。植根本土文化，从战略到行动。

"不积跬步，无以至千里"，"千里之行始于足下"，我们必须从今天做起，从当地做起。这是时代赋予我们的责任。

第7章 "统筹城乡发展，建设人居环境"研讨会综述

7.1 研讨会介绍

2011年8月25日，由中国城市规划协会、清华大学人居环境研究中心和广东省云浮市人民政府主办的"人居环境科学理论与实践——统筹城乡发展，建设人居环境暨《云浮市统筹发展规划》研讨会"在北京举行。会上，云浮市市委书记王蒙徽介绍了云浮人居环境建设的探索和实践；中山大学李郇教授介绍了《云浮市统筹发展规划》的编制情况；我国人居环境科学的奠基人吴良镛院士作了主旨报告，指出云浮实验的意义在于它有意识地将人居环境科学运用于实践，并归纳到"美好环境与和谐社会共同缔造"这一主题上，很有价值。与会的专家学者们也纷纷进行了精彩的发言，充分肯定了云浮人居环境建设的实验，认为云浮人居环境建设的实验是落实科学发展观、实现发展方式转变的实践，对统筹发展建设和谐社会具有重要的意义。一些城市的规划部门的负责人还介绍了他们在人居环境建设方面的做法和经验，就云浮的实践探讨可以推广学习的经验，并提出改进建议。这次研讨会主题鲜明，内容丰富，既有理论成果，又有实践经验，达到了预期目的。

7.1.1 《云浮市统筹发展规划》的实践成果

研讨会对人居环境科学在云浮的实验进行了审视，从2010年6月在云浮召开了"转变发展方式，建设人居环境"研讨会，达成了《云浮共识》以来，云浮市坚持统筹兼顾，实现统筹城乡发展、统筹区域发展、统筹经济和社会发展、统筹人与自然和谐发展、统筹国内发展和对外开放"五个统筹"，推进经济建设、政治建设、文化建设、社会建设"四位一体"协调发展，探索理想人居环境模式实现人与自然和谐共生，实施县域主体功能扩展实现城乡协调发展，实施美好环境与和谐社会共同缔造行动实现人与社会和谐发展。未来云浮将形成"交通轴线＋城镇走廊＋完整社区＋生态环境"的空间发展模式，通过交通轴线、城镇走廊、生态环境的互相嵌套和连接，形成人工与自然一体、生产与生活融合、内外交通便捷、生态环境宜人的空间发展模式。规划提出了通过区域一体化战略统筹区域城乡发展，通过轴向拓展战略塑造城镇发展廊道，通过美好环境战略保护和合理利用自然条件，通过空间优化战略营造优质生活空间。经过一年多的时间，云浮实验先是从城市周边地区建设绿道起步，随后逐步向城市内部渗透、向农村拓展，改善环境，使民心凝聚。现在实践活动进入到了县域经济发展，从县城到村庄的规划，到城乡统筹，实践活动内容不断拓展。

7.1.2 《云浮市统筹发展规划》的创新特色

1. 以人居环境科学理论为指导，坚持以人为本

吴良镛院士提出的人居环境科学理论的核心是"人"，人居环境研究以满足人类居住需求为目的，人居环境是人类与自然之间发生联系和作用的中介，人居环境建设本身就是人与自然相联系和作用的一种形式；人在人居环境中结成社会，进行社会活动，努力创造宜人的居住地；人创造环境，人居环境又对人的行为产生影响。《云浮市统筹发展规划》没有受到城市规划编制办法的束缚，而是以人居环境科学理论作为指导，以人为本，主动参加人居环境科学理论的探索，积极开展人居环境建设实践。

2. 规划实施方法创新，坚持城乡统筹

云浮统筹规划的创新，是形式的创新，是内容的创新，也是方法的创新。

云浮规划的主要做法是：县域主体功能扩展通过在空间上解决"该干什么的地方就干什么"，在实施上落实让"能干什么的人就干什么"，建立建设云浮人居环境的一整套政策保障机制。把县域划分为重点城市化地区、工业化促进地区、特色农业地区、生态与林业协调发展区4类主体功能区，推进"三化融合"发展，确定县的职能以经济发展为主体，镇的职能以社会管理为主体，村的职能以社区建设为主体。同时建立相配套的保障机制，在经济上，建立税收共享和财政保障机制；在机构上，建立以党政办、农经办、宜居办、综治信访维稳中心、社会事务服务中心等"三办两中心"为主的"向下相适应"的服务型政府；在考核机制上，建立与主体功能相对应的指标体系。

人居环境建设实践的框架强调空间功能和实施主体相匹配，在战略与行动计划的基础上，通过落实规划实施主体建立规划实施的制度保障机制。人居环境的愿景

体现的是人与自然的和谐关系，统领市域空间发展布局；县域主体功能扩展是落实理想人居环境的行为主体和政策保障，把空间布局和实施主体结合在一起；完整社区建设构建了人居环境实践的最基层单位，落实社会管理和环境建设，把人居环境建设落实到以人为核心的社区空间；美好环境与和谐社会共同缔造是体现政府发动、群众参与、政策激励的行动安排。

3. 统筹核心重在基层，坚持自下而上

人居环境科学的思路是自下而上，是从个体需求扩展到整个社会和行业的需求。从城乡发展角度来说，显然乡村环境的改善、乡村生活水平的提高是必须要给予特别关注的。云浮实验一系列的措施做到了这一点，将城乡统筹落到实处。云浮在建设完整社区方面具体做了以下几个方面的工作：一是以慢行绿道为载体，创造宜人的公共空间。二是以推进公共服务均等化为途径，建立完善的社区服务体系。包括通过三网融合平台推动镇一级的远程医疗、远程教育，组建农村社区服务合作社、经济服务工作站、公共服务工作站、综治信访维稳工作站"一社三站"农村公共服务平台，开展以"五改"为核心的农村环境整治，营造良好人居环境。三是以设立三级理事会为平台，形成社会管理群众自治的基本单元，提高基层社会管理水平。四是以培育"自律自强、互信互助、共建共享"精神为核心，营造具有地方感的社区文化。

7.1.3 建议和意见

与会专家对云浮人居环境建设的实践给予了高度肯定。云浮的实践是人居环境科学应用于地方实际的一个实践，从具体的体制、操作指引和行动计划等方面实现了突破，在体制和机制方面有所创新。尤其在培育区域本土文化、完善城市文化功能设施、创新社区建设、缩小城乡差别、推动差异化发展战略上有特色，希望云浮进一步进行系统的梳理，加以总结并推广。

7.2 专家在研讨会上的发言

7.2.1 吴良镛（中国科学院院士、中国工程院院士、清华大学人居环境研究中心主任）

首先，在省委省政府的总方针的指导下，王蒙徽同志作为建筑学专业出身的书记，在云浮的工作中运用人居环境科学理论进行实践探索，对理论本身也作了不少研究和探讨，这对工作、学术都是很好的机遇。我们在学校搞研究工作，除了自己要实践以外，也希望能够通过社会的广泛实践找到共同努力的好方法。王蒙徽同志曾几次来清华，提及目前云浮正在推进"美好人居环境与和谐社会共同缔造"行动，使得我对云浮有了更多的

注意。我曾在 1999 年于北京召开的国际建筑师协会第 20 次大会主旨报告《北京宪章》中提出："美好的人居环境与美好的人类社会共同创造"，就是意图将环境建设与社会进步的目标逐步统一起来，各种设施的建设无不源于美好的人居环境与和谐社会的基本要求。现在云浮正是对此进行实验，因此引起我的关注。

其次，对县域经济的理解。2008 年，我提出县在"三农"问题上的重要性。后来，在科学院的讲演中我也特别提出以县域为平台来解决"三农"问题。目前"三农"问题有很多方面的关注和措施，政府在各方面投入也不少，但缺乏系统整合。从历史发展来看，从秦朝一直到新中国成立之前，行政体制虽多变化，但是县一直是稳定的基层单元，到现在仍有扎实的基础，县域经济搞好了，基本的东西就充实了，所以应寄相当大的希望于县的建设。1951 年江西土改时提到，"上面千根线，下面一根针"，全国的事情都要通过"县"这一根针落实。从我自己的生活经历来看，也是如此，抗日战争时在四川成长、受教育以及后来到云南抗日多是客居在县里。改革开放后，全国经济社会文化方面有很大改善，生产力有很大提高，在发展转型的背景下如何进一步研究县发挥巨大作用的机制，这也是我对云浮实验的第二点期望。

一、近代城市规划发展历程的启示

这次是在《云浮共识》基础上的又一次大规模会议，我试以"理论的探索与实验的创新"这个题目展开来讲。这不仅指云浮，还考虑到其他地方的可能性。

第一，近代城市规划发展历程的启示。近现代的城市规划思想诞生于工业革命之后，发展至今，不论是在西方还是在中国，从一些案例中可以看到这样的现象：首先，在一定的时代和社会背景下，基于当时城市与社会的问题会产生一定的思想理论；第二，在此思想理论之下，有"能人"和决策者或明或暗地进行学术上近乎方法论的探索；第三，在思想理论和方法论的指导下，针对具体条件进行特定实验。

举例来说，19 世纪末 20 世纪初，伴随着工业革命，西方城市面临诸多环境、社会问题。早在 18 世纪中后期，空想社会主义者傅里叶、欧文等就提出"公社合作计划"等设想，并进行了一系列实验。一些工业资本家也进行了新型城镇建设的实验。在此背景之下，埃比尼泽·霍华德进行了总结与发展，于 1898 年出版《明日，一条通向真正改革的和平道路》，提出田园城市思想，1902 年更名为《明日的田园城市》，并在莱奇沃思、韦林等地开展了建设实验。1947 年梁思成从美国回来，拿了一本薄薄的《明日的田园城市》让我看，我的城市规划专业教育也是从那时开始的。

在中国，差不多与埃比尼泽·霍华德同一时期，张

謇在南通进行了一系列创造性的"现代化实验"。自1895 年开始，创建大生纱厂等重要企业；1901 年，创办通海垦牧公司，开发沿海滩涂，进行农田基本建设；此外，还发展交通、兴修水利、兴办教育、改善环境、推动市政建设等。在此过程中，他还发展了"村落主义"等城市与区域规划思想。在他去世前 3 年（1923 年），还在《申报》上发表《吴淞开埠计划概念》一文，对道路之开辟、土地之利用、建筑之布局以至建设之经营，均有翔实论述，虽未实现，但在中国规划思想史上意义重大。

二、我们面对着新的时代

20 世纪 50 年代初，对城市建设的认识也比较简单，任务也比较单纯，城市发展以工业化为主要目标，时任城市建设部部长的万里同志指出规划建设的"四大矛盾"，即："重点与一般"、"整体与个体"、"目前与长远"、"主观能力与客观要求"的诸多矛盾。所进行的实验，包括长春第一汽车制造厂的规划建设，以及上海曹杨新村和闵行一条街等地的规划建设。

改革开放以后，城市规划的复杂性日益凸显，也逐步得到认识。李瑞环曾于 1986 年在中国城市科学会上提出："所谓城市就是以人为主体，以空间环境为基础，以聚集经济为特点的集约人口、集约经济、集约科技文化的空间地域系统，由于这种聚集，使城市出现不同于农村的许多特点。"同时，学界在哲学方法论上也进入新的境界，由于钱学森倡导的系统科学、复杂巨系统等理论逐渐被认识，建筑学也被列入 11 个科学门类之列。1993年人居环境科学理论的提出，是从建筑环境到以人为本的人居环境理念的提升。这一时期的实践不胜枚举，以上海为例，在继深圳特区之后，先后任上海市长的汪道涵、朱镕基积极推进上海发展建设，组织专家研究讨论。我提出曾经的"远东第一城市"——上海的建设应具备"国际城市"的标准，并与区域发展紧密结合。清华大学建筑与城市研究所二十余年来也进行了数十项从区域到建筑多层次的规划设计实验，探索可能模式，其着眼点是任何理论都要有实践工作来推动或者检验。

如今，我们正面对着一个新的时代。一方面是困惑，面对全球金融危机、气候变化、环境危机、能源问题等世界性的问题；另一方面，又可以看到曙光，改革开放所取得的成就不容置疑。这是一个大转型的时代，应如何寻找中国的出路？现在讨论问题的内容日益复杂，更为综合，空间尺度也日益扩大，从大城市、特大城市到城市连绵区等，从京津冀、长三角、珠三角，到大西安、大珠江（穗港澳）等。

面对如此复杂的现实问题，规划的模式却显得较为贫乏，往往采用相同的思路，以大规模的"划地"、"开发"为手段，以土地经济为目的，应对不同的问题。其实，在

规划思想史上曾有过很多对于大规模的区域发展模式的设想和实验，例如：早在 1942 年，克拉伦斯•斯坦因（Clarence Stein）就曾经提出由若干个具备专门职能的社区构成的区域城市模式，对于今天仍有借鉴意义。我们今天的规划不能再走"规划文本制造"（Routine map making）的老路，而是要针对现实问题，探索新的可能的模式。

三、云浮实践是人居环境科学实践应用的一个实验

云浮的实践是人居环境科学理论应用的一个实验，我希望它能开花结果。并且，我们期望能有更多的实验可以在不同地区开展，探索多种可能模式。

城市规划并不只是搞一点美的创造，而是还有很多尚未解决的问题，例如：彼得•霍尔（Peter Hall）的《明日之城》（Cities of Tomorrow）意在总结一百年的城市规划发展的经验。在最后一章，他提出永远不能解决的就是基层和贫困的地方，这是西方资本主义经济体制的悲歌。人居环境科学以人为核心，以民为本，我们要更多地从实际问题出发，摸索可能模式，可大可小，从区域、城市、社区到建筑都可以产生发光的例证，解决实际问题。

最后，我坚信在大转型的时代中总可以产生更多的大思想。发展面向实际的理论，在实践中普及、提高、达成共识，才能推向前进。

7.2.2　周干峙（中国科学院院士、中国工程院院士、清华大学教授）

很高兴参加这个会，这次会议与上一次在云浮召开的"转变发展方式，建设人居环境研讨会"相隔时间不久，很显然在这段时间里云浮的工作又有了很大进展。我总的印象是云浮在城乡统筹、建设宜居环境方面做得越来越完整了，对建设合乎人居环境要求的现代城市已经打下了很好的基础。特别使我印象深刻的，是看到云浮有一套很好的班子，能按科学规划坚持贯彻执行，作为现代新城符合人居条件的云浮市已经浮现在我们面前。云浮毫无疑问是我们国家将来相当一部分——当然不一定都是大城市——至少是相当一部分中小城市的样板，云浮已经具备了这个条件。

云浮所以能取得这些成果，我想到几点，提出来供参考。

首先是必须肯定云浮的指导思想和发展目标。现在大家都想把城市搞好，有各式各样的想法，很多想法有一定的积极意义，但也不是所有的想法都符合发展规律，真正达到改善人居条件，建设现代城市的目标。云浮有好的指导思想和发展目标，而且跟实际情况联系，已经可以看出这个城市有了一个健康的发展。方案里有两个结合是非常好的，第一是城乡结合。城乡结合，很容易就城市谈城市，而云浮首先在城市里面做，特别是在边

上建设绿色通道，另外就是城乡连在一块，云浮就不是孤立的城市了。乡村这块极其重要，目前云浮做得很好，这方面的经验可能还不止这些，云浮要进一步总结。我们光有目标不行，现在很多城市提目标的人很多，一会儿发展这个，一会儿发展那个，部门之间也各有各的说法，我们要认真地对待这些问题。但真正要听的是人民的意见、老百姓的意见、城市是为居民服务的，居民参与非常重要。

其次是云浮必须理清思路，明确下一步的规划建设。做规划的要不断地研究问题和改进提高，规划没有最终目标和看法，云浮下一步规划要改进什么值得推敲和研究。云浮目前就城乡统筹、建设宜居环境方面做了很多工作，一大堆材料和设想，都是很好的。我个人感觉到下一步云浮规划中有三个系统规划要做好：一是交通，二是生活组团，三是绿化。交通规划是云浮将来发展的重大问题，听说最近高铁已经完成了，很快就可以运营，可以实现半小时到广州，北京到天津现在是半小时，云浮到广州实现 20 分钟恐怕就可以。北京跟天津高铁开通之后到现在没有出过一次事故，29 分钟的时间，现在住在天津，在北京车站附近工作，比从北京西郊到东郊还方便，利用交通的便捷性就会带动云浮的发展。

下一步产业发展中考虑的问题会有很多，我主张要发展高端产业。如果云浮具备了这个条件就可以发展 IT 产业，因为离广州太近了，云浮有广州所不存在的环境条件和居住条件。世界上好多高端的产业并不都在大城市里，硅谷就是靠斯坦福大学和边上的小城镇发展起来的，都是居民区，它的居民区标准比较高。所以生活条件跟交通条件使云浮具备了发展 IT 产业的条件。印度也是这样，高端产业不在大城市里，云浮将来有可能会成为云计算的研发中心，"云"从这里浮起；当然地方的产业也不排斥，只要是高端的，做好了以后放在合适的地方也可以有用。报告中已经提出来争取 GDP 的增长，这是必要的，没有这个基础老百姓的富裕就要打折扣，所以我是主张创造条件，争取高端的产业结构，用高端城市标准和高档城市条件来推动。

另外交通也不完全是通广州的问题，还要完善市区之内的综合交通体系，我主张以高铁站为核心，一定要把整个城市包括郊区公交系统建立起来；而且要发展自行车系统，这是健康的不是落后的，很多城市却限制它。云浮现在已经有了绿色道路系统，最好城市里将来也有自行车系统，还包括电动车的，但一定要有管理上的规定，一定要限定时速在每小时 25 或 30 公里以下。我骑了几年电动自行车，本来从城里到这里可以骑电动自行车，非常方便，当然两个轮子对老年人不太适合，但是三个轮子的交通工具对老年人来说不成问题，这是很有

前途的东西，有好的交通系统为制造产业发展创造条件，可更方便百姓生活。

第二个系统规划是要把居住组团做好。居住组团最初是做规划要求的东西，国外的经验也是这样，生活好不仅指有好的条件和环境，还要有好的人文关系。过去传统城市里都有好的人文关系，但现在我们的城市缺乏这种关系，住一个单元没有来往，好的居住组团中的邻里关系非常好，把这一点做好，可以吸引很多高层次、高知识水平的群众来发展这个地方的新产业。

第三个系统规划是绿化。我主张要移一点大树进来。我对云浮的绿化印象很好。城市绿化中大树是核心问题，北京城市面貌的改变就是靠大树，50 年了，很多树都长大了，市容市貌就好多了。大树历来是老百姓生活的中心，当然搬太多大树也不行，会破坏大的环境，但有些地方移一点过来问题不大。绿化也要有组织，形成好的系统。这些事情都是以规划为主的，要得到各方面的支持，云浮有非常好的条件，可以进一步有更大的发展。小花园非常重要，现在不光要有大的绿化，小花园其实跟学校是摆在一块儿的，学校里面就有花园，当然还有很多小的点在城市当中星罗棋布，都要弄好。总的来说就是要把规划做深做细。

最后我对规划的方法还有一点想法，我们的规划一定要做得灵活一点。因为，规划的不可预见性和变动性是必然的，特别是在现在发展很快的条件下，规划要有灵活性，我们要做活的规划，不做死的规划。比如原定组团小了要大一点应该可以，大了缩小一点也可以，规划要做活，跟规划手法有关系，如果拘泥于过去"大格子"就没有弹性了。现在很多城市千城一面，像云浮这样自然条件好的城市我不主张路网太均匀，能够可大可小，云浮的路网基本上不是方格子，有一定的弹性，这很好。

云浮现在的规划比较实在，不是形式的规划，完全可以做到示范性城市。我愿意看到云浮从产业到布局到城市形式、城市结构等都更为完整的范例，我相信可以比英国的花园城市好，我们在这样的条件下做出完整的规划，建设起来的城市何止是花园城市，我们的人居环境丰富多彩，是更加漂亮、美好的城市。

7.2.3 邹德慈（中国工程院院士、中国城市规划设计研究院原院长、中国城市规划学会名誉理事长）

第一次接触云浮，是 20 年前有一次从肇庆沿线一直走到广西梧州，那次出差途经云浮、罗定等城市，那时候我的印象是那片地区发展比较慢，比起整个珠江三角洲地区要慢，正因为发展比较慢，所以我印象当中云浮生态环境方面的条件比较好，郁郁葱葱。今天第一次

接触云浮的规划，我知道云浮的规划是用人居环境科学的指导思想作为实验，我认为这点非常好。

首先，今天听了王书记讲的云浮统筹发展规划觉得不错，又是规划专家又是市委书记，很有思想；另外，规划单位也汇报了规划方案。第一个突出的感觉是云浮的实验是成功的，特别是把人居环境科学的思想实践了，而且落到了实处，也比较深，深的意思就是云浮的规划不但落到了城市，而且从县镇一直到村或者到最基层的社区都用人居环境科学的思想进行了实践，这一点很突出，也很重要。人居环境科学思想，吴良镛先生作了比较系统的阐述，讲得非常精彩，从20世纪初以及新中国成立以后为什么会逐步形成人居环境科学思想理论讲得非常清楚，这不是突如其来的，它是不断形成的科学理论和思想。

第二，我认为人居环境科学思想是符合科学发展观的，这是科学发展的理论和思想，完全可以指导我们国家的城市规划建设和管理。理论思想与建设管理完全可以结合，这比较符合中国的实际，所以我认为人居环境科学的理论和思想在中国还需要大大的发扬和传播。从当前情况看，虽然我们国家的城市规划和区域规划在改革开放以后有很大发展，在城市建设和发展上也有很大的实践和成就，可是大家都认为，起码业界很多人都认为，我们在城市规划和建设上的问题非常多，有很多建设方面的成就，同时存在的问题也很多。在国内，吴先生是人居环境科学理论的创造者，也是首席学者，可是这个思想在全国城市规划和发展中还没有得到普遍的认可，更重要的是没有在实践中运用这一重要的思想理论，普及很不够。虽然都承认人居环境科学是好的理论，可是在实践中往往是相悖的。刚才周干峙先生和吴良镛先生提到现在各种各样的思想，非常多样和复杂，如同我们都承认应该用科学发展观规划和建设城市，但是不是都这样做了呢？云浮的实践或者说实验做出了比较好的榜样，我十分赞赏。只有这样，理论通过大量实践，反过来证明理论是正确的，可以指导城市规划和建设实践，今后我们在这方面的事情就可以做得更好，这一点我坚信不疑。可是我们在完善人居环境科学理论方面还有很大不足，关键在于决策，在于城市和省一级领导的指导思想是否接受人居环境科学，实际上就是科学发展观在我们这个领域的体现。

吴先生比较系统地讲了一下人居环境科学理论的形成和发展过程，还有北京的条件，非常精彩。因为这个思想理论观点不是空的，不是不联系实践和背景的，只是我们对于人居环境科学理论的宣传普及不够。可能业界认为这是高层的理论，实际该怎么干还怎么干，理论和实际脱节。现在特别需要清华在这方面多做一些工作。

把一个比较高层的理论适当简单化，可能认为这个东西很高很复杂，几句话说不清，简单化才能普及化，才能推广应用，因为它是指导规划实践的。城市规划本身有技术性的理论原则，并不矛盾，可是还有更高层的指导思想。只讲科学发展观还不够，因为科学发展观是指导各行各业各方面的指导思想，要把它具体化。

第三是云浮的实践切合了自身的实际情况。今天看到了云浮经过实践取得的效果，确实很不错。你们并没有提出过高的口号和目标，脱离云浮实际，而是从云浮的实际出发进行了思考。刚才王书记讲的第一点是他的思考，非常好。对于任何一个城市和要规划的对象，首先还是要研究和思考，根据对象的实际来确定目标和方法，这一点非常不容易。现在很多城市的决策领导不是不思考，只是思考的是怎么奔向高的目标和口号，往往不太思考自己的实际，这一点恰恰是最重要的，云浮是从他们实际的条件和现状出发，分析了各种条件，采取了比较切实可行的规划政策，指导具体的规划。

第四，云浮的统筹规划把县作为最基本的出发点，这一点也非常好，没有首先说把云浮市区做大，重点都放在市区本身。通常都是这样的，一说到城市规划，首先得把市区中心城市做大。当然市区很重要，但是把基点放在了县，这个思路很可贵，也是比较符合云浮的实际。除了以县为规划的最基本单位考虑，然后是社区的建设，体现了城乡统筹的结构系统，这是中央提出来的，也是科学发展观的五大统筹之一。目前很多城市都在做城乡统筹规划，我也参与过一些讨论和评审，但是有些城市往往并没有抓到城乡统筹的实质，而是从表层的意思来理解城乡统筹，一般化地提出城乡一体化。一体化的实质内容到底是什么，规划需要提供什么条件等研究往往并不很深入。现在云浮城乡统筹没有只停留在口号上，真正把规划做到了镇、村，做到了最基层的社区，而且有实际的行动体现。

第五，云浮以文件的形式指导城乡统筹规划的落实，这是个创新。会务组昨天给了我一摞材料，我有一个发现，觉得很新鲜，附件其实是很多文件，市委市政府的文件、县的文件，里面对如何推进云浮统筹发展的落实阐述得很具体，而且推进到了最基层。规划编制办法里没有这种要求，可是具体看了内容觉得云浮的这种做法非常有用，也非常实际，对每一个基层都有很具体的要求，做些什么，怎么做等，也许比一张规划图纸有用。我们习惯是作图，然后落到下面，可能有些镇和县的干部看不懂图，可是政府通过把规划的意图和要求具体化为文件倒是大家比较习惯的，而且也比较好落实，这一点很有创造性。对于这种突破法定规划的做法，有创造性地进行一点改革是应该鼓励的。我不敢建议修改编制办法，可是这种带有创造性的做法非常好，实实在在的能把规划落实，很不错。

最后说点我的感想。我认为城市规划和区域规划是科学的，现在有一种倾向认为它不是科学。全国城市规划年会前几年让我去主持一个自由论坛，我很高兴，自由论坛出了一个题目，"城市规划是不是科学"。第一次讨论使我有点失望，我以为规划是不是科学应该没有问题吧，但是参加讨论的城市规划学界同行，大概有一半认为城市规划不是科学。不是科学是否意味着可以随心所欲，我认为不可以。当然，城市规划不是自然科学，也不是技术科学，它是一种综合的科学，既有自然科学又有社会科学，这个很重要。总而言之应该首先承认城市规划是一种科学，不能随心所欲，不能因为我官大，我是领导，我决策，我拍板，怎么想就怎么干（这种现象不是没有）；或者是我决定了再请你们来论证，甚至不需要论证，就这么定了。我认为任何比较重要的决策首先是需要论证，科学、全面地进行论证，在论证的基础上再来作决策，再作选择，这一点我们现在做得还非常不够。

我要借题发挥，借吴先生人居环境科学之题。这个科学确实不同于具体的学科和专业门类，它是非常综合的，是比较复杂的科学，其复杂性不亚于登月计划，其目的无非是要让我们大家都有一个非常适宜我们发展和居住的环境，这是人类最基本的需求，可是很复杂，很难，需要大家共同努力。云浮这方面做了一些实践，非常可贵。

7.2.4 崔功豪（南京大学城市与资源系教授）

感激给我提供第二次学习的机会，2009 年参加了云浮规划的讨论，对于建立有效的可以实施的规划体系做了大量的工作，这次看到了更多更新的东西。云浮的很多实践给我们提出了很多新的问题，建设人居环境不等于一定是发达地区先做，经济相对不太发达的地方后做，不等于东部发达地区可以搞人居科学理论的建设，我这里就不可以，云浮给我们提供了非常重要的经验，人居环境建设确实是城市建设的根本。怎么样把理论和实践，把规划编制和实施，把政府的行为和老百姓的参与更好地结合起来，云浮的实践是非常有特色的，尤其是一些非常重要的配套设施建设，以及如何使老百姓自觉地参与人居环境的建设，都给我们提供了非常好的范本。这次讨论给我一个很新的感觉，不是讨论一般的城市规划，而是给我们提供了很好的思路。

一、人居环境建设重在基层，重在农村，重在贯彻以人为本

过去参加讨论常常从城市的角度看农村怎么建设，我们想到的是城市如何带动农村，没有对如何激发农村自身的需求进行研究。很好的方法就是以县为整体来做，

这确实是非常重要的问题。镇是经济社会建设的基层，是最便于协调和调度的组织，这一点非常好，这个观点我非常支持。针对刚才张樵同志提到的建议我有一个想法，比如关于县域主体功能的扩展，在对全国主体功能区讨论的时候，我说这样搞下来是不可实施的，因为它以县为单位进行，我们不可能这个县不发展，那个县发展，生态补偿也没有办法解决。江苏省是推进主体功能区划分的起始地区，全国主体功能区规划的很多思想、观念和做法是从那开始的，但最后江苏做主体功能区划分的时候还是以镇为单位，跟这个思想一样，我们在这里把镇作为主体功能区的扩展，实际是将镇作为实施主体功能区规划思想的基本单位。

二、主体功能区不能过于简化，应有长远的实施策略

主体功能区是关于发展和保护的问题，四大功能区域分别为优化开发区、重点开发区、限制开发区和禁止开发区，其中两个发展区两个保护区。选择发展还是保护，对一个地方来讲不是那么简单的事情。什么叫主体功能？发展是主体功能，保护是主体功能，具体指导建设的就不是主体功能。实施主体功能区有一个问题，即作为长远的指导来讲不能过分具体，10 年以后的发展条件是不确定的，不一定只能搞现在确定的这种工业和产业；反过来我们应该想哪些东西是不能搞的，限制其发展，而有条件发展的完全可以做，提出哪些镇应该怎么做更好。这样才能对未来的发展提供具有实际意义的指导。

三、人居环境建设，以完整社区建设为抓手

规划提出的完成设计建设的五个方面，从非常局限的农村居民建设条框里跳出来，人居环境理论非常重要的贡献就是把过去的居住体系扩展成为人居系统，人居系统是和环境相连的，不仅专注于居住，而是涵盖整个人居环境。这个贡献体现在最基本的方面就是社区，五方面把人居环境的系统更加深化，提出完整社区建设的概念，有很多地方可以借鉴，通过完整的社区建设勾画了什么叫做新农村，什么叫做改革开放以后的新农村，什么叫做美好环境的新农村，通过人居环境社区建设发挥了这样的作用，我支持这样的做法。

四、几个值得讨论的问题

就规划本身有很多问题可以讨论，按照人居环境建设要求和以人为本的要求，建设一个美好的人居环境来讲规划应该包括哪些方面？已经结论的问题仔细推敲还是可以提升的，但提供的东西改变了过去一般规划的系统，建设人居环境的要求规划应该包括什么？这是规划体系本身的充实和完善，提供可以实施和操作的规划体系应该是怎样的？

从大的目标开始，过去讲规划要有操作性，大概就

做到行动纲领为止，3 年或者 5 年，没有非常具体的配套政策，而这种配套政策是和提高老百姓的自觉性、提高老百姓的文明程度结合在一起的，这个提供了很好的范本，作为全国第一个这么做的云浮，我是非常欣赏的。

云浮提供了人居环境的实验，我希望提出个更高的要求，如果要实施美好环境应该具备什么条件，什么条件下才可以这么做，哪些东西是规划一定要具备的？云浮是个例子，非常重要的条件是王书记。

7.2.5　李强（清华大学教授、人文学院院长）

我是从事社会学工作的。以前不太了解云浮，看了云浮城乡统筹人居环境中的社会管理与社会建设成果以后，觉得云浮做得很有特色，应该说做得挺扎实。几位院士和云浮的朋友都做了介绍，吴先生也总结了整个规划发展历程。云浮正在探索中国式的人居环境、城乡统筹、城市化，颇具中国特色。目前全世界都在推进城镇化、城乡一体化，而中国能够如此大规模、如此迅速地推进，确实没有其他国家能做到，基本原因是中国的土地公有制，使我们有条件去做。邓小平总结我们的模式特点是做起事情来比较快，但是反思这个"比较快"也容易有"比较快"的问题，每个地方在推进过程中也容易产生很多问题，有经济的问题，最近大家意识到还有社会的问题。

最近几年以来，中央逐渐提到社会建设、社会管理，尤其是社会管理今年提得更突出。2 月份和 5 月份，胡锦涛主席在政治局召集各省市区主要领导人专门研讨什么叫社会管理，什么叫社会管理创新，怎么进行社会管理创新。中午听王书记提起，地方上目前经济建设很重要，但感到社会建设也很重要，现在全国已经有社会建设方面的组织和管理机构了，在云浮的模式中，社会管理和社会建设是有很多经验可以总结的。

云浮在社会管理和社会建设上有很大的创造性，创造一定是从基层来的。过去总是我们想推行一个好想法，但老百姓如果没有积极性，很多事情也推行不了。云浮采用了吴先生的人居环境思想，在推进的时候很多都是从最基层的社区出发。云浮的经验表明他们经常听群众的意见，大家认为哪方面还不行我们就做哪方面。我看了云浮的几个村庄建设，其中几个做得很样板，颇具民间活力。目前城乡统筹难的是农村这块，城市这块相对来说资金还好办一点，农村这块是难度最大的，而农村如果没有民间活力是很难做成的。

云浮的经验实际上是完成城乡统筹中的农村社区重组，这个重组难度很大，因为东部经济发展很快，西部人口肯定往东部跑，云浮估计流出的人口也不少，有能力的人肯定往外跑，中西部的农村人口构成大体上都是以老年人、青少年和妇女为主，在这种情况下，农村社

区的建设究竟怎么搞真值得深思，东部虽然有些成功经验，但大部分农村有能力的人都进入城市，劳动力严重匮乏。城乡一体化是重新再组织农村社会，在农村社会再建立社会信任，这些确实不是传统文化能做得了的，因为中国碰到的课题是农村人才逐渐流失，如果不是有政府帮助重组农村社会，是很难再组织起来的。云浮的经验叫做城乡统筹，这个概念所有人都提，我觉得它的内涵一是城乡统筹的核心并不在城市，而在农村；二是城乡统筹的核心是怎么在农村里营建有秩序的农村社会，怎么样把城市的文明引进农村。

汪洋提到幸福广东，这个理念大大提高了传统的看法。其实发展不是目的，幸福是目的，但这个目标很高。天下人说幸福，立意很高，是所有规划的最终目的，发展只是一个手段。云浮提人居环境，人居环境是很人性化的，强调以人为本，既然以人为本，肯定幸福是目标，和谐是目标，人自身的满足是目标。

7.2.6　毛其智（清华大学教授、人居环境研究中心副主任）

今天各位的发言，给我很多启发和感想。

第一，云浮实验在过去 3 年中取得重要进展，今天更具备它的普遍性和推广性。如果从统计数据来看，云浮还是处在广东全省中等偏下的位置。但今天在介绍中并没有特别地突出云浮的数据，不管是现状的人口数据还是经济数据，或者是国家和地方统计局的数据。云浮抓住了统筹城乡发展这一条，很关键，也很见实效。特别是从社会效益出发，推动城乡公共环境的改善，逐步进行产业提升，推动各方面效益的共同提高。当然，在这方面路还是比较长，而且云浮的经验不一定能适用于其他地区，希望国内其他地区的经验也能帮助云浮今后在这方面有更多的提升。

第二，云浮的实验是人居环境科学理论与实践相结合的突出样板，至少目前在国内是一个很突出的样板。我们在规划建设中已经讲了多年的城乡统筹，但什么是统筹？如果翻译成英文，对应的词是 balance，即这是一种谋求各方平衡或均衡发展的概念。希望城乡各得其所、各尽其长地发展，希望社会经济有序地发展、包容地发展、和谐地发展。在城乡统筹的理论探讨中，人居环境科学里面的统筹观、区域观和聚落的理论等，在云浮都有比较好的体现。我们要从大处着眼勾画愿景，从小处着手实现发展。比如说播放的云浮纪录片，里面展现了老百姓在修路、填沟、筑墙等场景，看起来是小事，但确实和人民群众的幸福、理想结合在一起。在这方面可能有很多更深的发展理念方面的认识，因为我们都知道最富裕的地方不是最幸福的地方，GDP 数据最高的地方也不

一定是最能实现每个人理想的地方。所以，对一个地方的发展，应该遵循统筹观、区域发展观的理论，从更加综合的角度去看待。

在座各位的责任，一方面是学习云浮的经验，另一方面是怎样在其他各个地区的规划工作中进行同等的或更好的实验。比如说我们生活在北京，北京提出做全国宜居城市的典范。但如果在北京进行社会调查，估计目前听到的对城市发展的批评还是非常多的。在怎样正确认识这种现象，促进科学发展方面，云浮开了一个好头。虽然大家都提到了"云浮的特色"——目前主要是指在书记领导下的综合一体化发展，但是我想各个地方都会根据自己的具体条件，创造更好更多的经验。

7.2.7 石楠（中国城市规划学会副理事长、秘书长）

我没有去过云浮，对它的了解不多，但城乡统筹发展这项工作非常重要，也一直想借这个机会好好学习，特别是去年的会议结束以后，我们杂志上发表了一些关键文件，在业内引起了很大的反响。大家也在思考，在广东云浮这个经济不很发达的地方，为什么能探索出一套相对比较新的工作思路，甚至对学科建设发展起到很重要的作用。下面结合会议的材料谈一点个人的体会。

一、从城乡统筹发展看规划的创新理念

1. 城乡统筹发展是国家重大的战略

城乡统筹发展，不仅仅是一个领域或者一个学科在进行这个问题的研究，国家政策层面也非常关注这个话题，落实到具体地方和某个具体的行业，通过什么样的抓手推动这些工作，是每一个从事具体工作的同志要研究的问题。从这个角度来讲，云浮的工作确实是很超前，非常扎实。

2005年，我们学会在浙江湖州召开了城乡统筹规划的第一次高层论坛，浙江省当时推进城乡统筹做得不错。会上有一个最基本的共识：城乡统筹发展首先要城乡统筹规划。回过头来看五六年前对此已经提出了很明确的目标，在立法过程中也得到了实质性的推进。现在云浮把这项工作又提升到全新的高度，确实是非常令人鼓舞的事情。

2. 人居环境建设体制和机制的创新理念

云浮不仅是本子里讲到以人居环境科学的理念作为指导，在具体的体制和操作指引层面，甚至具体行动计划等方面也实现了突破，这些一般的城市政府都能做得到，云浮的不同点在哪？可能要从体制和机制创新的角度来看，不是在现有的体制以内修修补补来操作。我个人体会一方面是对现有体制充分的尊重，另一方面发现或者面对现有体制当中的问题，敢于面对现实，挑战现有体制当中不合理或者不利于人居环境可持续发展的矛盾，从体制机制创新的角度再进行探索，这是它非常有价值的地方。云浮的经验在技术层面或者学术层面都有

意义，但最大的意义还是在于体制创新，这一点对于目前整个国家工作是非常具有现实意义的。

大家都非常熟悉，在最近两年中央领导同志一系列讲话当中，特别是讲到"十二五"期间一系列的要求，转型发展是核心，转型发展的根本出路在创新，创新不仅是技术创新，更重要的是体制和机制的创新，从这个角度说，云浮的做法非常成功，是很超前的创新。当然这里有各种各样的原因，有云浮本身长期的积淀，几个规划统一起来做，有一些很有远见的同志担任领导职务等，说起来可能有一点偶然性，但我觉得偶然性当中有它的必然性。也就是说，今天社会已经发展到一个阶段，确实应该在某些领域有所突破，然后才能上一个台阶。因此，云浮今天的发展成就的确有它的必然性，我也希望把看起来很偶然的成功尝试，真正转变成更多领域、更大范围里必然性发展的趋势。

二、从各项规划的统筹看规划的创新实践

从规划的角度来说，现在的政府规划不是少了，而是太多了。在市场经济体制完善的过程中，如何把政府的角色再进一步明确地界定，确实要重新评价和看待规划的作用。现有的政府规划中，有相当大一部分仍然保留了计划经济的痕迹，这种痕迹如果不消除，就不可能完善社会主义市场经济体制。云浮从体制机制创新角度打破了政府部门之间的鸿沟，从不同的空间层面和工作重点把相应政府部门之间的规划进行了统一。

规划本身只是一种政府的政策手段，不是目的。不做规划也能够发展，但做规划是为了城市或者城乡更好地发展。规划应该成为促进城乡人居环境可持续发展的手段。但在现实中，某些时候规划变成了政府部门之间利益协调的障碍，出现了很多本不应该出现的矛盾，不管是总体规划，还是专项规划，或是部门规划，谁都说自己是总体规划，都说别人是专项规划，其实说到底都是共产党领导的规划，都是国家或地方的规划。我们有些地方在不少时候，把规划沦为部门之间权力之争的手段，这是非常不应该的，而云浮却相反，这也是我看到云浮项目以后觉得特别欢欣鼓舞的原因。

体制机制创新非常值得提出来研究，尤其是县的层面，可以说中国自古至今县层面的管理一直是非常核心的体制。云浮今天讲到一系列创新的思路，包括从党和政府来抓具体事务，走向民众积极地参与，并作为主体的制度建设，需要我们很好地体会和总结。现在政府规划也面临自身的转型，自身回归到政府规划应该扮演的角色，当然前提是政府自身的定位问题。

三、从城乡规划的偏差看规划学科的发展

1. 现阶段城乡规划中存在的两个偏差

第一，规划本身的自我目标和政府任期目标或者长

远发展目标之间存在不协调。规划师有时候比较理想，站得高，看得远，但往往觉得现实的发展需求没有太大的学问，不屑一顾，关注的是总体、长远的要求。现在，我个人非常深的体会是很多现实的政治考虑和经济考虑，往往应该成为规划的基本出发点。

第二，不适应的规划是没有真正体现本地居民现实的需求，如生产生活的基本需求，希望改善生活质量的需求。现在的规划可以说有点渐行渐远。当初在学校里学的时候，老师要求我们对于现状的调查和分析非常细致，现在一方面在规划编制中多了好些书记、市长的想法或专业理想，另一方面跟老百姓朴素的现实诉求相去甚远。这两个东西能不能作为我们思考问题的出发点，需要我们思考。

2. 对规划学科发展的三个观点

我从云浮的本子里看到了很大的希望或者突破，特别是民众的参与。主要表现在以下三个观点：

第一个观点，看统筹发展规划需要放在国家大发展的框架里，特别是在整个社会经济发展转型时期大的框架里面来认识。

第二个观点，云浮规划对空间层次或者操作层面的划分，并提出了明确目标。比如说提出完整社区的问题，提出优质生活空间的问题，尤其是提到对区域本土文化特征的分析和尊重，这也是很多规划中非常缺乏的。现在很多规划，尤其是境外公司和大牌公司做的规划，往往天马行空，无视我们的历史文化，非常粗暴地对城市发展空间，对城市历史文化要素进行掠夺式的安排，整个行业里缺少一种精神和风气。

云浮的规划从区域本土文化特征的分析，讲到了文化认同的问题，讲到了地方感的问题，讲到了完整社区建设中一系列的具体要求问题，在这个前提下再来考虑新的城市文化如何进行塑造，社会发展如何满足需求，最后再谈城市文化工程设施，路线是对的，不能上来就是布置中小学和图书馆，自己画画玩，完全是规划师自我陶醉，这种思维要改。所以我很赞同云浮这种首先出于对于本土文化的尊重，出于对于民众真正精神文化需求的分析，然后再考虑具体的载体怎么安排，从这一点来说我觉得应该对云浮项目很好地学习和很好地理解，尤其是对文化要素在城市发展当中所起作用的认识。

第三观点，从规划学科发展角度来说，学科发展取决于社会发展的需求。但问题不是这么简单，一方面来讲社会有需求，另一方面学科建设确实需要一些长远或战略的考虑，发展我们城乡规划学或者人居环境科学确实需要非常高屋建瓴的思路。

四、从三个层面看规划学科的发展

一个是从整个国际层面来讲，人居环境的建设关注

的焦点问题。两条很重要，一条是气候变化，全球变暖，不管是真的还是假的，不管是政治目的、技术原因，还是经济考虑，起码大家都在谈低碳、可持续发展等各种各样的话题。另一条谈得很多的就是缩小差别、包容性发展。现在很多场合都在谈如何缩小区域之间的差距、贫富之间的差距、城乡之间的差距和不同人群之间的差距，提倡包容性增长，在国际上现在都很关心。从城市规划学看，2008 年全球的城市化水平跨过了 50%，当时联合国专门有材料指出城市规划目前碰到一系列的问题和这个学科应该改进的方向，其中也专门讲到如何对待这种差异。

从国家层面来分析现在关注的是什么，除了社会稳定、经济发展因素以外，还有城乡之间统筹协调发展的问题。城镇化现在成了很热门的话题，1982 年我们学会的专家们就提出了城镇化的问题，没有人听；连续开了 3 年的研讨会讲中国城镇化的道路，还是没有人听。我觉得关键问题不在于城市本身的数量增长，而在于农村如何走向城乡共同繁荣，在于我们城市化本身的质量如何提高，如果放在这个框架体系来看，我觉得云浮的事情值得研究，有它的价值。

另一个是从专业角度来讲，人居环境系统的建设，以人为本或者人作为中心需求来考虑，确实会带来一系列工作思路的转变。回想改革开放初期，从计划经济走向市场经济，那时候规划就面临很大问题，后来进行一系列的改革，比如出现了控规这些措施。个人体会今天是从差异化的发展战略转向以和谐社会作为重要目标的发展战略，将包容性增长作为重要目标的阶段，规划的很多重点和思路也要调整。我们强调是一种和谐社会建设，强调的不仅是一部分人和一部分地区富起来，而是包容性增长。包容性增长有很多方面，个人体会有两条非常重要，一个是惠及所有人，以人为本不是抽象的人字，是每一个人的概念，不能让一个兄弟掉队，这就意味着所有的工作思路不是自上而下，而是自下而上。我体会吴先生提出的人居环境科学是很重大的突破，作为传统以建筑空间为研究对象的科学家提出这个理念的思路自然而然是自下而上的，是从个体需求扩展到整个社会和行业的需求。另一个非常重要的是所谓的短板，最制约的那一点是什么，从城乡发展角度来说显然乡村环境改善，乡村生活水平的提高是我们必须要给予特别关注的。从云浮的实践和现在国内外面临的共同问题来讲，我个人觉得规划工作的重点也要适当地进行调整，经济增长的事不用担心。

第三，从统筹发展角度来讲，在经济增长的同时还要更多地关注社会责任和社会发展。前一段时间参加舟山群岛发展规划，当时我就讲了一个观点。我说舟山的

规划很简单，舟山哪些东西不能动的，军事、渔业、宗教、生态，把这些东西定死，剩下的根本不用管，浙江人会解决一切问题，老规划什么，这个轴线，那个大产业转移，浙江老板能听你的吗？现在国内很多地方也都面临这个问题。反过来说从规划专业的角度来讲，我们确实面临着应该重视哪方面的问题，我们是以经济增长作为首要目标，还要更多地关注社会责任和社会发展；是要关注 GDP 数量增长，还是要关注人的生活质量的提高及人的生活尊严。一个是规划目标要转变，另外参与性的规划到了提上议事日程的阶段，以社会发展作为重要目标的城乡规划工作必须是参与性的，必须是一种以幸福为目标的规划，而不仅是以 GDP 增长为目标的规划。从这点来说规划行业本身还有很多工作要做，虽然我们有图，我们可以自己制图，但这些图没有把很多的想法真正反映出来，很多东西还是停留在传统的技术手段上，需要有些技术层面的创新。

五、总结

我认为，现阶段人居环境建设或者城乡规划工作一方面关注的焦点要进行调整，什么是我们关注的；另一方面本身角色也要调整，不是说规划师能解决所有的事情，我一直认为规划师的角色能力非常有限，这一点应该在行业里讨论。从方法上来讲更多的应该是自下而上，而不是自上而下的方法，我看到材料和听到专家的发言受到很大的启发。中国古代一直强调"天人合一"，人居环境是基于"天人合一"的基本思路。发展到 1950 年代、1960 年代讲的"有利生产，方便生活"，肯定不是简单的放弃，所谓的有利生产和方便生活是包括整个人居环境非常广泛的含义，我们很简单的就把它否定了。到今天吴先生提出比较系统的人居环境建设的目标，包括吴先生本身的专业实践，从菊儿胡同作为很小的城市生活单元开始，到后来他在南通对于我们传统区域体系的研究，一直到今天应用这个理论在具有典型意义的地区如何改善人居环境，技术是最发达的，从政府和民间的角度共同推进这件事情，确实是很有理论价值，是非常有现实意义的工作。

我提不出更多很好的建议，总的想法是这件事情非常有意义，它已经跨出了学科和专业部门本身的价值，可能需要进一步系统地梳理，我们很愿意配合云浮和清华高等院校一起推动这方面的研究性工作。

7.2.8 吴唯佳（清华大学教授、建筑与城市研究所副所长）

这里我不再就云浮在城乡统筹方面提出的问题和创造的经验，以及它们的深度和广度多作论述了。就规划专业以及现在面临的新时期规划变革而言，云浮的工作有着重要的理论意义和实践价值。它跟我们现有常见的规划不太一样，针对的是今天特殊变化的社会现实和管理需要，提出了一种新的很有推广价值的规划组织模式。

一、云浮经验的总结

1. 规划主要表现在三个层面，一个愿景，两个抓手。愿景非常重要，它是一种发展前景的方向性描述。与原来的规划目标相比，它不是那种自上而下、终极蓝图式、预测性的建设纲领，而是自下而上，多方参与、能够达成共识的空间发展的愿景平台。它勾勒了云浮未来发展的方向，提出了云浮市委、市政府发展的信念和理念，提供了云浮各界达成共识的平台。

但是有愿景不等于就是科学，不等于就是结合实际。所以，愿景的方向性、科学性凝练很关键。云浮规划制定过程中采用了科学的方法，运用了人居环境科学的理念，也考虑到了地方性特点，设法使发展愿景尽可能符合当地的条件。

两个抓手是指：主体功能区拓展和完整社区。与我们现有城乡规划的实施措施，如"一书两证"相比，云浮规划设定的这两个抓手对于实现愿景都有很大的创新意义，都有将空间政策转化为实际行动项目的含义。

当然，规划制定过程中需要考虑地方状况和将来的发展趋势。在目前城镇化快速发展过程中，发展的方向和面对的问题在有些时候还是很难把握的，发展趋势不见得都看得那么清楚。规划的主要目的还在于发现发展中的问题，凝聚区域发展的共同信念，共同解决问题。因此，愿景的构建，还是一个科学研究的过程，也是公共参与沟通的过程。

2. 抓住实施云浮城乡统筹、美好人居建设的关键问题。云浮规划着重抓住了规划组织实施的研究，研究了用怎样的组织实施办法来使发展的愿景能够变成现实。组织实施的目的就是要让发展能够真正惠及百姓。

为此规划提出了建设完整社区的具体措施，使城乡经济社会发展的成果在完整社区里、在社区福祉和老百姓真实生活水平中得到体现，而不是体现在 GDP 或经济增长的数字中。就这方面看来，城乡规划抓完整社区建设是很有意义的。

至于主体功能区拓展这样的理念和方法，在国内和世界上都不算是首创，欧洲空间规划也在做类似的事情。主体功能区拓展设法让区域经济、社会发展和环境保护等各种利益诉求，在空间层面上得到统筹和落实，使得开发和保护用地得到总体控制、总量平衡，并做到心中有数。云浮规划里面除了常见的产业布局、交通、城镇、基础设施之外，还设计了一套能够由各个部门同时实施的完整规划的方法，通过主体功能区拓展分解的空间政策，用以指导、规范各个部门的工作，来落实共同的发展愿景，进而起到空间政策调控手段的作用。规划确定各个县域功能区拓展的职责，能够在县域层次上把未来发展的空间理念转化为具体的政策和项目，落实到相关的职能部门，并可以对它们产生的经济社会效益进行计量，对项目引入后对当地经济社会环境产生的影响进行评估。云浮的经验是运用主体功能区于我国地方管理实践的一种创新。

当然如果把主体功能区拓展只看成几类政策区域的划分，可能还是比较简单化。主体功能区拓展的政策区域确定要注重各个专业协同，面对具体问题的差别，也要征求社区和基层部门的意见。

3. 完整社区建设，要把任务放在动员社会力量和民主参与层面，需要各个方面的资金和努力共同参与。在两个抓手方面，云浮规划中有主体功能区的政府计划与集中，有完整社区层面的社会力量和民主参与。通过这两个抓手，可以利用空间规划这个平台，落实云浮的发展愿景；亦可以通过主体功能区来协调解决发展与保护的空间需求问题，通过完整社区来解决生产生活条件改善问题，进而使云浮的发展，或者一个地区城乡经济社会发展能够普惠广大百姓。不管怎么说，完整社区建设成果应该是城乡经济社会发展最终效能的反映，完整社区也是地方政府的绩效和老百姓生活条件改善真正的价值点。

二、对云浮工作的建议

如何进一步推广和深化云浮工作，这里可以提一些建议，来帮助我们拓展思路。最近我们正在做一件事：研究美国的"包容性增长"问题。我觉得云浮可以从中吸取一些经验借鉴，主要有以下三个方面的内容：

1. 关于项目的具体化问题。无论是主体功能区拓展，还是完整社区，是不是可以考虑让现有规划中的那么多原则、策略、布局安排尽可能具体化、项目化。这里面需要考虑许多因素，比如：需要研究项目的选择，也需要研究项目的建设成本、维护成本以及环境、资源成本等。这些项目可以是开发性的，也可以是保护性的。项目具体化之后，项目产生的经济、社会、环境的总支出，以及它们对城乡经济社会发展总的效益就成为可计量、可预见的。以此可以对我们规划决策的科学性、经济性进行评判，进而确定相应措施，来推进项目建设中的积极因素，限制避免消极因素，使得发展能够普惠更广大的社会各个层面，避免开发的负面效果。

2. 关于"包容性增长"的问题。美国在推行"包容性增长"时，需要统筹区域城乡发展中的保护和开发所造成的社会、经济、环境总的支出，他们称之为总成本，以及获得的经济社会效益，他们称之为总效益。比如，在研究项目的包容性问题时，需要知道，项目采取经济

社会发展的综合措施，会带来哪些消耗社会和环境资源的总支出，以及产生怎样的总效益。有些项目本身可能会有经济效益，但对整个社会来说可能造成负面效益；有些项目对于单个区域来说可能会有负面效益，但对整个区域的发展来说可能造成积极效益等各种情况。

所谓包容性政策就是平衡一个项目的成本效益和整个社会经济发展的总成本和总效益之间的关系。为了实现"包容性增长"，需要划定增长、限制增长等区域，在发展的同时，要避免由于发展造成资源、环境和社会公平等方面的消极影响。当然美国有很多具体的措施和办法解决这个问题，而这些措施和办法正是我们需要学习的。

3. 需要有一个具体的、标准的模型。有了评价的标准，才能对项目本身产生的社会总成本和总效益进行评估、预测。在实施过程中不断地校核和对比，确保当初提出的愿景、项目与实施效果相呼应，使得发展最终被看得到、摸得着，老百姓觉得幸福。

由于发展是比较长期和缓慢的，许多发展需要通过科学的计算及评估才能使老百姓把平常潜移默化的事情转化为确实能看得见和够得着的东西，也使得地方政府在发展过程中更有信心推动这个政策。

7.2.9　徐勇（华中师范大学中国农村研究院院长）

云浮这几年的改革不断有新路子，发展有新举措，关键是目标规划有新的思路。我对人居环境没有什么研究，是外行。这个规划是由中国顶级学校的顶级专业，顶级导师指导下顶级学生组织做的顶级规划，规划看起来非常不错，是对云浮未来发展的"顶层设计"，也是规划设计当中最高的层次。在设计中，我理解第一个层次是建筑设计；第二个层次是城市设计；最高层次是发展设计，地区或国家的发展设计。发展是复杂的系统工程，不仅面对物，还面对人，发展规划可以说是最高层的规划。

一、对云浮规划的三点体会

第一点，最大亮点是城乡统筹，人居环境规划把农村纳入进来，这在历史上是少见的。中国古代中央行政机构的六部，其中有工部，管的是公共工程建设，但不管农村的建设。农村是历史上自然形成的，它的特点就是自然经济，以自然经济为基础的自然居住环境；城市是规划出来的，从城市产生的那一天就是人为规划出来的。在历史上农村是没有纳入到规划范畴的。

新中国成立以后的城乡二元体制也造成了城乡规划的脱节，乡村也不在规划的范畴，受二元体制影响非常深。我们的二元体制把城乡切割得非常彻底，包括我们现在讲住房还是主要针对城市，农村的住房问题大家几乎没有关注。最近几年搞的一部分新农村建设缺乏科学

性，走了不少弯路。

云浮以城乡统筹和城乡一体的思路规划城乡发展，通过规划促进城乡协调发展是走在全国前列的。特别是将这个思路体现到农村，因为云浮主要的还是农村。这恐怕和大城市有些不同，大城市主要以城区为重点，以城统乡，通过城区发展带动乡村发展。而对广大农村来讲，怎么样发展恐怕还没有破题。当前的城乡一体化基本是城市合并农村，最后大家都变为市民，真正的农村怎么发展，恐怕还没有找到很好的思路。云浮规划最大的亮点是城乡统筹，最终落实的是农村发展。云浮的农村人居环境规划在我们国家走在前面了。

第二点，云浮规划的最大特色是软、硬件结合。人居环境通常讲硬件比较多，修点好房子，栽点树，建些道路，很多地方的规划一般都是侧重于硬件。云浮规划把软、硬件结合起来，体现一种理念，这个理念就是"共谋、共建、共管、共享"，非常了不起。历史上规划是当政者的行为，为官一任，我来规划地方的发展，群众往往是被规划的对象，就是客体。城市发展也是这样，城市发展规划更多的是注重物，是少数精英设计出来的。云浮这几年的工作，充分体现了党政主导、群众主体的理念，这个理念也体现在这次规划里，通过一系列的机制创新让群众共同谋划，共同建设，共同管理，共同享受美好环境，最后创造幸福美好生活，这是很大的亮点和特色。

农村和城市不同，城市是资本的集聚地，必须要看到城乡差别，它是客观存在，而且这个差别会永远存在，只是差别多大的问题，不考虑差异化，按照所谓简单的城市化来规划也是会出问题的。比如城市里有足够的财力可以买树，现在农村的树被城市大量买过去，但农村做不到，除了政府的支持以外，需要靠群众内在的力量发展自己，创造自己的幸福美好生活。农村买树有人认捐，钱多的多捐，钱少的少捐，非常好，不可能像城市那样有钱就买。农村更多的是靠人的资源，靠历史长期形成的自然资源。

第三点，云浮的规划最大的价值在于它有一种灵魂，体现先进的理念。现在很多规划是死的，里面没有灵魂存在，体现不出来某种理念，这是现有规划发展当中很重要的问题。云浮规划有云浮的特色，同时有普遍价值。怎样体现出云浮特色，话语非常动听，但还可以进一步挖掘和提炼；怎么样形成云浮的品牌，说到这个理念就知道是云浮的，而不是其他的。成都的理念是田园城市，但这是一百年前的理念。云浮是城乡统筹，怎样体现云浮的特色还需要提炼，打出云浮的牌。

要注意体现全国性的价值。云浮这项工作不是一般地方性的工作，更多的是云浮的实践经验对全国都具有

借鉴、学习的意义。如果是简单的地区性的规划，可能就用不着这么多人参与讨论了，它更重要的价值在于可以为全国提供样本。现在的发展方式是要由粗放型向集约型发展转变。长期制约中国发展的国情就是人多地少，我们的农业生产精耕细作，外国有休耕制，我们没有。怎样让地里产出更多的庄稼是历史形成的农业生产模式，这么小的地养这么多的人口就是靠精耕细作，当然我们现在的精耕细作还要发展，所以要通过土地整治集约经营，生产发展要走集约化的道路。

二、现阶段人居环境的两个突出问题及思考

一个是粗放问题，生活非常粗放，特别是在农村。中国人的特点是特别重视不动产，地产和房产。中国人买房子是世界上最具有冲动性的，现在把世界的房价都抬高了。前不久一个澳大利亚的学者过来说，本来五年以后要买房子的，现在买不起了，因为中国人去了。中国人没有别的爱好，咖啡不喝，旅游不去，度假也不去，就买房。中国人对房产和地产的追求恐怕是世界上独一无二的，只有这个东西是靠山。过去讲一个人穷，上无片瓦，下无立锥之地。如果上有片瓦，下有立锥之地就好了，就有依靠了，这是中国人的特点。但房产和地产是有矛盾的，要多建房必然会多占地，我们的地又是有限的。总书记讲"三个最严格"，而最严格的土地管理制度也管不住。中国历代的理念决定了要不断地建房，现在房子越建越大，而农村家庭的规模越来越小，核心家庭越来越多，三代同堂非常少，四代同堂几乎没有了。房子越来越大，修这么大的房子造成大量的浪费，生活品位不高，居住环境不好，有新房无新村，这种现象在全国普遍可以看到，这就是现在生活粗放。

另一个是单一的城市化问题。"农民上楼"，"上楼"是一种办法，但"上楼"绝对不是全国性学习的方法，让农民"上楼"了地怎么办。农村的特点在于它是平面的，不像城市，农民居住环境要和生产衔接起来，让农民"上楼"隔五里十里去生产怎么行，这是现在单一的城市化造成的后果。新农村建设当中出现了很多奇怪的现象，把农村包装一下，穿新的衣服，内部还是农村的习惯。有一次我到新的农村居民区看农民都住了别墅和小楼房，里面也像城市一样有了抽水马桶，但马桶一掀开里面装的是白米。我说马桶怎么装米，他们说农村要马桶干嘛？没有给水，而且水和肥料，都是有用的。这是城里人按照城里环境帮农民修的房子，对于农村自身特性缺乏足够的了解。我们简单地按照城市的标准修建农村的民居，没有适合中国的特点，适合农村特点的人居环境。

与农业生产集约化一样，农民生活和农村人居环境也要走集约化的道路，走精致化的道路。一是功能一定要完备，农村的人居环境功能不能残缺不全，有车没路；

二是环境优美；三是服务完善；四是生活便利。这个生活是集约化和精致化的，虽然房子不大，但非常方便，居住起来非常舒适。人居环境要园区化，云浮在工业上走向园区化，通过园区集约化经营，不是搞乡乡点火，村村冒烟，居住环境也要考虑到园区化。云浮地理地貌就像盆景一样，处处有盆景，人居环境也要像盆景一样那么精致，那么秀美，才能形成中式的人居环境。农业生产可以更多地借鉴日本和韩国的经验，日本民居的面积不大，但非常舒适温馨，干净整洁，日本的居住方式处处体现着一种灵魂。我们现在还没有找到所谓的中式。我们是什么式？在要探索中式人居环境上下点工夫，希望总结好的经验。

7.2.10　梁勤（中国经济社会理事会理事）

过去三年我有机会和云浮的朋友们一起参与人居环境科学理论实验，有很多体会，主要有三方面。

第一，以人居环境科学理论作为指导，以人为本。云浮的实验从开始就是以吴良镛提出的人居环境科学理论作为指导，最早提出的工作目标就是为了人，为了群众。最早实验的具体工程就是云浮城区的南山绿道。大概是三年前，那里还是一片荒芜，基本是荒山野岭，经过这些年的发展，逐步有了小绿地和公园，通过老百姓不断地参与实现了整个社会的和谐向上，现在城区老百姓的向心力和面貌跟以前大不一样。云浮南山公园的建设，绿道体系的建设，人居环境的建设，目的是为了群众，让群众分享到改革开放的成果，让群众参与到环境的改善工作，让群众分享到环境改善之后的幸福。在此之后，云浮将整体的人居环境科学理论展开全面实验，逐步拓展到经济社会发展的各方各面。现在又完整地提出云浮市的统筹发展规划。吴先生提出的人居环境科学理论的基本点是以人为本，为了群众的幸福。过去一段时期，城乡建设似乎偏重在经济发展的层面上，使建设的重点有所错置了。吴先生提出要返璞归真，提到人居环境建设还是为了人，为人居而建设，为人居而保护，为人居而统筹，这是本也是体。

第二，统筹规划的创新。云浮市统筹发展规划的提出，在规划形式、内容和方法上都与以往的规划有很大的不同。过去的规划可能是一些图纸，是经济数据或者国情预测和未来发展方向，是具体的一系列的技术安排等。但今天我们看到云浮做的是统筹发展的规划，形式上的创新，内容上的创新，方法上的创新，这些方面有很多可以讨论的。从总的城乡发展的愿景到市域空间发展战略，再到县域主体功能和分区规划等，再到完整社区的提出，乃至群众参与的共同缔造等。而它所涉及的当然也有人居环境科学理论提出的社会问题，以及经济

的发展和技术的变化所带来的新的挑战，还有文化问题，这些都在不同的空间尺度上、不同的层次上予以涉及，并提出相应的体制、政策安排等。这些都是可圈可点，可以讨论和继续发展的方面。

第三，统筹发展规划的实施与"用"。在过去两年中，我参与过新兴县的村镇的改造，也参与过云城区的社区改造。在我的深刻印象中，当地老百姓踊跃地参与其中，出钱、出力、出工，他们对于美好环境的渴望和热情让我很激动，回归了群众参与的这一规划本质。云浮统筹规划在理论和实践上要比过去的规划更加完善，出台了一系列政策，村民之间的自我约定，形成了一些新的体制制度。在发动群众方面，云浮党委和政府做了大量工作，特别是很重视培训，不单只培训各级的干部，更多的是培训农民，社区的热心人。这说明，云浮的实践不仅在规划的目的上落实以人为本，在规划的内容方法上重视群众参与，而且在规划的实施上强调以群众为主体，强调群众的共同缔造，这是云浮统筹发展规划的整体含义。我相信这个实验还会继续，云浮人居环境的规划、建设一定会更好。

7.2.11　周岚（江苏省建设厅厅长）

感谢规划协会、清华大学人居环境研究中心和云浮市人民政府提供的机会，今天上午听了云浮市统筹发展规划的介绍，听了专家的发言很受启发，在大家的启发下我简单讲三点认识：第一是对云浮城乡统筹发展规划的认识；第二是对城乡统筹及城乡一体化的认识；第三是对人居环境科学实践的认识。

第一，是对云浮市城乡统筹规划的认识。云浮市城乡统筹规划在人居环境科学理论的指导下有很多的创新，有内容、方法和实施制度的创新。从内容上讲有几个特点，强调区域协调、城乡联动、产业协同、空间支持和环境改善；在方法上有两个特点非常鲜明，"三规"深度融合、市民深度参与，"三规"的深度融合可以实现部门联动，而市民的深度参与可以实现市民、专家、政府的联动；实施制度的创新，它不仅仅是一张纸，给我一个强烈的感觉，虽然表达也是图纸和文字，更重要的是有政策体制的支持和行动纲要的推动，所以云浮市城乡统筹规划是面向实施的规划。

第二，对城乡统筹和城乡一体化的认识。最近城乡统筹谈得非常多，究竟什么叫城乡一体？是城乡一样？"一体"体现在什么方面？当然有很多专家讨论，说城乡一体肯定不是城乡一样，因为它既包含了公共服务的均等化，同时又伴随着城乡空间特色的差异化。对城乡发展一体化有很多的理解，江苏也提出了城乡发展一体化的战略，今年我们省委省政府要召开全省城乡建设工作

会议，会议的主题之一就是在城市化、城乡发展一体化的背景下怎样提高城乡建设的品质，所以我们也被迫思考什么叫城乡发展一体化。

会间我请教石楠，我问他城乡发展一体化是中国独有的关注，还是泛世界的议题。我自己的体会是：中国在大的城市化进程中，特别关注城乡发展一体化跟中国现阶段经济社会特征、中国城市化发展转型、中国社会管理创新大背景连在一起。我很赞同几位专家谈的，城乡统筹和城乡发展一体化绝不仅是规划的概念，甚至是社会改革，对这个概念的理解不仅是技术的规划，虽然城乡统筹和城乡发展一体化远远超越规划的概念，但我觉得它同样需要规划的支撑，学科发展需要呼应这个变化。有好几位院士谈到在快速发展的中国社会要做活的规划，听了几位专家的想法我觉得与之相关的另外一个概念，不仅规划的内容要活的，能应对弹性发展的社会，同时我们的规划方法也需要不断地动态更新，才能适应快速变化的社会。

我们国家从《城市规划法》改成《城乡规划法》，一字之差反映了巨大的变化，开始从强调城市向强调城乡统筹协调转变，从强调做中心城的规划向做全覆盖的规划转变。通过认真反思，现在规划中的传统痕迹还是有的，虽然变化已经发生，但我们的规划以城市为中心向外延扩张的特征还是比较明显的，云浮规划中提出一个理念，要做科学发展的规划。从城乡统筹和城乡一体化的角度看，做科学发展的规划，规划方法也应该革新。

第三，对人居环境科学实践的认识。好几位专家提出人居环境科学本身实际是想回答一个问题，发展为了谁或者说学科的目标和追求是为了什么，是为了人，为了百姓生活得幸福，它的基本思考是尊重人和尊重环境，既然学科具有包容的理念，思想方法是辩证的思维，人居环境科学的实践也应该是多元的，我认为它的实践不应该是简单划一的，而是因地制宜。跟科学发展理念比较契合的人居环境科学理论的实践要从有条件的地方做起，云浮就属于有条件的地方，也可以从有条件的行业做起，从某一个行业部门做起，如城乡建设厅，行业的努力也应该可以包容到实践里面来。

江苏最近围绕提升城市空间品质的主题做了很多工作，目标就是推动人居环境的改善，推动人居环境改善的实践主要从两方面入手：城市强调提升空间品质，乡村强调改善居住环境。提升空间品质，按照城乡规划、建筑学、园林景观三学科联动的原则做了一系列的工作，推动城市文化特色的塑造和空间品质的提升。我们做了一系列的基础研究，比如做江苏建筑文化特质研究及提升策略建议，江苏省园林景观艺术特质研究及提升建议，还做了 13 个省辖市的城市空间特色系列规划，这是基础的规划和研究。我们也出台了一些政策支持，如《江苏

省提升城乡空间品质的意见》）。因为省厅的工作需要在各市推动，需要有一定的抓手和引导，所以我们最近在评城乡规划、建筑学和园林三个专业的江苏省设计大师，同时也评选了江苏省的示范项目，包括三方面，高品质城市空间、精品建筑和经典园林，同时我们也修改了《人居环境奖评选办法》、《园林城市评选办法》、《扬子杯评选办法》，用一系列我们可以掌控的办法和评选方法引导、促进城乡品质的提升。省直接控制一部分专项资金，在专项资金的申请评选要求中也以提升空间品质作为项目申报资金申请的前提条件。

在乡村方面，着重结合省委省政府城乡建设工作会议的准备，提出了"康居乡村"的建设标准，就是把村庄环境的改善和村庄人居环境的提升用"康居乡村"的抓手推动实施。最近改善村庄的环境面貌和推进城乡发展一体化得到了省里高层领导广泛的认可，相应资金支持的力度也比较大，我们是从城市空间品质的提升和"康居乡村"建设的角度来推动江苏人居环境科学的改善，因为省厅工作的特征是只能从行业的角度推动工作，我认为可以归到人居环境科学实践大的范畴中。

人居环境科学是非常好的学术旗帜，在理论界和实践界都应该高高举起这面旗帜。

7.2.12 林澎（河北省唐山市曹妃甸新区管理委员会副主任）

非常感谢规划协会、清华大学人居环境研究中心和云浮市人民政府给我第二次机会参与云浮实践的研讨会。去年我有幸到云浮看了一下，在初步实践的基础上进行总结，今天看到的文本包括整个成果非常丰富，我认为这是从理论到实践的基础上经过了循环提炼形成的成果。虽然李郇教授是大家，但以李郇教授一个人的本事出不来这样一个册子，实际上是政府和学术机构、学者共同完成的一项工作。这是非常好的学习机会，特别是今天上午吴先生从人居环境大历史的角度进行回顾，并提出来改造我们的学习的要求，我受到了非常大的震动和教育。下面我讲下我的两个思考和两个建议。

一、两个思考

第一，润物细无声的实验方式。今天的中国城市都在进行实践或者实验，是轰轰烈烈还是采用润物细无声的方式是不一样的。在中国 280 个地级城市中像云浮这样的是绝大多数，而它们需要发展人居环境建设。上次在云浮开会有一个感受，就是低的投入、低的成本和高的理念、高的回报。低的投入是指经济方面，低的成本是指社会成本和环境成本，高的回报是指民众满意程度，而不是简单的经济回报。润物细无声到村民层面，很多细节层面都能让每一个市民感受到和参与到，这种公众

高参与度、高满意度才是社会的基础，不是轰轰烈烈，而是润物细无声。

第二，不是看重物质，而是看重人本精神的城市发展过程。传统的城市管理方法或者城市规划都是过多地看重了结果，如多少年达到什么目标；更多地看重物质，比如我所在的生态城的建设很多都是讲多少钱搞什么技术。而人在其中形成什么样的生活方式，形成什么样的精神状态，在这个过程当中用哪些方法，哪些条例形成，这个往往在我们现在的规划和管理当中被忽视了，这两条是云浮实验前三年工作中非常让人感动和看重的。

二、两个建议

第一，改造我们的学习、工作和理念。今天吴先生讲到了一句话，改造我们的学习，也应该改造我们的工作和理念，比如说传统规划方法、方式。今天我们拿到这个本子的时候突然感觉到原来规划也可以这么做，册子里没有很多传统的"一个轴线、两个单元、三大片区"这些东西，更多的是政府在实施过程当中扎扎实实可以实施的工作。所以改造我们的学习，也应该改造我们的规划，当然这是很难的，从传统的空间规划到现在更多体现的是制度规划，包括财税、组织人事、考核办法等方面对知识结构创新性的要求，不是简单的喊喊口号和改造学习和规划就能完成的，需要系统的教育到具体实施过程全方位的组织和管理。

第二，人居环境科学。邹院士强调了在这个社会阶段人的因素是非常重要的理论支撑，前些年并不那么明显，现在越来越显示出它作为核心理论支撑的重要性。除了云浮的实践之外，如果能有更多城市的实践补充进去，将会进一步提升人居环境科学理论的推广，对从方法论到实践的提升具有重要推动作用。建议高层能在实践网络建设方面给予更多的支持，从老城到新城的人居环境建设有更多的经验可以借鉴。

7.2.13　杜立群（北京市城市规划设计研究院副院长）

非常感谢规划协会、清华大学人居环境研究中心和云浮市人民政府邀请我参加此次会议，尤其是能够同时和规划界的三个院士共同交流，今天我确实学到了很多东西，受益匪浅。云浮的情况在推广过程中，吴先生在年初已于北京作了相应的介绍，我们院长也要求将杂志的文章复印并下发到每个规划师手里，学习云浮的经验。

我没去过云浮，今天上午看了宣传片，并听了王书记以及三位院士的讲话，同时我是六祖文化的爱好者，云浮是六祖慧能的故乡，这拉近了我和云浮的距离，第一个感想就是云浮让我心动。王书记讲得很客气，称"云浮实验"，如何让云浮的实验变成云浮的经验，这需要总结，很多专家领导都讲了很好的体会，以下是我结合上午的学习体会进行的总结。

第一，规划要活用，不要故步自封。这是我对周院士讲话内容的深刻体会。这个指导思想在云浮城乡统筹规划当中贯彻执行下来，是值得重视的。前几年对于城乡规划到底是不是科学进行了讨论。今天邹院士很肯定地讲城乡规划是一门科学，这个要坚定不移，这给我很大的信心。编制云浮统筹发展规划也很好地贯彻了规划的科学性，特别是综合性，这方面还得以后总结。吴先生讲了一个人居环境科学理论的简要框架，从它的发展和东西方的比较，简单地归拢了一个规律，这块工作恰恰是云浮经验里最重要的内容，要很好地总结这样一个经验，在整个规划的指导思想上需要进一步明确。

第二，人的问题。我对人居环境指导思想还有一个比较突出的体会，就是人的问题，"眼睛朝下看"是我最突出的体会。我接触的比较多的实践当中的规划，大部分是在为各级领导编规划。我觉得云浮这个规划也是在领导和书记的亲自领导下编制的，还能"把眼睛朝下"，这是非常大的转变，是我今天在这里体会最深的地方。说以人为本，到底对这些人怎样认识，人群怎么划分，除了要对领导负责以外，如何对群众负责，我觉得这是云浮经验和整个总结当中最突出的地方，是最核心的内容。

第三，两个拓展。传统规划有软和硬的关系，有时见物不见人，往往是说空间规划。上午王书记也讲过，实际空间是做统筹的一个最好的手段。在空间规划当中怎么把人的因素放在里面，我的个人理解是空间本身也可以塑造不同人的人格和品质，这两者应该是相辅相成的关系，这个规划拓展了原来以物质空间规划为主的内容，这是我最突出的体会之一。第二个拓展是，周处长讲"三规合一"，我觉得是"多规合一"，不是单纯的"三规"，不仅包括发改委的经济社会发展规划、国土资源部的土地利用规划等，还涉及了广州城市发展战略的规划，这些非法定的规划都总结在统筹发展规划里面，实际上也是协调政府部门之间权力划分或者权力之争。将来城乡规划、总体规划、专业规划很多，这也是作为统一思想或者统一规划的很好的手段。

云浮规划在某些方面非常值得总结。作为山区城市经济不是特别发达的地区，它的规划应该怎么做，怎么体现人居环境科学的思想，应该总结它的经验，某些方面应该能应用于不同的地区，人居环境科学的思想还需要在更大的范围内做一些实验，再总结出不同的实践经验，不断地丰富人居环境科学的理论体系，包括将来学科的建设。要注重规划在决策当中的作用，如果不是王书记在，规划能不能做到这样的程度，在实施过程中能不能做到这个程度，这个经验是不是也值得进一步总结，我觉得这也是下一步值得思考的。

第 3 篇

云 浮 调 研

云 浮 调 研

第8章 云浮统筹发展现状分析报告

8.1 历史与文化分析

8.1.1 人居环境的历史演变

根据城镇聚落发展的特点，云浮所处的广东省西部地区历史演变可以划为三个阶段。

无市不趋东，城镇聚落沿西江、古驿道发展。在农业文明时期，农业发展、城市间货物交易紧密依赖于河道的灌溉、运输功能，广东省西部地区沿着西江水系两岸，形成了一批城镇聚落，包括封开、郁南、德庆、肇庆等。从区域视角来看，西江作为联系广西、广东的主要通道，古代移民们循着西江水道，从广西进入广东境内，在西江两岸的城市中定居下来；在明清时期，广州是中国对外通商的唯一口岸，广西境内的货物必须通过西江水运至广州，这些都促进了广东西部地区西江两岸城市的发展。另一方面，受自然地形的影响，在多山的广东西部地区，盆地地形为农业发展提供了便利，在西江支流水系流经的盆地上也发育了较早的一批城镇，包括罗定、新兴、恩平、阳江等。同时联系各城镇的古驿道也依循地形特点逐渐建立起来，形成了德庆—罗定—信宜—高州—化州—廉江—雷州—湛江、肇庆—新兴—恩平—阳江—高州"Y"形古驿道，其中德庆至罗定、肇庆至新兴古驿道沿线城镇发展较好。总之，在农业文明时期，云浮所在的广东西部地区人居聚落发育顺应了自然条件，城镇聚落格局为沿西江、古驿道分布。

改革开放后人居环境格局演变：入海通道逐步发展，东西向与珠三角地区联系逐渐增强。改革开放后云浮及周边地区人居环境格局可以从两方面来分析：首先，顺应全球化发展的需要，由江入海是区域城镇发展的基本趋势。这一时期南江口—罗定—信宜—高州—电白—水东港、高要—新兴—恩平—阳江—北津港、西江—广州—黄埔港两条南北向、一条东西向的由江入海通道逐渐形成，河港海港逐渐成为推动城市发展的重要交通设施。其次，加强与珠三角地区的联系是区域城镇发展的必然趋势，1994年，出于硫铁矿资源开发的需要，云浮升格为地级市，辖郁南、罗定、新兴、云安、云城等四县一区。这一时期，随着珠三角经济的逐渐发展，加强与佛山、广州的联系是云浮及其他城镇发展的必然趋势，区域交通基础设施建设开始克服地形的阻碍，区域东西向陆路交通廊道开始形成，324国道成为云浮与广州、佛山、

肇庆、广西岑溪等城市东西向联系的主要通道，并成为云浮市域内罗定、云安、云城各城镇发展的主要廊道。

一体化发展格局下人居环境格局演变趋势。当前，区域一体化成为发展的必然趋势，这就要求云浮通过高、快速交通设施建设，加强与广州、佛山等珠三角城市的联系，并发挥和广西联系的枢纽作用，融入到区域一体化发展过程中去。区域一体化格局下云浮城镇聚落人居环境将面对以下变化：第一，区域一体化发展下，城镇国民经济发展将更加依赖港口的储运功能，港口重要性将提高。随着石材产业、农业的进一步发展，云浮区际贸易规模将扩大，其四大港口将在国民经济发展中发挥更为重要作用，因此，加强疏港交通系统建设，发挥港口对城镇经济发展的带动作用，提高西江港的辐射能力是发展的必然要求。第二，云浮需要强化东西向交通联系，积极主动融入区域一体化发展过程，发挥联系广西、广东的枢纽区位作用。第三，高、快速交通系统将支撑云浮融入区域一体化发展过程，云浮各城镇受高速路、高铁、城际轻轨的影响日益增大，需要强化人口密集区与高、快速交通系统节点（高速出入口、轨道交通站点）的交通联系。

8.1.2 历史文化区划分

以山脉和水系为基底，以人文联系为纽带。文化区是指一个具有一定连续的空间范围，相对一致的自然环境特征，相同或近似的历史过程，具有某种亲缘关系的民族传统和人口作用过程的，具有一定共性的文化景观构成的地理区域。文化区的形成受三方面因素的影响，即地理环境、历史发展以及上述二者相结合而形成的历史区位关系。云浮地处山区，自然地理状况复杂，进而影响人文地理的空间格局。这种自然地理和人文地理的演变对文化区的形成和发展产生了重要影响。在自然地理条件中，气候和地貌条件是最为重要的，而人文地理条件则以人口和经济结构最为重要。

1. 人口联系

西宁和新兴分别接收来自梧州和五邑地区的移民，受该地区影响较大。南江流域古代已为骆越文化发源地区，并已有土邦建立，即先秦汉人未入侵前已由越人建立了土邦，进入奴隶制国家。《山海经·海内南经》云："伯虑国、离耳国、雕题国、北朐国，皆在郁水南。"郁

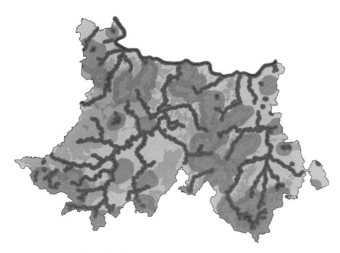

图 8-1　地形分布情况

水即西江,这些土邦即分布在西江南岸、海南岛以北地区。这地区以越人为主,多种民族（越、瑶、壮）杂居,在先秦受中原楚国数度入侵,故受其文化影响深远。历史上云浮地区的移民主要来自于广西梧州和江门的五邑地区,其中有部分来自梧州的移民沿西江继续东进向珠三角迁移,有部分停留在云浮,有部分则向南迁移至阳江。从人口的迁移方向可以看出,郁南西北部和新兴的东南部分别与广西梧州和五邑地区有较为紧密的联系,是古移民进入云浮的第一站,保留了与原地区较为深厚的历史渊源。

2. 交通联系

水运在古代交通中占支配性地位。明清时期,市境陆路只有人力运输工具,运输效率很低。市境内主要的陆路通道有两条驿道,一条从德庆通往罗定,再向茂名方向延伸,一条从肇庆通往新兴,向五邑地区延伸。可以看出,新兴自古以来就与五邑地区具有较为紧密的联系。由于古代交通工具不发达,明清时期,云浮市境进出货物有 90% 以上经水路运输。水运的支配性地位,使得云浮城镇的发展与水运密切联系起来。全市的货物运输,通过西江干流将各大水系联系起来,郁南西北部作为广西沿西江进入云浮的第一站,在货物中转和人员流通上具有中转站的地位,与梧州具有密切联系。

3. 商贸联系

以区域中心城镇为核心,呈等级联系体系,边界地区受周边影响较大。云浮市内各地区的联系主要以各区域的中心城镇的中心,呈等级体系发展,各县的县城成为沟通下面乡镇和体系外部的节点。在依赖水运的年代,各县以各自的水系网结成各自的水运系统,各像葡萄串式由西江串联。在这些系统中,郁南的都城是云浮联系两广及湖南的节点,新兴县城及东南部各镇是云浮联系五邑地区乃至海外的窗口,这些节点都是受到外部文化影响较大的区域。

4. 文化区划分

自然和人文因素结合,五大分区。纵观历史上的云浮,由于自然山脉的分割和交通联系上的不便,在以农业为主体的自然经济背景下,市境主要由西江支流的水系网络构筑起几个相对内部联系较紧密的区域。这些区域在各自的历史条件下,发展出略有差异的地域文化。

梧州文化区:广西进入云浮的第一站。郁南西北部三镇在水系上作为梧州西江的下游,在人口迁移上是古代梧州移民落脚云浮的第一站,"在无市不趋东"的经济联系趋势下,与梧州联系密切。因此将此区域划为梧州文化区。

南江文化区:继承百越文化的核心文化区。罗定盆地是云浮市内最大的地势平缓区,历来是云浮人口最为稠密,经济最为发达的地区,在数千年的历史发展中,南江文化融合了汉族文化以及对百越文化的继承,在以南江为骨干的联系起来的大片区域,形成了独具特色的南江文化,是南江文化的核心区域,因此将南江流域的罗定以及郁南大部分地区划分为南江文化区。

东安文化区:云浮的东大门。云城与云安县的前身是东安县,自古以来就是密切联系的一个区域,作为云浮的东大门,承担着联系肇庆和珠三角的作用,石材生产是这个区域一个特色,古代云石遗址是这个地区文化特色的证明,因此将此区域划分为东安文化区。

新兴文化区:六祖禅宗文化的发源地。新兴县是以新兴江为纽带联系起来的片区,是六祖禅宗文化的发源地。新兴以六祖禅宗文化为核心发展出特色鲜明的地方文化,因此将此区域划分为六祖禅宗文化。

五邑文化区:联系五邑的东南出口。在新兴东南部三镇,由于与五邑地区接壤,是云浮连接五邑和三埠的出口,受五邑地区影响较大,因此将此区域划分为五邑文化区。

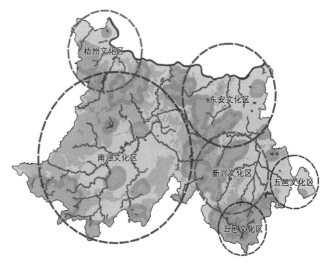

图 8-2　五大文化分区

8.1.3 现代文化分区

1. 新的交通格局

公路、铁路和水路网连结成的交通体系，奠定了现代文化分区的基础。在公路网中，各等级公路网覆盖全市，由广梧高速、深罗高速、漳玉高速和揭茂高速组成"井"字形对外交通通道，是云浮发展的骨架。在铁路网中，南广高铁从东至西穿越市境北部，普通三茂铁路在市境东南部形成人字形交汇，向广西玉林延伸。水路上云浮西江段的码头将重点发展六都港，其次是都骑港，其余都城港和南江口港维持散货码头功能。发达的交通体系，推动了区域文化的一体化发展，也为云浮的现代产业发展奠定了基础。

2. 新的文化格局

三大分区，地方文化在共性上具有一体化的趋势，朝着各自特色的方向发展。在地域文化一体化的趋势下，在新时期新条件下的云浮地域文化，是统一于以南江流域为核心的南江文化。原本处于边缘区受外围影响较大的梧州文化区和五邑文化区重新回归到云浮本土的文化区中。原本的梧州文化区和南江文化区共同组成南江文化核心区。随着石材产业的兴起和发展，石艺文化成为云城区和云安县的文化代表，重新被划分为石艺文化区。对六祖禅宗文化的挖掘，提高了六祖禅宗文化的影响力，六祖故居所在地集成镇也被改名为六祖镇，六祖禅宗文化成为了新兴文化的核心，将原本的新兴文化区和五邑文化区共同凝聚成六祖禅宗文化区。

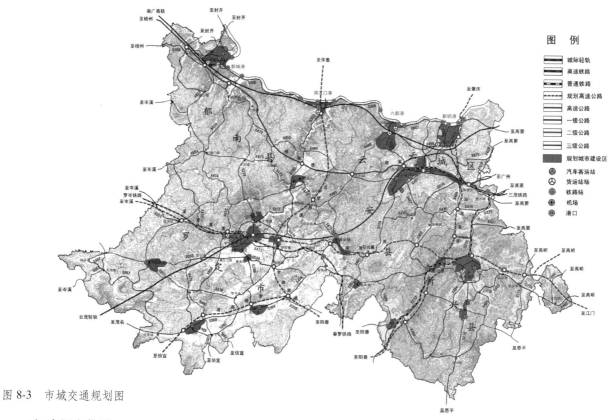

图 8-3 市域交通规划图

图例
- 城际轻轨
- 高速铁路
- 普通铁路
- 规划高速公路
- 高速公路
- 一级公路
- 二级公路
- 三级公路
- 规划城市建设区
- 汽车客运站
- 货运站场
- 铁路站
- 机场
- 港口

1）南江文化区

区域文化一体化发展，统一于南江的文化分区。南江文化的根源是古代百越文化，百越文化是岭南的最早的土著文化，由于自秦以后历代皇朝对土著百越族连连采取镇压和排斥政策，经两千多年来的摧残，在中原文化大量南下的主导与融合下，已经所剩无多了，但自古以来它仍然顽强地存在粤西地区。例如：罗定尚存的芋氏古姓、郁南连滩的禾楼古舞，特别是对冼夫人和对龙母的崇拜，都可说是百越文化的遗存或变异，在这一带地区是较普遍的。在先秦汉人入侵后，与汉文化相融合而成，具有深厚的历史根源，其影响范围和程度是广阔而深远的。宋桂镇的元勋张公纪念祠、连滩镇的光二大屋、

萍塘镇的"龙龛道场铭"摩崖石刻、罗定文塔、罗定学宫、菁莪书院等，都是百越与汉族文化融合的产物。古代虽然市内各区域间联系受地形阻隔，但在西江的沟通下，其文化的底蕴的基础仍是南江文化。在现代交通和通讯技术的支持下，云浮市内各县的联系已经非常便利，云浮的文化将受到周边更大范围的影响，而在以云浮市为中心的区域下，地域文化正在加速融合，呈现出统一于以南江文化为底蕴，而又独具特色的文化分区的格局。

南江文化是整个云浮地域文化的底蕴和根源。发掘、整合南江文化，打造"南江文化"品牌，从珠江水系的文化成分和结构上看，南江文化填补了岭南文化的一个结构性空白。从"泛珠三角"合作战略和地域发展的角

度上看，南江文化为云浮、罗定、新兴、郁南及粤西地区起了一条经济与文化齐头并进的黄金通道。

2）石艺文化区

石艺文化和创新精神，是云浮经济腾飞和继续支撑未来发展的精神动力。云城区和云安县的石材产业具有深厚的历史渊源，明代已经出现石材加工的作坊，云城区的云石遗址是石材产业的历史见证。伴随石材产业而生的石艺文化，也扎根于地域文化之中。在经济全球化的今天，石材产业成了云浮的支柱产业，石艺文化也成了云浮的一张城市名片。石材产业的发展，和云浮人改革创新的精神是分不开的，如今各种琳琅满目的石材产品，里面都蕴含着石艺文化的创新精神。

云石文化是云浮石材产业发展的文化内核。云浮石材的发展需要创新，云浮的发展更需要创新。在全球化竞争的今天，创新是效益的来源。发扬云石文化，弘扬创新精神，可以带动云浮城市的发展，也是未来云浮石材产业链延伸的方向，是云浮制造向云浮创造转变的关键。

3）六祖禅宗文化区

六祖禅宗文化成为新兴的文化品牌，带动和提升云浮的发展。云浮是禅宗六祖惠能出生和圆寂的故乡，六祖镇夏卢村是禅宗六祖惠能的故居，新州国恩寺是他圆寂之处。禅宗文化是六祖惠能留给世人的宝贵文化遗产，也是岭南特色的禅宗文化资源。惠能的禅宗世界观认为，宇宙间有一个包罗一切、无所遗漏、圆融统一、觉行圆满的精神实体，这就是佛性，是"一合体"、"一合相"。从广义上讲，六祖禅宗文化所提倡的包容，与中华民族的优秀传统文化是一致的。经过一千多年的流传，对中国和周边国家的传统文化产生了较大的影响，今天的六祖禅宗文化更是传播到了欧美，走向了世界，其意义作用远远超出了佛教的范围，无论在中国还是世界都具有很大的影响力。

8.2 资源状况分析

8.2.1 自然环境

位置处于粤中西部，西江中游。云浮市位于广东省中西部、西江中游以南。东与肇庆市、江门市、佛山市交界，南与阳江市、茂名市相邻，西与广西梧州接壤，北临西江，与肇庆市的封开县、德庆县隔江相望。全市在北纬 22°22′～23°19′，东经 111°03′～112°31′ 的范围内，市域总面积为 7779.1 平方公里。

气候属于亚热带季风气候区，气候温和。云浮市地处北回归线南侧，属亚热带季风气候区。终年气候温和，雨量充沛，光照充足，年均气温为 21.6 摄氏度，年均降

水量 1519 毫米，年均日照时数为 1718 小时，土壤多为肥料丰富的红壤、赤红壤。冬季盛吹大陆偏北风，夏季盛吹海洋偏南风。夏热冬温，偶有奇寒，雨量充沛，雨季较长。但是由于云浮市境地貌较复杂，以丘陵为主，还有山地、盆地等，这些地貌因素会对局部小气候产生影响，造成地域性的小气候差异，但总体而言差异不大。

地貌"八山一水一分田"。云浮市地貌以低山、丘陵为主，有"八山一水一分田"之称。山地面积占全市总面积的 60.5%，主要分布在罗定市南部、西北部、郁南县中部、云安县东部、云城区西部、新兴县南部。山脉主要为东北一西南走向，少数为南北或东西走向。市境内的盆地主要有新城盆地、天堂盆地、罗定红盆、镜船盆地。而谷地则有西江冲积谷地、新兴江流域冲积谷地、罗定江流域冲积谷地。

云浮的山脉将市域分割为数个相对独立的区域，在交通不发达的古代，山脉所起的阻隔作用要比现代更为明显。由于山脉的阻隔，各区域之间的交流会倾向于交通成本较低的区域，这些相对独立的分区，经过历史的演变，就会形成相对独立的人地系统。

8.2.2 交通条件

概况：云浮市位于广东省西北部，东接珠江三角洲，西邻桂东南梧州，北临西江，是连接两广地区的重要通道，西江航道上的重要节点和珠江三角洲外围边缘区。云浮市区东距肇庆 56 公里，距广州 160 公里，距佛山 157 公里，距江门 117 公里，西距梧州 98 公里，南至阳江 142 公里，水路距香港 177 海里，上溯广西梧州 60 海里。

自古为两广交通要道，今为珠三角外围边缘地带。云浮的西江水道经历了从秦汉时黄金水道的交通重地，到宋元时被北江取代的由盛转衰，到新中国成立后尤其是改革开放后珠三角地区的强势发展而云浮水路优势不再；陆路交通则深受山区"八山一水一分田"的地形影响，交通基础设施建设较为滞后，交通线路等级低，密度小，目前仍仅 1 条高速公路经过云浮市。云浮虽然在地理位置上与珠三角相邻，却一直是珠三角外围的"边缘地带"。

区域内道路建设滞后，综合路网未成体系。云浮市的交通运输，长期以来一直以公路、水运为主，主要通过西江航道、国道 G324、若干省道连通省内各县区，目前区域综合运输网络初步形成了"一线（三茂铁路）、一江（西江）、一路（G324）"的骨架。境内现有国道 1 条，省道 8 条，全市路网形成以 G324 国道为主干的树形结构。树形路网的支线之间互不连通，整个区域路网的连通性差，同样受境内地形影响，交通基础设施建设滞后，各县区之间的交通联系受到了极大的限制，交通线路等级低，交通线路的密度不够，这些现状已经成为困扰云浮

市经济发展的瓶颈问题。

发展机遇：系传统两广联系纽带，位于珠三角"1.5小时经济圈"内。尽管西江走廊已经逐渐衰落，辉煌不再，但因受历史影响，罗定市目前仍是两广交界的重要的商贸和物资集散中心。除了西江航道，目前通往广西梧州的省国道有 4 条，高速公路 1 条，县道 1 条，两广联系依旧紧密。此外，随着国家、省和云浮市交通基础设施建设的不断推进，尤其是广梧高速梧州段、云岑高速、揭茂高速、广南高铁的相继开通，云浮市内部的交通联系将大为改观，呈现"井"字形高速公路结构。广云高速的开通也使云浮被纳入珠三角"1.5小时经济圈"，原来各种以县域为核心的封闭型空间将走向开放，云浮也将由此迎来新的发展契机。

8.2.3　资源条件

土地资源肥沃，适宜农业生产。全市土地总面积 7779.1 平方公里。其中，全市耕地面积 188.99 万亩，水田面积 135.27 万亩。本市地势西南高东北低，地形以山地、丘陵为主（其中山地占 60.5%，丘陵占 30.7%），山地、丘陵、台地交错；土壤类型分为地带性土壤和非地带性土壤，地带性土壤有赤红壤、红壤和山地黄壤，非地带性土壤有石灰土，总体而言适宜农业生产。

矿产资源优势突出，而资源效应不足。云浮素有"硫都"美誉与"石乡"之称。硫铁矿是云浮最重要的优势资源，储量和品位均居亚洲首位，世界第二，是我国最大的硫铁矿生产基地；石灰岩、大理岩、花岗岩等石材原料则以其资源量多品质突出而享誉中外。区内成矿地质条件好，各类矿产资源均十分丰富。目前已勘查的矿产达 57 种，探明储量的有 49 种，共有矿产地和矿点 274 处。云浮市的优势矿产是非金属矿，其次为金属矿，其中储量较为丰富的优势矿产主要包括水泥灰矿、硫铁矿、矽线石、饰面大理岩、冶金用白云岩、锰矿、钛矿、铁矿、铅锌矿、锡矿、金矿、银矿等。其他优质资源包括石灰岩资源和矿泉水等。但因受技术落后、市场扩展不足和交通基础设施建设滞后等因素的影响，硫铁矿的开发并没有达到预期设想，所谓的"资源效应"远远没有形成。其他金属矿产虽然种类较多，但规模较小，可开发价值有限。由于勘探投入资金有限，云浮市目前的矿产资源仍未完全勘探清楚，矿产资源综合评价不足。

农业生产资源得天独厚，开发潜力巨大。云浮市的自然条件非常适合水稻的种植，其亩产产量与广东省其他水稻种植地区相比优势明显。气候和土壤条件非常适合一些水果、蔬菜作物的生长，如沙糖橘、无核黄皮、南瓜、苦瓜等。其中云安南盛镇所产的沙糖橘更有"广东名橘"的美誉。云浮林业资源同样十分丰富，开发潜

力大。截至 2005 年，全市林地面积 782 万亩，占全市总面积 67.6%，其中生态公益林 202 万亩，占全市林业用地面积的 26.26%；商品林 580 万亩，占总面积 73.74%，森林覆盖率 64.9%，居全省第四位。目前，云浮市农业生产已经具备相当的规模，其优势农产品示范基地已经发展到 50 个，其中国家级农业标准化示范区 1 个，省级农业标准化示范区 6 个。农业产业化建设卓有成效，组建了一批农业产业化龙头企业。而云浮市的林地开发效益差，林地产值只有每公顷 2262 元，低于全省和全国平均水平，依每公顷 66569 元的生态价值推算，林业资源开发潜力十分巨大。

机遇与挑战并存。作为山区城市的云浮，不仅矿产、农业生产、林业、岸线、旅游等各类资源均十分丰富，而且生态环境优良。然而，由于从前管理政策和政府财政能力的不足，加上各项基础设施建设滞后，云浮的各类资源并没有得到有效开发，有组织的市场结构尚未形成。从今后云浮的发展来看，这种"有资源，没效应"的资源开发现状必须得到积极的改变。资源作为山区城市发展的核心要素，应该得到更有效的统筹和开发利用。

8.2.4　旅游资源

云浮生态环境优越，旅游资源种类齐全，优美的自然风光与丰富的人文景观交相辉映。云浮市的旅游资源可以分为以下 6 类：

自然山川风光类：主要集中在罗定市、新兴县和郁南县内，包括罗定的龙湾生态旅游区；新兴的神仙谷、佛手岭；郁南的神仙滩、凌霄岩等。

民俗文化资源类：主要集中于云城区、郁南县和新兴县，包括云城的蟠龙洞，郁南的大湾古民居群、禾楼舞、连滩民间艺术节、光二大屋等。

六组禅宗文化资源类：新兴的六祖文化佛寺资源，如国恩寺、夏卢村六祖故居、藏佛坑等。

历史名人遗迹类：主要集中在罗定市。包括省级文物保护单位罗定文塔、罗定学宫、张公庙、蔡廷锴故居等。

名优水果资源类：主要集中在郁南县和新兴县，包括郁南无核黄皮、新兴香荔、贡柑等。

温泉溶洞资源类：蟠龙洞、聚龙洞、龙山温泉、云沙温泉、东成温泉、水台温泉等。

发展机遇：旅游开发初始阶段，具有一定开发潜力。虽然云浮很多景点都具有一定的开发价值，但目前云浮基本上属于旅游开发的处女地，除新兴温泉业已具备一定规模外，其余景点的景区开发和基础设施建设尚处于起始阶段，大部分旅游资源没有得到合理有效的开发。在以上众多旅游资源中，六祖文化、温泉、蟠龙洞、南江文化（民俗文化）和龙湾生态旅游区的资源条件相对较好，具备一定的开发潜力。

8.2.5 生态与环境保护

珠三角外围的一片"净土"。云浮市处于珠三角的外围地区，目前保有优良的生态环境，不仅空气、水质量好，而且污染程度极低，与污染日益严重的珠三角地区形成鲜明的对比，堪称珠三角周边的一片"净土"。

环境污染得到控制，生态环境保持良好。云浮是广东省 21 个地级市中大气环境最好的地区之一，空气中二氧化氮、二氧化硫的浓度极低，空气质量一流，与珠三角地区形成极大的反差。近年来，云浮通过建立环保综合决策机制，不断加强环境监管力度，同时通过促进产业结构和产业布局不断调整优化，加强工业污染防治，全市环境污染得到较好控制，生态环境总体保持良好。

水系：云浮位于南方水网地带，水资源十分丰富。境内主要河流除了北边临界的由西向东流过的西江以外

图 8-4　水系分布图

还有其一级支流罗定江、新兴江等，两江均由南向东北注入西江，市内绝大部分地区都是罗定江与新兴江的流域。云浮市河流年平均径流总量达 59.82 亿立方米，过境客水年平均径流总量达 2235 亿立方米（含西江过境客水 2227 亿立方米），全市水库容量达 6.2 亿立方米。在

山脉、分水岭的分隔下，形成了云浮的水系格局。根据云浮的水系网络格局，可以将云浮的水系划分为建城河水系、南江水系和新兴江水系等数个系统，在这些系统内部由各主干河流连接起整个区域，系统内部的联系紧密，形成相对独立的系统。而系统外则通过西江连接在一起，共同构成一个区域性的上层系统。

2009 年，全市拥有各级环境监测站 5 个；建成了 5 个烟尘控制区，面积达 55.02 平方公里；建成了 5 个环境噪声达标区，面积 55.02 平方公里。二氧化硫年排放量 4.44 万吨，比上年下降 24.0%，主要污染物总量减排完成率达 100%，全市各县（市、区）城区空气环境质量保持在国家二级标准以上，市城区空气质量良好以上级别天数达到 348 天，占全年的 95.3%。此外，云浮市境内西江诸水系污染程度较低，水质良好。境内西江主干道水质全部达到 II 类标准，而进入佛山境内后，水质下降为 IV 类。

图 8-5　广东省主要水系水质情况图

大气环境好，空气质量一流。云浮是广东省 21 个地级市中大气环境最好的地区之一，空气中二氧化氮、二氧化硫的浓度极低，空气质量一流，城市降雨酸度低，基本没有酸雨污染，与珠三角地区形成极大的反差。

资源消耗水平及污染物排放强度仍然较高。云浮市单位 GDP 的能耗、水耗以及污染物排放强度均高于全省

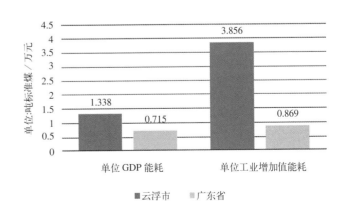

图 8-6　云浮市与广东省资源消耗水平对比（2008 年）
[数据来源：《云浮市环保规划（2009-2020）》]

平均水平。2008 年,云浮市单位 GDP 能耗为 1.338 吨标准煤 / 万元,是全省平均水平(0.715 吨标准煤 / 万元)的 1.871 倍,单位工业增加值能耗为 3.856 吨标准煤 / 万元,是全省平均水平(0.869 吨标准煤 / 万元)的 3.437 倍;2008 年,云浮市单位 GDP 用水量为 511 立方米 / 万元,比全省平均水平(129 立方米 / 万元)的 2.96 倍。2008 年云浮市单位 GDP 工业废气排放量为 1.60 万标立方米 / 万元,高出全省平均水平(0.57 万标立方米 / 万元)1.81 倍,单位 GDP 工业废水排放量为 12.06 吨 / 万元,是全省平均水平(5.98 吨 / 万元)的 2 倍。可见,云浮市目前仍处于粗放型的经济增长之中,资源能源消耗强度大,主要污染物排放强度处于较高水平,节能减排任务依然艰巨。

8.3 社会发展现状

8.3.1 人口现状特征与趋势判断

1. 历史演变

人口增长平缓,以自然增长为主。按常住人口计,2009 年,云浮市人口 244 万人,比 2000 年增加了 28 万人,年均增长率 1.24%。按户籍人口计,云浮市自 1994 年设市以来,户籍人口增加了 50 万,2010 年,全市户籍人口数达到 283 万,年均增长 1.17%,两者均低于全省同期水平(1.42%),从不同时间段来看,2000 年以前,人

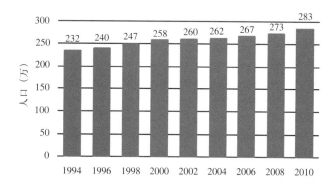

图 8-7 设市以来云浮人口增长的趋势
(数据来源:云浮市公安局历年人口统计资料、广东省统计年鉴)

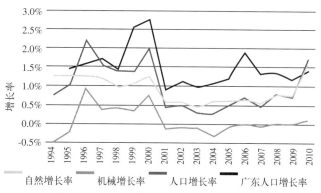

自然增长率　机械增长率　人口增长率　广东人口增长率
图 8-8 设市以来云浮人口增长率变化及与广东的对比

口年均增速为 1.52%,进入 21 世纪后,年均增速为 0.89%,人口增长趋势明显放缓。云浮市人口增长以本地人口的自然增长为主,外地净迁入人口只占人口增长的极少部分,而且个别年份的净迁入人口为负(即人口迁出数大于迁入数)。

2. 人口结构

人口增长速度减缓,老龄化问题凸显。根据 2010 年云浮市第六次人口普查资料显示,云浮人口中,0 ~ 14 岁的少年儿童数量仅占总人口的 20.5%,这预示着未来人口增长将呈缩减趋势。社会总抚养比达到 40.8%(其中,少儿抚养比为 28.8%,老人抚养比为 12.0%),远高于全国水平(34.2%)。2010 年,云浮市 60 岁以上老年人口占总人口的比重达到 11.7%,65 岁以上人口比重达 8.5%,已超过国际公认的老龄化标准(10% 和 7%)。较高的抚养比和老龄化问题无疑将增加社会负担,影响经济增长,并给社会管理带来压力。

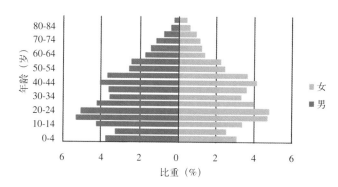

图 8-9 云浮市人口年龄金字塔(2010)
(数据来源:云浮市第六次人口普查资料)

教育程度以初中文化为主。第六次人口普查资料显示,2010 年,云浮市人口文化程度以初中为主,初中文化程度人口占总人口的 55%,初中及以下文化程度的比重达到 85%,高于全国水平(75%),大专及以上文化程度仅占总人口的 3%,低于全国的 10%,人口素质结构现代化水平较低,难以适应经济社会转型的要求。

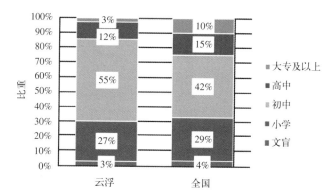

图 8-10 云浮与全国人口文化程度构成对比(2010)
(数据来源:云浮市第六次人口普查资料、全国第六次人口普查资料)

3. 人口迁移

人口外出就业规模大，就业地以珠三角西岸地区为主。作为广东省典型的欠发达山区市，云浮人口的向外迁移十分活跃。根据云浮市第六次人口普查资料显示，云浮市外出人口占户籍总人口的比重达到 25%，其中，经济相对落后的郁南和罗定的外出比重达到 36% 和 27%，云城区则为 5%。农村劳动力外出务工是人口外出的主导力量。根据 2010 年 3 月进行的云浮市新型城镇化农户抽样调查统计，云浮农村县外务工劳动力占农村劳动力总量的 32%。在县外务工就业地分布上，珠三角西岸地区为主要的集聚地，广州、佛山、中山、肇庆等西岸城市是主要目的地。在珠三角西岸地区务工的云浮人口占云浮总外出务工人口的 57%。这体现了珠三角西岸劳动力市场逐步走向一体化。

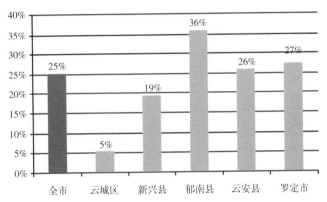

图 8-11　云浮市各地外出人口占户籍总人口比重

（数据来源：云浮市第六次人口普查资料）

外出劳动力回流活跃，成为本地城镇化的重要力量。在大量人口向外迁移的同时，也伴随着越来越多的人口回流。根据云浮市新型城镇化农户抽样调查统计，全市农村回流劳动力占具有县外务工经历的劳动力总量（即仍在外务工劳动力与回流劳动力之和）的 36%。随着时间的推移，农村回流劳动力在回乡后，越来越多地向本地县城和镇集中，从事商业服务、进厂务工等非农产业。

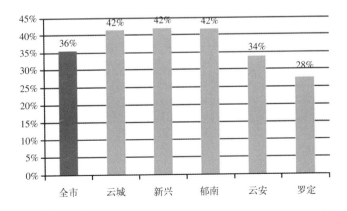

图 8-12　云浮市农村回流劳动力占县外就业比重

（数据来源：2011 年云浮市新型城镇化农户抽样调查）

2006 年以后的回流劳动力有 33% 在城镇务工，56% 从事非农产业，分别是 1995 年以前 1.65 倍和 2.24 倍。农村回流劳动力逐渐成为本地城镇化的重要力量。

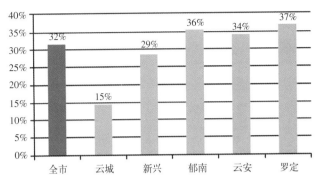

图 8-13　云浮市农村外出劳动力占农村劳动力比重

（数据来源：2011 年云浮市新型城镇化农户抽样调查）

外来务工人口不多，呈逐年减少趋势。由于本地就业机会有限，在云浮市人口构成中，来自其他地区的暂住人口一直较少，加之内地其他地区的经济发展，近年来更呈现出逐年减少的趋势。2010 年，全市由公安局登记的暂住人口为 34066 人，仅占云浮总人口的 1.7%。

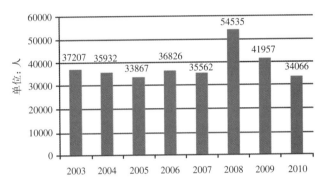

图 8-14　云浮历年暂住人口变化

（数据来源：云浮市公安局历年人口统计资料）

4. 城镇化

倒"S"型的城镇化格局。东部及西江沿岸城镇化快速增长地区：包括云城，新兴的新城、六祖、车岗、太平、东城和稔村镇，云安的六都，郁南的都城、南江口和连滩镇。南部城镇化促进增长地区：包括罗定城区，罗定盆地中的罗镜、太平、罗平、生江、船步、围底、华石、苹塘、金鸡等镇以及郁南的大湾镇。中部农村均质城镇化地区：包括罗定、郁南、云安、新兴范围内的云开山脉、大绀山脉、云雾山脉、老香山脉等丘陵山地地区，以及处于丘陵河谷地区的云安福林镇、郁南的河口镇、低丘地区的镇安镇以及新兴西部盆地的天堂镇四个中心镇。

本地农村人口的转移和外出人口的回流是城镇化的主要动力。随着县域经济的发展。县域内非农就业机会不断增多。农村劳动力在本县县城和镇的就业人口比重不断增加，农村人口向本地城镇的加速转移成为城镇化的主要动力之一。其中，云城区的比重最高，达到57%，云安的最低，为23%。此外，农村劳动力的回流逐渐增多，如前所述，这部分劳动力在回乡后，越来越倾向于在本地城镇从事非农产业，也逐步成为本地城镇化水平提升的重要推动力。

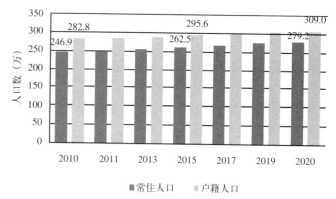

33.6%，随着这部分农村剩余劳动力的逐步释放，云浮城镇化将获得新的动力。

图 8-16 云浮市两种类型人口的预测
（数据来源：云浮市第六次人口普查资料）

图 8-15 倒"S"形山体分布与城镇分布格局图

5. 趋势判断

人口增长趋势持续放缓，老龄人口增速加快。进入21世纪以来，云浮市人口增长一直保持平衡态势。按户籍人口计，人口年均增长率为0.89%，按常住人口计，则为1.24%，均低于全省平均水平。结合云浮市第六次人口普查资料中人口年龄结构特征，预计云浮市未来人口增长仍呈现持续放缓态势。常住人口在2015年预计将达到262.5万人，2020年达到279.2万人，户籍人口在2015年将达到295.6万人，到2020年将达到309.0万人。此外，老年人口将不断增加，预计到2015年，65岁以上老人比重将达到11.0%，到2020年，这一比重将达到14.7%。随着少年儿童人口的不断减少，今后全市小学、中学的招生人数将会逐步减少。老年人口所占比重上升，养老负担日趋加重，这些新的变化都需要城乡基础设施建设和公共服务等多方面进行调整，以适应人口的变化。

通过土地流转，将释放出更多农村剩余劳动力。尽管现阶段云浮市农村劳动力的非农化就业程度较高，但仍有大量农村劳动力滞留在农村，形成隐性失业人口。如果通过土地流转，使农村零星小块的土地能集中到能人手中，进行适度规模经营，而将那些剩余的农村劳动力转移出来，将为工业化和城镇化提供更大的动力。根据云浮市农业局2010年度农村经济收益分配统计表数据、2010年云浮统计年鉴的农业生产数据，采用两种不同的方法计算得出，现阶段云浮市农村剩余劳动力数量分别为26.1万人和19.6万人，剩余比分别为44.7%和

分县农业剩余劳动力数量（方法一）			表 8-1
实际农业劳动力数（A）单位：万人	按农业生产所需劳动力数（B）单位：万人	剩余劳动力数（C=A-B）单位：万人	剩余比（C/A）单位：%
云浮市 58.3	32.2	26.1	44.7
云城区 5.5	2.3	3.2	58.8
罗定市 21.3	9.3	12.0	56.4
新兴县 12.2	7.9	4.3	34.8
郁南县 11.8	7.5	4.3	37.0
云安县 7.5	5.3	2.2	29.9

备注：农业生产所需劳动力按照目前农作物播种面积和主要禽畜出栏、存栏数，折合标准用工量进行估算后得出。（数据来源：云浮市农业局2010年度农村经济收益分配统计表数据、《云浮统计年鉴2010》）

分县农业剩余劳动力数量（方法二）			表 8-2
实际农业劳动力数（A）单位：万人	土地流转后所需劳动力数（B）单位：万人	剩余劳动力数（C=A-B）单位：万人	剩余比（C/A）单位：%
云浮市 58.3	38.7	19.6	33.6
云城区 5.5	3.1	2.4	43.7
罗定市 21.3	14.8	6.5	30.3
新兴县 12.2	9.7	2.5	20.8
郁南县 11.8	6.1	5.7	48.9
云安县 7.5	5.1	2.4	32.2

备注：根据农户调查得出，在进行土地流转后，转入户人均耕地面积为6.5亩，以此为标准，得出现有耕地在进行土地流转后所需劳动力数量，此外，养殖业所需劳动力数根据标准用工量进行估算得出。（数据来源：同上）

本地农村人口转移、通过土地流转释放农村剩余劳动力以及外出劳动力回流将成为城镇化的主要力量。通过对近年来云浮城镇化发展的总体趋势分析，结合新型城镇化农户调查，得出未来云浮城镇化的主要动力来自本地农村人口的转移。此外，农村外出劳动力回流后，越来越多地选择在城镇工作，鉴于庞大的外出人口基数和较大的回流比例，农村回流劳动力也将成为地方城镇化的重要推动力。预计到 2015 年，云浮城镇人口将达到 153.2 万人，城镇化率 58.4%。2020 年，城镇人口将达到 180.5 万人，城镇化率 64.7%。快速的城镇化发展将对地方基础设施建设、公共服务与环境提出更高要求。

云浮城镇化动力来源与城镇化水平预测 表 8-3		
	2015年	2020年
城镇化率	58.4%	64.7%
常住人口总量（单位：万人）	262.5	279.2
城镇人口总量（单位：万人）	153.2	180.5
自然增长人口（单位：万人）	127.0	130.9
外地流动人口（单位：万人）	3.6	3.8
本地农村人口迁移人口（单位：万人）	11.5	24.1
本地外出劳动力回流人口（单位：万人）	7.0	12.6
通过土地流转释放的剩余农村人口（单位：万人）	4.1	9.1

（数据来源：《广东统计年鉴2010》、云浮市公安局人口统计资料、第六次人口普查资料、农户调查资料）

8.3.2 教育发展现状特征与趋势判断

1.现状特征

教育投入不断增加，教育条件逐渐改善。近年来，云浮市政府对于教育的投入不断增加，2008 年至 2010 年，财政性教育经费占生产总值的比例实现逐年提高，财政性教育经费支出分别为 11.7 亿元、13.6 亿元和 16.0 亿元，

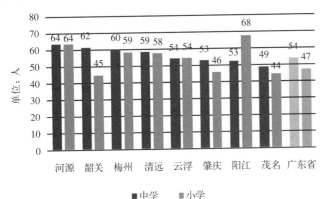

图 8-17　云浮与其他地市每千个在校学生拥有专任教师数对比
（数据来源：《广东统计年鉴2010》）

占 GDP 比例分别为 3.62%、3.95% 和 4.06%，小学、初中、普通高中、中职学校的生均教育经费和生均公用经费也实现逐步增长，教育条件获得较大改善。2009 年，云浮市中小学在校学习拥有专任教师数都达到全国平均水平。而在教育资源配置上，根据《云浮市城市规划技术管理规定》中的社区公共服务设施控制指标，对云浮市及各县（市/区）的教育资源标准配置数量进行计算，在与各地区实际拥有量对比后发现，中学数量在各地都相对充足，小学的实际数量与标准配置量相比，略有不足。

职业教育获得较快发展。在经济全球化和全球产业大规模转移的背景下，高水平的技能型人才越来越成为地区社会经济发展的决定性力量。因此，发展职业教育对于云浮实现跨越发展具有重要意义。近年来，云浮市对于职业教育的投入不断增加，职业教育获得较快发展。

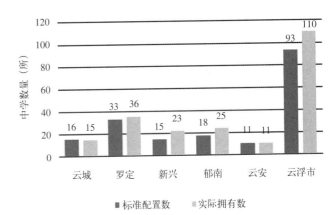

图 8-18　云浮市中学标准配置与实际拥有数对比

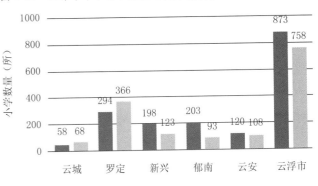

图 8-19　云浮市小学标准配置与实际拥有数对比

目前，全市共有中等职业学校 16 所，在校生 35618 人，比上年增加 8163 人，增幅 29.7%，有专任教师 981 人，学历达标率 68.91%。罗定职业技术学院全日制在校生达到 8434 人，比上年增加 795 人，增幅 10.4%，并被教育部批准设置教育类专业，还成为省教师教育综合技能实训基地和市农村劳动力转移就业职业技能培训示范基地。

农村高中入学率不高。根据云浮市新型城镇化农户抽样调查数据发现，云浮市被访劳动力的文化程度总体以初中为主。农村人口多以完成初中阶段教育为主，高中入学率不高。

2. 趋势判断

人口增长趋势放缓，基础教育将从"量的拓展"转为"质的提升"。通过对云浮市人口年龄金字塔分析发现，云浮人口增长趋势将趋于平衡，0 ~ 14 岁年龄段较 15 ~ 24 岁年龄段人口数明显减少，这意味着未来全市中小学入学人数也将出现显著下降。全市教育投资将更多地注重教学条件的改善和师资水平的提高，而不只是学校建筑面积或教师数量的增加。基础教育将从"量的拓展"转为"质的提升"。

公共服务均等化下，农村教育将获得更大发展。农村教育一直是云浮教育事业的薄弱环节。公共服务均等化的内涵就是全体公民享有基本公共服务的机会均等、结果大体均等并拥有自由选择权，重点是保障城乡居民具有相同的基本生存权和基本发展权。随着云浮公共服务均等化政策的实施，农村教育转移支付制度不断规范化，农村义务教育办学条件将获得改善，农村义务教育质量将获得大幅度提升。同时通过高中阶段教育资助体系的建立，农村高中教育入学率将有望提高。此外，通过各级政府的支持，农村职业教育也将获得更快发展。

8.3.3 医疗卫生发展现状

卫生机构相对充足，卫生资源配置结构不断优化。

根据《云浮市城市规划技术管理规定》中的社区公共服务设施控制指标，对云浮市及各县（市、区）的医疗卫生机构标准配置数量进行计算，在与各地区实际拥有量对比后发现，从各类医疗卫生机构的设置上看达到了规划配置标准，医疗卫生资源相对充足。

云浮医疗卫生机构标准配置与实际拥有数对比 表8-4

	综合医院		社区服务中心		村卫生站	
	标准配置数	实际拥有数	标准配置数	实际拥有数	标准配置数	实际拥有数
云城区	3	5	7	9	93	151
罗定市	3	5	17	25	285	305
新兴县	1	3	12	17	161	180
郁南县	1	4	14	15	177	184
云安县	1	1	7	9	79	200
云浮市	9	18	57	75	795	1020

（数据来源：云浮市卫生局卫生机构资料）

近年来，着力加强区域医疗卫生服务合作，推动一体化发展，建立了覆盖城乡的医疗卫生服务网点。截至 2010 年底，全市医疗机构床位数 5875 张，卫生人员数 8776 人，比"十五"期末分别增长 69.75%、31.77%。2010 年全市医疗机构门急诊共 9949024 人次、出院 206735 人次，分别比"十五"期末增长 53.28%、94.91%；病床使用率 67.16%，提高了 12.08%。

新型农村合作医疗制度不断发展完善，农民医疗保障水平显著提高。近年来，云浮市大力推行新型农村合作医疗，并率先建立了"双档型"新型农村合作医疗制度，在制度实施过程中积极探索，努力破解资金的安全运行、定点医院的管理等新型农村合作医疗发展中的新问题，保障新型农村合作医疗工作健康可持续发展。通过推进单病种定额付费改革、限额付费支付方式改革，提高筹资水平和补偿封顶线，建立了新型农村合作医疗补偿门诊统筹制度。不断发展完善新型农村合作医疗制度。农民医疗保障水平显著提高。2010 年，全市参合人数 210.98 万人，参合率达 99.85%，基本实现全覆盖，走在全省的前列；全市有 13.65 万人次获得新型农村合作医疗住院补偿，补偿金额 2.31 亿元。2011 年度新型农村合

作医疗宣传发动缴费工作成效显著，参合人数达 217.43
万人，参合率 99.87%。

农村卫生技术人员综合素质偏低，后继人才缺乏。
云浮市农村医疗卫生技术人员综合素质偏低、后继人才
缺乏是农村医疗卫生领域长期存在且最需要解决的问题。
目前全市农村卫生站的医生中，很大一部分都是由原来
的老赤脚医生转变而来，大都没有受过正规的医学教育，
虽然后来经过培训而取得行医资格，但医疗水平还达不
到规范的学历要求和执业要求。而且按照要求，卫生站
应配两个以上医生，但由于条件有限，大部分卫生站的
医生加上保健员只有一到两个，且保健员都是医生的亲
属或朋友，懂一点卫生知识就来做助手，普遍素质不高。
虽然全市通过各种形式对乡医进行培训，但仍不能从根
本上解决问题。更由于人员学历低，培训机会少、时间
短，一时难以提高他们的综合素质和诊疗技术水平。此外，
乡村环境条件差、乡医收入低、待遇差，农村卫生站人
才难觅问题较为严重。

8.4　经济发展现状与前景

8.4.1　经济发展总体特征

1. 总体概况

经济总量偏低而人均相对较高。建市之初，云浮市
经济实力在广东省 21 个地级市中排名中游偏下，GDP
总量居全省第 14 位。随着珠三角的快速崛起和西江经
济走廊的日渐衰退，云浮在经济、交通、政策等多方面

逐渐被边缘化，虽 GDP 每年仍以 8.5% 的平均增速递增
（1995 年至今），但发展的加速度仍落后于珠三角及周边
地区各城市。

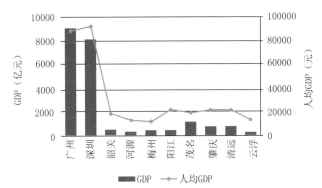

图 8-20　云浮与广东其他地市 GDP 比较（2009 年）
（数据来源：《广东统计年鉴 2010》）

2009 年全市 GDP344.51 亿元，排全省第 21 位；人
均国民生产总值 14276 元，排第 17 位；固定资产投资
240.19 亿元，排第 16 位；财政收入 20 亿元，排第 20 位。
虽然各项经济指标人均水平在广东省处于中等水平，如
人均固定资产投资排全省第 14 位，城镇人均可支配收入
第 14 位，农民人均纯收入第 12 位。总体而言，云浮经
济发展水平与广东省平均水平仍存在较大差距，但与全
国平均水平大致相当，尤其是对于我国中西部地区而言
具有一定的优势。

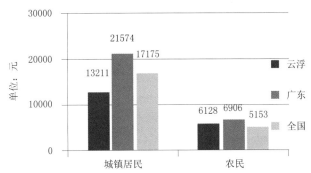

图 8-21　云浮市居民收入与广东及全国的对比（2009 年）
（数据来源：《广东统计年鉴 2010》）

云浮市各项经济指标省内排名　（2009 年）　表 8-5

云浮市（总量）	全省排名	云浮市（人均）	全省排名
GDP	21	GDP	17
固定资产投资	16	固定资产投资	14
地方财政收入	20	储蓄存款	16
规模以上工业增加值	20	城镇居民人均可支配收入	14
社会消费品零售总额	21	农民人均纯收入	12

（数据来源：《广东统计年鉴2010》）

东部地区经济发展状况和形势相对较好。从云浮内部各县区经济发展状况和形势来看，东部地区要好于西部地区。从GDP总量和人均GDP来看，经济发展状况和形势最好的是新兴县和云城区，新兴GDP总量居全市第一，而云城区人均GDP居全市第一，云安县的人均GDP也超过了西部的罗定和郁南。罗定虽然GDP总量居全市第二，但人均GDP只能排在全县最末。从经济增长速度来看，云安和新兴2005年以来的平均增长速度分别达到16.7%和16.5%，其次为市直属机构（包括工业园区）和云城区，达到14.0%，而郁南和罗定相对较低，为12.9%和12.5%。

云浮各县区经济发展状况　（2009年）　表 8-6

指标	市直属机构（包括工业园区）及云城区	罗定	新兴	郁南	云安
GDP（亿元）	76.0	79.0	99.9	51.8	37.9
2005年以来年均增速（%）	14.0	12.5	16.5	12.9	16.7
人均GDP（元）	26578	8050	22861	12088	13478
第一产业增加值	7.5	23.0	32.8	15.4	10.5
工业增加值	40.6	27.1	35.7	18.1	17.8

（数据来源：《云浮统计年鉴2010》）

2. 产业结构

产业结构不断优化，但仍相对落后，对于我国中西部地区具有典型性。2009年，云浮市三次产业在GDP所占比重为26∶40∶34，从历年变化上来看，三产的比例一直比较稳定。云浮是农业大市，农业在产业结构中占有十分重要的地位。2005年以前第一产业的比例都在30%以上，最近两年随着工业化的提速，第二产业比例有所增加而第一产业有所降低，而第三产业的比例则十分稳定，维持在30%左右。

云浮产业结构与广东省相比，具有较大的差异，但对全国而言，却具有一定的典型性，对于我国中西部地区尤其如此。2009年，广东省三产结构为5∶49∶46，这一水平与我国东部地区水平相近。而我国中、西部地区三产结构分别为13∶50∶37，14∶47∶39，可见，作为广东省欠发达地区，云浮在经济结构上与全国欠发达的中西部地区存在着较大的相似性，这也体现了云浮作为全国改革试验区的示范作用。

农业地位突出，农业产业化建设卓有成效。一直以来，云浮都是广东省的农业大市，农业在全市经济中占有重要地位。2009年，在其他经济指标远远低于省平均水平的情况下，云浮市的第一产业增加值达89.13亿元，

在全省列第12位，农民人均纯收入达6128元，高于其他山区四市等欠发达地区。与肇庆相比，云浮在经济发展的各个指标都远远落后，唯独农民人均纯收入一项与其他各市基本持平，足见农业在云浮的重要地位。

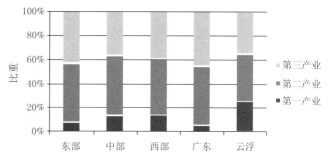

图 8-22　云浮与广东及我国三大区域间的产业结构对比（2009年）
（数据来源：《中国统计年鉴2010》，《广东统计年鉴2010》）

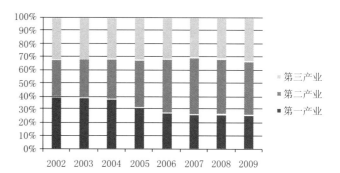

图 8-23　云浮市历年三次产业构成变化
（数据来源：《云浮市统计年鉴2010》）

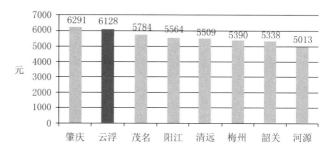

图 8-24　云浮与广东其他欠发达市农民人均纯收入比较（2009年）
（数据来源：《2009年广东各市国民经济与社会发展统计公报》）

云浮市的农业产业化建设卓有成效。2009年，全市农业产业化组织发展到240个，实现销售收入203.9亿元，带动农户26万户，户均增收6530元，生产了一系列全国、全省知名的特优、名优农产品，如马林凉果、亚灿米、南盛贡柑等。

农业产业化的快速推进带动了一批龙头企业的发展，如温氏集团、马林食品集团、聚龙米业集团等。其中，2010年温氏集团实现销售收入219.4亿元，合作农户4.7万户，户均获利4.53万元，为广东最大、全国重点的农业产业化龙头企业，其推行的"公司＋农户"制度大获成功，成为全国各地争相效仿推广的对象。

2009 年云浮农业产业化发展情况　　表 8-7

农业产业化组织总数	240 个
带动农户数	26 万户
农户从事产业化经营增加收入	6530 元/户
产业化组织从业人数	49785 人
利用外资额度	664.4 万美元
省级以上重点龙头企业数	13 个

（数据来源：《云浮市统计年鉴2010》）

以石材、水泥和硫化工为主的资源型产业和不锈钢加工、电池制造业是云浮的主导工业。2009 年，云浮市第二产业增加值达到 139.31 亿元，其中规模以上工业增加值达到 97.53 亿元，分别列全省末位和第 20 位，总体发展相对滞后。目前，云浮市的重点产业包括石材加工业、水泥业、电力、硫化工、不锈钢加工、消费型电子产品制造、电池制造等，其中石材加工业、水泥业、硫化工业是基于当地的优势资源发展起来的。经过多年的发展，各大主导产业已经出现了一定程度的产业集群。云浮市各县区工业主导产业特色十分明显。云城区、云安县以石材、水泥、硫铁矿加工、电力为主，新兴县以不锈钢加工、凉果加工为主，郁南县以电池、机械制造为主，罗定市以消费型电子产品制造、服装加工为主。

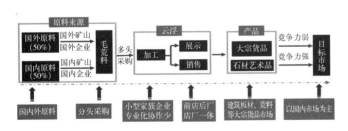

图 8-25　云浮市石材产业生产经营流程

初步形成了各具特色的产业转移园格局。佛山（云浮）产业转移工业园重点发展基于"三网融合"的电子信息产业、专业机械制造、新型材料等主导产业，规划建设台资企业产业园、清华启迪科技产业园、物流园区

等省级高新技术产业开发区。佛山顺德（新兴新城）产业转移工业园主要发展电子、轻工、机械制造等二类工业。罗定双东环保工业园（含郁南大湾分园）重点发展电子、电镀、五金、化工等产业。将云浮循环经济工业园建设成为中国最大的新型石材产业基地、中国最大的硫铁矿制酸基地、华南地区最大的硫化工产业集群、西江流域最大的水泥生产基地，现已被认定为首批广东省循环经济产业示范园。

第三产业增长明显，但仍以低端的生活性服务业为主，发展层次不高。近年来，云浮市第三产业增长明显，2010 年，第三产业增加值在 GDP 中的比重达到 33.7%，但与广东省其他欠发达地市相比，仍处于较低水平，与全省平均水平（40.6%）仍有一定的差距，在全省处于较为落后的位置。从第三产业内部结构看，仍以低端的生活性服务业为主，发展层次有待提升。2009 年云浮第三产业中的交通运输业增加值约占 7%，批发零售业约占 19%，住宿和餐饮业约占 8%，金融业约占 6%，科研技术服务约占 1%，商务服务业约占 5%。附加值较高的生产性服务业较为落后，生产配套服务功能不强。

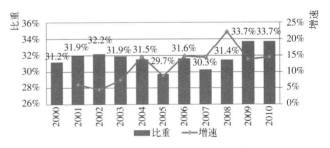

图 8-26　云浮市历年第三产业增加值比重与增速变化

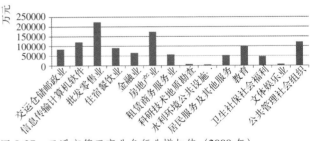

图 8-27　云浮市第三产业各行业增加值（2009 年）

（数据来源：《云浮市统计年鉴 2010》）

8.4.2　经济前景

全球化背景下全球要素的地方化发展成为关键，地方资源进入全球市场，重要性明显提升。随着全球化全面推进，一个重要趋势是随着要素资源在全球范围内进行配置的实现，要素的地方化发展越来越成为经济发展的关键。因此，随着云浮逐渐融入全球化进程，外来生产要素在进入云浮后将越来越多地进行本地化运作，加强与本地企业联系，实现产业链的本地化延伸，这一趋势无疑为云浮的地方产业发展提供了难得机遇。此外，

全球化下地方资源进入全球市场，接受全球竞价，其重要性明显提升。作为具有丰富自然资源的云浮而言，在全球对资源需求不断增加的形势下，其重要性与整体竞争能力将逐渐凸显。

珠三角一体化下交通条件改善，珠三角边缘地带进入加速发展期。随着珠三角一体化的不断推进和珠三角要素集聚与辐射带动能力的增强，珠三角的外部交通建设成为重点。云浮市毗邻佛山、江门、肇庆，为珠三角外围的"边缘地带"和珠三角联系大西南和粤西地区的重要通道。目前，在建和规划的主要交通线路有：南广高铁、江罗高速、肇云轻轨、云岑高速、汕湛高速等。可以预计，随着交通条件的改善，与珠三角及周边地区的联系不断增强，作为珠三角边缘地带的云浮将获得快速发展。

产业转移步伐加快，并得到政府重视与扶持，发展前景向好。随着珠三角劳动力、土地成本的提升和云浮基础设施条件的改善，珠三角产业加速向云浮等外围地区转移已成为大势所趋。而云浮要实现资源型城市转型，借助外来产业培育具有自身特色的新兴产业也将是今后发展的重点之一。此外，为鼓励珠三角企业向产业转移园转移，广东省政府设立了各种产业扶持资金、奖励资金和优惠政策，促进产业转移。因此，云浮的产业转移和产业转移园建设将成为今后经济发展的重点之一。

8.4.3　第二产业

石材产业的规模化、高端化与产业链延伸将成为今后发展的方向。作为云浮重要主导产业的石材产业目前大多为小型的"前店后厂"式的家族企业，企业规模小，产品低端，缺少龙头企业和知名品牌。近年来随着云浮市国家级石材检测中心、云浮石材博览中心的建成，石材产业链逐渐向上下游延伸。目前石材业国外市场成熟度高，需求已较稳定，而随着国内需求的持续快速增长，消费者对石材的认识也在提高，这将推动国内石材业快速发展。通过提升石材切割技术，利用人造石、边角碎料等实现循环经济，发展高端石材，延长产业链条，提升产业附加值是全球石材行业的重要趋势。而目前云浮石材企业的规模小、集中度低和产业链单一的特点无疑将限制行业的发展，今后，做大做强石材企业、延伸产业链条，发展以石材为核心的设计、展览、营销等服务，提高行业整体竞争力将是石材产业发展的主要方向。

实现资源节约与综合利用，发展循环经济是水泥产业发展的主要趋势。水泥产业在云浮经济中占有重要地位。但其能耗高、污染重，温室气体排放量所占比重大，在转变经济发展方式、建设宜居环境的大背景下，水泥产业的发展必将走循环经济之路。新建水泥生产线同步建设余热发电机组，鼓励企业对电厂和硫酸厂等行业产生的灰渣进行资源综合利用；新建新型干法水泥熟料生产线应按照等量淘汰的原则，按时关停和淘汰落后小水泥产能；充分利用云浮石材产业、硫化工业等产业优势，完善水泥、硫化工和石材产业的补链工作，延长特色经济循环产业链条，增强产业抗风险能力，并以云浮新港为依托，形成港口物流、水泥、硫化工、石材等特色循环经济产业之间链条互补的循环，是云浮水泥产业发展的主要趋势。

不锈钢制品业将不断实现高端化与品牌化。不锈钢制品业是新兴县的主导产业。在龙头企业凌丰集团连续5年稳坐全国同行业出口"头把交椅"的同时，新兴县以年出口3.34亿美元的佳绩，成为全国最大的不锈钢餐厨具出口县域单位。但在产品质量、技术进步和争创品牌方面还处于初级阶段，企业管理水平还有待进一步提高。今后，通过建立新型不锈钢工业园区，成为支撑不锈钢制品产业发展的新载体和新的增长极，通过推进区域品牌、产业品牌建设，以重点骨干企业、优势产品为重点培育对象，引导企业不断提高技术、质量、营销能力，争创一流品牌，扩大市场占有率。同时引导和培育不锈钢骨干企业（或集团）上市融资，实现产业的高端化和品牌化是新兴不锈钢制品业发展的主要趋势。

以水泥、石材和硫化工为主体的循环产业将成为云浮发展的特色产业。云浮具有良好的循环经济基础。依靠资源优势发展以水泥、石材和硫化工为主导的产业集群。云安县是全省首个循环经济试点县，今年正申报创建国家级循环经济试点县，云浮市将依托现有产业优势，发展其水泥、硫化工、石材等特色循环经济产业之间链条互补的循环经济。水泥和硫化工产业的低温余热回收发电，可用于水泥、硫化工生产；石材产业的废渣和硫化工产业的石膏可用作水泥生产填充料；硫酸渣可生产水泥成品，硫酸下游产品可生产石材的复合材料。同时，不断开发新的产业间循环利用项目，扩大资源利用效率，建立具有云浮特色的循环工业体系。

产业园区的整合与集聚发展是今后发展的主要趋势。目前，云浮以镇为主体创建了不少小型产业园区，分散分布并不利于工业企业之间的生产合作、设施共享。以县级重点工业园为核心，整合其他产业园区，以集中资源发展产业园区，实现集聚效应是未来发展的重要趋势。此外，产业转移已成为不可逆转的趋势，云浮不断改善的交通条件和优越的区位条件必将吸引越来越多的外部企业进驻。目前，云浮通过推进佛山（云浮）产业转移工业园、佛山顺德（新兴新城）产业转移工业园、罗定双东环保工业园（含郁南大湾分园）和云浮循环经济工业园建设，促进四大园区共建发展。加大招商选资力度，实现产业链招商，引导企业进园，避免单个企业发展，推动企业聚集发展，壮大园区经济。重点吸引与本地资源契合，以及开拓内地市场的转移企业。

8.4.4　农业

以特色农业和规模农业为核心的现代农业将获得较快发展。云浮具有良好的现代农业发展基础，已初

云浮市域主要工业园区基本情况　　　　表 8-8

	工业园	位置	规模	功能	发展现状
云安县	云浮循环经济工业园	云安县城南部，毗邻广梧高速大庆出口、云浮新港，368省道旁	包括循环经济综合园区、循环经济物流仓储园区、循环经济化工示范基地、云安县新型材料产业基地，规划区总用地面积1337.15公顷	发展硫化工、石材、水泥、新型材料产业为基础的循环产业	建成企业20家，投资30.76亿元，在建企业21个
	镇安工业园	镇安镇，紧靠国道324线和即将建设的深罗高速	规划用地面积1500亩	主要发展家具、鞋帽及制衣等	—
罗定市	佛山南海（罗定）产业转移工业园	素龙镇岗咀村至罗平镇黄牛木村一带，距国道324线约5公里，距云岑高速约10公里	规划占地约13000亩	园区主要承接珠三角产业转移的五金、塑料、纺织、印染、轻工等产业，重点承接南海及其他珠三角地区急需转移的项目	—
	罗定双东—大湾环保工业园	省道荔朱线旁、罗阳高速和广梧高速罗定支线出口交汇处，距罗定火车站2.5公里	包括原罗定双东环保工业园（至中期规划7700亩）和郁南大湾环保工业园（总规划12614亩）	发展电镀、五金、化工等特色产业	双东园区已有入园项目（包括规划入园项目）21个，项目总投资额为35.168亿元，其中在建项目6个；大湾园区已引进项目3个，其中在建项目1个
	罗定市围底—华石工业区	罗定市围底镇至华石镇一带	规划占地面积5100亩	以宏利达工业城和陶瓷工业城为主导，发展建筑材料、陶瓷、水泥等产业	宏利达工业城已累计完成基建投资1.03亿元，工商部门注册的企业有近20个；陶瓷工业城已有罗宝陶瓷和鸿正陶瓷两家企业入园发展
	罗定市附城电子高新工业园	附城镇	占地6800亩	以电池、电子、太阳能等为主	现有包括艾默生电器公司在内的电子企业三十多家
郁南县	中山横栏（云浮郁南都城）产业转移工业园	郁南县城西北部广梧高速出入口侧，距西江黄金水道5公里	总体规划开发面积13471亩	发展农产品加工、机械制造和劳动密集型企业，建设成为省级电池产业集群示范基地、全省农产品生产加工基地	现已建设都城千亩工业基地，已有19家企业进入园区，包括广州虎头电池企业
	南江口生态型建材生产基地	南江口港口附近	近期规划用地2300亩	陶瓷生产、物流	—
	都城特色工业园	县城西侧	—	玩具、灯具、阀门、药业等	—
云城区	佛山（云浮）产业转移工业园	都杨，原佛山禅城（云浮都杨）产业转移工业园和原云浮市初城民营科技园整合而成	园区规划控制总面积39.6平方公里	专业机械制造、电子信息、新型材料、建材、纺织服装	少部分企业投产，大部分处于厂房建设阶段
新兴县	佛山顺德（云浮新兴新城）产业转移工业园	新兴县城西南	规划开发面积12.11平方公里	电子通讯、五金（不锈钢）、机械、生物医药、食品加工、纺织服装等	引进项目33个，投产项目15个，在建项目14个。一、二期共3744亩已经基本完成"三通一平"建设
	凉果工业城	东成镇S113旁	占地300亩，现9家凉果制品企业落户	凉果制品生产、包装、销售等食品加工业	—

步形成优质大米、特色果蔬等健康食品以及食品加工等高附加值产业。全市建成优势农产品示范基地 63 个，省级农林产业专业镇 8 个。目前，云浮正逐步实施农产品市场准入制度，推进标准化生产，同时通过农用地流转，实现土地向能人集中和适度规模经营，加快现代农业园区建设，如罗定的优质粮生产现代农业园区、新兴的飞天蚕生态茶园，郁南县的柑橘产业园区等。因此，云浮以特色农业和规模农业为核心的现代农业将获得较快发展。

"公司＋农户"的温氏模式和专业合作社模式将成为农业产业化的主要路径。云浮市农业产业化发展水平较高。2010 年全市农业产业化经营组织达 285 家，实现年销售收入 259.2 亿元，带动合作农户户均增收 7900元。国家级农业龙头企业广东温氏集团被列入省"千百亿"名牌培育工程企业，实现年销售收入 219.4 亿元。"公司＋农户"和专业合作社模式是云浮产业化发展成功的关键。目前，云浮市计划通过大力推广"公司＋农户"发展模式，引导农业企业深化农林产品加工利用，重点扶持发展粮食、禽畜、水产品、果品、松脂、蚕茧、竹制品等深加工，进一步发展壮大农业龙头企业，延长农业产业链，提高农产品附加值，农业产业化水平将因此得到有效提高。

开展农村金融改革，建立多元化农村金融组织体系是解决农村融资问题的有效方式。农村金融关系到农业现代化的资金来源问题，云浮推进农村金融改革，积极发展涉农保险业务，建立引导信贷资金和社会资金投向农村的激励机制，畅通农村投融资渠道，切实解决"三农"融资难问题，郁南农村金融改革工作的经验得到全省的推广。目前，云浮通过加强与中国人民银行广州分行等单位的合作，深入推进《中国人民银行广州分行云浮市政府创建信用体系试点市合作框架协议》的实施，加快全市县级征信中心的建设和运营，逐步建立统一的市、县级信用信息平台，构建政策性金融、商业性金融、合作性金融及民间金融并存的多元化农村金融组织体系，这些举措有效解决了农村融资难题。

农地流转将促进农业的规模经营和农村劳动力的进一步释放。农村土地流转是实现农业现代化的有效途径。目前，云浮市正逐步建立统一的农村土地流转服务平台。建立与土地要素市场相统一的农村土地流转市场，推进城乡建设用地统筹利用，通过培育和发展农业龙头企业、农民专业合作组织、农产品流通大户、种养大户等流转市场主体，促进农业的适度规模经营，农用地的流转和规模经营，将有效减少农业生产中存在的隐性失业的剩余劳动力，促进农村劳动力向城镇转移，为工业化和城镇化提供持续动力。

品交易中心、罗定粤西农产品交易中心作用将更加凸显。而一批商贸物流和粮食仓储基础设施的建设，如云浮不锈钢材料、石材荒料、水泥熟料、木材等大宗工业原材料专业批发市场，依托西江黄金水道、南广铁路、广梧高速等区域性水陆交通设施建设的新港、都杨和温氏等现代物流园区和电子口岸，都极大地促进了云浮商贸物流业的发展。

8.4.6　港口

以港口为核心的西江经济带将成为新的经济增长点。西江黄金水道，上游连通广西、贵州、云南等省和自治区，是珠三角和沿海地区连接大西南各市的重要航道。云浮市位于西江隘口，西江在云浮境内岸线长 100 公里，沿线设有都骑港、云浮新港、南江口港、都城港等 4 个深水港。云浮港口在地理上有着其他内河港口无法比拟的区位优势。随着西江航运条件的不断改善，依托资源优势，大力发展临港经济，目前沿江规划建设了一批工业园，如振兴工业园、初城工业园、都杨临港工业园、思劳高新技术工业园以及云城工业区。随着各类沿江工业区的建成并投产，将极大地提高了沿江地带的土地利用价值，带动了沿江产业带的经济发展。

8.4.5　第三产业

以西江和南广高铁、广梧高速为主通道，以石材等特色产业为支撑的商贸物流是第三产业发展的关键。历史上云浮市各县以西江为主要通道，商贸物流业十分繁荣。新时期，广梧高速已全线贯通，随着云浮新港、都杨港、南江口港和都城港新建泊位的投入使用和南广高铁的建成通车，云浮市的区位条件将明显改善，郁南两广农产

8.5　城镇化与空间发展现状

8.5.1　城镇化发展水平分析

1. 基本情况

2009 年，云浮市总人口达 275.8 万人，其中非农业人口 101.2 万人，城镇化率为 36.7%，在全省排第 15 位，不仅远低于珠三角地区（71.3%）和省平均水平（52.1%），和全国平均水平（43.90%）也有一定的差距。总体而言，属于城镇化水平较为落后的地区。

8.4.7　文化与旅游产业

以风景名胜、民俗节庆和文化遗产为主要资源的旅游业是文化与旅游产业发展的重点。云浮市历史悠久，文化底蕴深厚，旅游资源极其丰富，如蟠龙洞、新兴温泉、六祖诞、大湾古民居群、禾楼古舞、南江文化艺术节等。总体上，以溶洞和温泉为主的风景名胜、以南江文化和六祖文化为主要内涵的民俗节庆和文化遗产旅游是云浮文化与旅游产业发展的优势所在。近年来，随着云浮"大珠三角地区的西花园、广东中西部地区旅游胜地"的旅游业发展目标的提出和三大文化产业规划出台，云浮的文化与旅游产业发展将逐渐转向具有自身特色与比较优势的溶洞温泉景点旅游、民俗节庆旅游和文化遗产旅游。

2009 年云浮及毗邻城市城市化水平对比　表 8-9

	总人口（单位：万人）	非农业人口（单位：万人）	城市化水平
韶关	325.5	165.5	50.8%
江门	391.5	220.3	56.3%
阳江	275.7	114.7	41.6%
湛江	763.1	282.1	37.0%
茂名	735.3	275.8	37.5%
肇庆	413.7	117.8	28.5%
云浮	275.8	101.2	36.7%

2. 城镇化水平内部差异分析

从各县区城镇化的情况来看，云城区的人口已经全部纳入非农业人口范围，城镇化率为 100%；城镇化水平第二高的是新兴县，达 34.5%；城镇化水平最低的是郁南县，只有 18.9%。

从 2000 年以来的云浮市各县区城市化水平平均增速来看，增速最快的是云城区，达 5.5%；其次为新兴县，达 4.8%；其余三县市则增长较慢，罗定市仅有 0.03%，云安县和郁南县甚至是负增长。

云浮市各县区城市化水平变动情况（单位：%）　　表 8-10

地区	云城区	云安县	新兴县	罗定市	郁南县	总计
2000年	61.6	24.8	22.6	33.2	19.9	31.0
2009年	100.00	21.4	34.5	33.3	18.9	37.1
平均增速	5.5	-1.6	4.8	0.03	-0.6	2.0

8.5.2　城镇结构分析

云浮市辖一区（云城区）、三县（新兴、郁南、云安）、一县级市（罗定，代管），共有大小乡镇 55 个，其中中心镇 13 个，一般镇 42 个。

1. 区域城镇等级规模结构分析

城镇体系的等级规模结构是指城镇体系中各城镇之间规模的相互组合关系、特征与差异等。一般用城镇首位度和位序的规模定律来反映一个区域内城镇规模的分布规律。

1）各级城镇等级规模现状

云浮市现状城镇规模均较小，按镇区人口可将各级城镇分为 4 个等级。

城镇人口在 20 万左右的有云浮市区、罗定中心城区。

城镇人口在 5～10 万的有新兴县城所在地新城镇，郁南县城所在地都城镇。

城镇人口 1～5 万的有腰古、六都、富林、连滩、罗镜、泗纶、素龙、南江口等中心镇。

其余城镇人口都在万人以下。

2）区域性城镇等级规模结构的缺失

从云浮的实际情况来看，由于"切块设市"和"云罗之争"等历史方面的原因，一直没有形成一个真正意义上的区域性中心城市，因而也就不存在传统意义上的城镇等级规模结构。

由于"切块设市"的原因，云浮市区虽然是地级市政府所在地，却并没有成为云浮市的中心城镇。

第一，从历史的原因看，云浮市区一直不是本地区的中心城镇。在设市之前，现云浮地区经济发展最好的是罗定市，其市区所在地罗成镇经济、城镇、人口规模都远大于当时的云浮市区，一直是现云浮市域西南地区的中心城镇。当时的云浮市区地处山区，经济基础薄弱，城镇发展历史较短，到 2001 年云浮市区的 GDP 还不及罗定市区和新兴县城新城镇。虽然近年来云浮市区的发展已有很大起色，但由于经济基础薄弱，城镇、人口规模小，仍然无法起到中心城镇的辐射和带动作用。

罗定中心城区的经济实力和城镇基础、规模在当时虽远远强于现云浮市区，但仍是一个以农业生产为主的地区，同时罗定市大量负债超前发展基础设施的问题开始凸现。多年来整个罗定市的经济发展停滞不前，城镇规模基本没有太大变化，再加上偏于一隅，交通不便，自然也无法承担中心城市的职能。

第二，从城镇首位度的计算来看，按照国际的城市理论，区域最大的中心城市首位度应不低于区域人口的 1/10，GDP 占到 30%。对照这一标准，云城区在云浮市中的人口首位度略大于 1/10，但 GDP 首位度不到 23%，经济总量与这一标准还有相当大的差距。同时，与周边城市相比，云浮市区的人口及 GDP 首位度均为最低。

2006 年云浮及毗邻城市人口及 GDP 首位度比较

（单位：%）　　表 8-11

城市	人口首位度	GDP首位度
韶关	28.41	56.12
江门	34.81	51.57
阳江	24.13	38.45
湛江	19.80	56.47
茂名	17.69	34.83
肇庆	12.18	31.59
云浮	10.73	22.89

第三，云浮市区规模偏小，服务性基础设施缺乏，中心城市的很多服务功能缺失，吸引消费的能力有限。目前云浮市区建成区面积仅 18 平方公里，占市区土地总面积的 2.36%，是广东省建成区面积最小的地级市之一。同时，由于城镇建设发展历史不长，云浮市缺乏大型超市、百货和高档娱乐设施等服务性基础设施，对市域其他地方居民没有足够吸引力，而多往周边的市县（如梧州、肇庆、江门、广州）消费，即使是云浮市区的居民，很多也选择去肇庆消费。

云浮与广东省其他城市中心城区占市域

总面积的比例　　表 8-12

城市	市区建成区面积（单位：km²）	市区土地面积（单位：km²）	比例
韶关	78	2870	2.72%
珠海	118	1701	6.94%
江门	120	1786	6.72%
肇庆	74	761	9.72%
惠州	161	2672	6.03%
中山	40	1800	2.22%
云浮	18	762	2.36%

总的来说，云浮市的城镇等级规模结构呈现一种均质化的状态，真正意义上的中心城市还没有形成，云浮市区作为潜在的中心城市还需要进一步的培育。

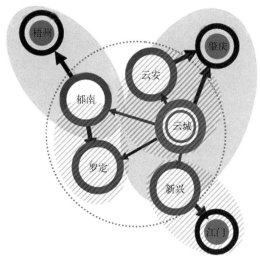

图 8-28　云浮市各县区居民消费示意图

2. 区域城镇职能结构分析

根据云浮市的实际情况，可将云浮市所有的区、镇划分为综合性城镇、专业性城镇和一般集镇 3 大类型，具体情况见下表。

云浮市城镇职能分类　　　　表 8-13

职能类型		名称
综合性城镇	第一级	云浮市区、罗定市区
	第二级	新城镇、都城镇、六都镇、罗镜镇
专业化城镇	以工业生产为主的城镇	富林镇、镇安镇
	以交通职能为主的城镇	南江口镇
	以商贸及农副产品加工为主的城镇	天堂镇、连滩镇、泗纶镇
	以旅游业为主的城镇	六祖镇
一般集镇	为农业生产服务的农副产品集散地	其余各乡镇

1）综合性城镇

云浮市区：地级市政府驻地，全市行政中心，全国重要石材加工、贸易中心，西江重要河港，但目前规模仍偏小，服务性功能不足。

罗定市区：市域西南中心城镇，广东省首批历史文化名城，具备一定经济基础，文化底蕴深厚，但目前发展动力不足。

新城镇：新兴县政府所在地，靠近珠三角，不锈钢、凉果加工、畜牧业养殖产业具备良好的基础，兼有龙山温泉、国恩寺等旅游资源，发展潜力巨大。

都城镇：郁南县政府所在地，与广西毗邻，西江航运要港，电池、机械等产业发展较好，商贸业有一定基础。

六都镇：云安县政府所在地，西江航运要港，省内重要硫化工、水泥基地，规模较小，环境污染较为严重。

罗镜镇：罗定南部中心镇，蔡廷锴将军故居所在地，工农业发展基础较好，具备一定商贸职能，是罗定市市域副中心城镇。

2）专业性城镇

富林镇：位于云安县的南部，云浮石材加工业的发源地，石材、水泥产业具备一定的发展规模，典型的以工业生产为主的镇。

镇安镇：位于云安县，石材加工产业具备一定的规模。

南江口镇：位于郁南县南江注入西江处，西江地区重要水陆交通要冲，交通位置十分重要。

天堂镇：新兴县西南部中心镇，周边农畜产品丰富，商贸业较为发达。

连滩镇：位于郁南县东南部，南江流域重要商贸中心，同时旅游资源也较为丰富。

泗纶镇：位于罗定市，农业资源较为丰富，农产品加工业具备一定的规模。

六祖镇：六祖惠能故居，岭南名刹国恩寺所在地，兼有龙山温泉资源，省内著名的旅游城镇。

3）一般集镇

其余各乡镇，职能多为小区域的行政管理中心和农副产品集散地。

3. 区域城镇空间结构分析

区域城镇空间结构即城镇空间分布体系，是指某一区域中，规模不同、职能各异的各级城镇在空间上的分布、联系及其组合状态。它强调的是一个区域内的城镇由于存在空间相互作用，在空间上结合为具有一定结构和功能的有机整体，揭示的是区域内各城镇之间空间相互作用的状况和机制。

1）均质化的城镇空间结构

从云浮的实际情况来看，由于"切块设市"等历史原因，云浮市空间结构均质化的特征较为明显。全市尚没有形成一个真正意义上的中心城市，城镇空间结构较为松散，相互之间联系不紧密。全市目前形成两个弱中心：云浮市区和罗定市区。云浮市区为市域东部中心，罗定市区为市域西部中心，之所以称之为弱中心，是因为周边城镇对其依赖性不大。

全市形成两条发展主轴。一条是 324 国道，贯穿云浮全境，是区域性的交通大动脉。沿线集中了云浮市区、罗定市区两个城市，都城、镇安等 5 个中心镇，石城、苹塘、华石等 10 个一般镇，是云浮市区最主要的发展轴。

另一条是西江发展轴,沿西江经过都城、南江口、六都、都骑等城镇,坐拥西江黄金水道,交通区位优势明显。

全市中心城镇的分布较为均质,没有形成较为密集的城镇区。

2)"双弱中心":云城与罗定的双城关系

云城区与罗定市一东一西,构成了云浮市的"双弱中心"。云城区是地级市驻地,新近发展的区域新中心;罗定市则是省历史文化名城,是具备一定经济基础的市域西部的老中心。从经济发展方面来看,云城区GDP总量已经逐渐赶上罗定市,且人均GDP云城区远高于罗定市;但在城镇、人口规模方面,两者市区人口相当,市域人口罗定市要远远超过云城区,建成区面积也略大于云城区。

2009 年云城区与罗定市的对比表　　表 8-14

指标	云城区	罗定市
人口 (万人)	28.71	114.08
GDP (亿元)	76.0	79.0
人均GDP (元/人)	25650	8050
市域面积 (km²)	762	2300
建成区面积 (km²)	18	19
人口密度 (人/m²)	373.62	480.91

云城区、罗定市作为市域东部的中心城镇,目前存在的最大问题是城镇吸引力不够,腹地狭窄。云城区与新兴县的联系目前非常薄弱,交通也不太畅通,通勤时间过长。罗定对郁南的吸引力也非常有限,只有郁南南部的乡镇选择到罗定去消费。罗定还存在着自身经济发展动力的问题。因此,要改变目前的"双弱中心"的松散的城镇空间结构,就必须做大做强两大中心城镇或做大云城区,构建"双强中心"或"单强中心",带动整个区域的发展。

8.5.3　小结

云浮市是广东省城镇化水平较为滞后的地区,且增长较为缓慢,这主要和本区农业发展较好、工业吸纳能力不足、城镇中心服务能力差和交通不便等因素有较大的关系。由于"切块设市"和"云罗之争"等历史方面的原因,云浮一直没有形成一个真正意义上的区域性中心城市,传统意义上的城镇等级规模结构并不存在。云浮市各级城镇按其主要职能可以划分为综合性城镇、专业性城镇和一般集镇三大类型。在空间分布上,云浮市的各级城镇以云城区和罗定市形成两个相对独立的弱"双核心"结构,各城镇之间的联系较为松散,总体上仍是一种均质化状态。

8.6　问题总结

8.6.1　产业发展

工业产业结构层次低,规模小,集聚经济不明显。云浮市工业内部结构比较单一且层次较低,大多为初级产品加工或是消费类产品批量生产行业。产业规模也过小,缺乏龙头企业。导致行业整体效益低,如集聚在云城区 324 国道两侧"石材百里长廊"的石材企业超过 2000 家,绝大部分都是小型的"前店后厂"式的家族企业。此外,工业企业的分布总体上较为散乱,各行业之间的联系协作不紧密,即使同行业内部各企业之间也相互独立,自成一体,缺乏联系。如云浮市各县区目前共有工业园区、转移园区 13 个,基本为各自独立运作,相互之间没有产业联系与协作。即使在工业园区内部,由于招商引资缺乏引导,引进的产业相互之间大多也没有什么关系,集聚效益十分有限,更多的是空间上的一种聚集。

服务业发展层次不高,对人口集聚和区域发展的辐射和带动能力不强。云浮市服务业产业门类不够齐全,且规模较小,特别是现代生产性服务业,如金融保险、科技服务、商贸展销等服务业部门发展较为滞后,服务业对工业生产提供的支持与促进作用不足,不利于区域发展水平的提高。此外,云浮市各县区服务能力不足,全市没有形成一个区域性的服务中心。目前云浮市服务业的发展难以满足人民的生活需要,导致很多人选择到周边地区消费。相对于工业部门而言,服务业对就业的带动更大,服务业发展的整体滞后显然不利于人口集聚与城镇化进程的推进。

农业知名品牌少,农业产业化水平有待提高。农业在云浮市占据重要地位,且拥有一批名优特农产品,但市场范围小、知名度低。云浮市农产品的流通销售和市场开拓主要依赖于大户、公司收购,渠道较窄,目前在广东省各大超市基本上很难见到云浮的名优特农产品,总体而言知名度仍然比较低。云浮农业产业化组织数量多,但规模偏小。特别是农副产品的整体加工率依然偏低,初级加工产品多,精深加工产品少,传统产品多,高效优质产品少。农民专业合作社还在起步发展阶段,规模较小,在市场信息、生产技术、产品营销等方面的服务能力较弱,与现代农业发展需要还有一定差距。

8.6.2　空间发展

中心城市实力不强,城镇空间结构分散,尚处于低水平均质化阶段。由于"切块设市"等历史原因,云浮市空间结构均质化的特征较为明显。全市尚没有形成一个真正意义上的中心城市,城镇空间结构较为松散,相互之间联系不紧密。全市目前形成两个弱中心：云浮市区和罗定市区。云浮市区为市域东部中心，罗定市区为市域西部中心，之所以称之为弱中心，是因为周边城镇对其依赖性不大。

全市形成两条发展主轴。一条是324国道，贯穿云浮全境，是区域性的交通大动脉。沿线集中了云浮市区、罗定市区两个城市，都城、镇安等5个中心镇，托洞、苹塘、华石等10个一般镇，是云浮市区最主要的发展轴。另一条是西江发展轴，沿西江经过都城、南江口、六都、都骑等城镇，坐拥西江黄金水道，交通区位优势明显。全市中心城镇的分布较为均质，没有形成较为密集的城镇区。

8.6.3　交通联系

与珠三角等主要经济密集地区联系不畅，但在区域一体化下面临交通格局重构的机遇。受山区"八山一水一分田"的地形影响，道路建设成本高，云浮市交通基础设施建设较为滞后，交通线路等级低，密度小，目前仅一条高速公路（广梧高速）经过云浮市。虽在地理位置上与珠三角相邻，却一直是珠三角外围的"边缘地带"，受珠三角经济发展的辐射带动作用非常有限。尽管如此，在区域一体化背景下，云浮面临交通格局重构的历史机遇。根据广东省高速公路网规划，省西部地区将形成三条联系珠三角地区与我国大西南地区的高速通道，即广梧高速、江罗高速、西部沿海高速，其中江罗高速经罗定、镇安、新兴、江门、中山，经中深大桥连接珠三角东岸的东莞、深圳、香港等城市，是大西南地区联系珠三角地区最重要的高速通道。可以预见，新的交通格局作为云浮融入珠三角一体化进程的重要桥梁，将为云浮的发展提供新的增长动力。

市内道路体系建设滞后，交通体系不能有效支撑城镇空间发展。云浮市的交通运输，长期以来一直以公路、水运为主，主要通过西江航道、324国道、若干省道连通省内各县区。但全市道路体系建设滞后，路网支线之间互不连通，整个区域路网的连通性差，各县区之间的交通联系受到了极大的限制，交通线路等级低，交通线路的密度不够。市内道路网的规模不足与体系欠缺，影响着区域内的运输系统效率和产业结构均衡调整、资源开发利用，不利于促进区域经济的发展，也未能有效支撑区域城镇空间发展。此外，社区道路、绿道与公共交通、快速交通尚未得到有效衔接，影响了社区交通系统的效率与社区空间环境。

8.6.4　资源开发

资源开放与交通建设不匹配，资源未得到有效开发与利用。作为山区城市的云浮，矿产、农业生产、林业、岸线、旅游等各类资源均十分丰富，但由于各种原因，云浮的各类资源并没有得到有效的开发。举例来说，2007年全市林业用地面积巨大，达782万亩，占全市土地总面积的67.6%。但全市林地产值却只有2262元/公顷，低于全国平均水平和广东省山区城市平均水平。云浮矿产资源十分丰富，但其开发利用方式十分粗放，大部分为小型私营矿山企业，技术和设备落后，不仅开发效益低，而且资源浪费现象较为严重，资源效应十分有限。交通设施不完善，物流业发展滞后，缺乏大型批发市场；市场信息较封闭，产品销售渠道单一；农林产品重视生产环节，忽视加工和流通环节，没有相对畅通、稳定的流通渠道都是制约资源有效开发的重要原因。

旅游资源开发利用不够，旅游发展层次不高，且各自独立，未形成整体品牌与规模效应。云浮市自然环境优美，人文底蕴深厚，旅游资源丰富。但目前对旅游资源的挖掘、整理与开发利用不足，如对南江文化、六祖禅宗文化、石艺文化等文化内涵的挖掘不够，缺少对文化品牌资源与旅游业的有效整合，文化资源未能有效促进旅游业的提升。旅游业以旅游观光等为主，缺少高品质的旅游项目。且各县旅游业独立发展，各自为战，缺少对全市丰富的"名胜、名人、名洞、名寺、名泉、名产"旅游资源的整合与营销，旅游品牌的知名度小，规模效应不突出。

8.6.5　服务提供

服务中心吸引力不强，公共服务未成体系。由于"切块设市"等历史方面的原因，云浮一直没有形成一个真正意义的区域性中心城市，传统意义上的城镇等级规模结构并不存在，各城镇之间的联系较为松散，总体上仍是一种均质化状态，服务中心的吸引力不强。许多居民都在周边县市接受服务。如肇庆对于云城、新兴居民的吸纳，梧州对于郁南居民的吸纳，高明对于部分新兴居民的吸纳等。由于中心城区的服务提供不足，吸引力有限，加上全市交通基础设施建设较为滞后，道路网密度不足，市内交通通达性不高，在市、县、重点镇和普通镇之间尚未形成功能清晰、结构合理的公共服务设施体系。

农村教育、医疗服务有待改进，公共服务均衡化水平有待提高。近年来，云浮市教育、医疗事业获得了快速发展。但仍存在一定问题。如部分农村地区的教育设施不足，教育设施分布较为偏远，教育质量不高等问题仍然突出。农村医疗卫生条件差，医疗卫生技术人员综合素质偏低，后继人才缺乏。此外，农村公共服务的提供未能充分考虑农村现阶段社会经济结构特征，如农村中老人、儿童比重较大等问题，导致老人活动中心、留守儿童关怀中心等公共服务设施的不足，公共服务均等化水平尚有待提高。

第9章 云浮新型城市化调研报告

9.1 调研背景与目的

9.1.1 调研背景

城镇化是中国现代化进程和经济持续增长的核心命题。随着社会经济的发展，工业和服务业在国民经济的比重升高，工业和服务业生产要求包括劳动力在内各种要素在城市的集中，从而促使城市人口不断扩大和城市化水平的提高。2009年，我国城镇化水平达到46.6%，目前正处于城镇化的快速发展时期，也是城镇化进程的关键阶段。这一阶段的城镇化发展质量无疑将深刻地影响我国国民经济建设与社会发展。

积极稳妥地推进城镇化已上升为国家重大战略。面对国际金融危机的深层次影响和国内外复杂形势，城镇化战略被赋予新的内涵。推进城镇化战略，成为扩大国内需求、调整经济结构和转变经济发展方式的重要抓手，成为带动区域协调发展、统筹城乡发展、实现社会和谐的有效途径。推进城镇化已成为关系我国现代化建设全局的重大战略。胡锦涛在2010年2月全国省部级主要领导干部研讨班上的讲话中强调，将加快推进城镇化作为加快经济结构调整的四大任务之一。李克强在2010年6月会见"城市化与城市现代化"专题培训班全体学员时的讲话中指出，扩大内需是调整经济结构、转变经济发展方式的根本途径之一，而我国最大的内需就是城镇化。推进城镇化将拉动市场需求，显著提高人民生活水平。

探索新型城镇化是云浮实现跨越发展的必由之路。云浮市地处粤西山区，农业经济占有重要的地位，工业化程度和城镇化水平比较低，是广东省的经济欠发达地区。推进工业化和城镇化是云浮实现发展必须走的路。然而，在科学发展观和转变发展方式的要求下，云浮不可以也不可能走珠三角等地区实现工业化和城镇化的老路，而必须探索出适合自身特点的新型城镇化道路。

9.1.2 调研目的

由于城镇化最核心的主体是农民，因此通过对农村的农户和城镇企业员工的调研访谈，了解新时期农村的人口规模、年龄结构、工作、收入、消费与公共服务等方面的特征及其对城镇化的影响，这是探索新型城镇化道路的必要前提和重要支撑。本次调研正是希望通过对农户和城镇企业员工的考察，掌握现阶段城镇化主体的

特征与行为规律，为政府有的放矢地出台相关政策提供重要依据，最终探索出具有云浮自身特色的新型城镇化道路。

9.1.3 样本描述

本次调研对象主要分为两个部分：农村的农户和在县城或镇的企业工作的员工。其中，对城镇企业员工的抽样，大部分是一线的基层员工，可能包含城镇居民或外地居民，这些调研对象对相关的调研分析和政策的出台都具有重要意义。

各村的调研样本根据村到县城的距离来选择，对农户的调查主要是通过了解农户家庭成员的人数、年龄与文化程度构成、外出人员特征、未外出人员的农业生产与非农就业、家庭消费与公共服务需求、住房等方面，以此来考察现阶段农村劳动力的总体构成、劳动力外出对家庭的影响、回流劳动力的行为特征、农村规模经营与小农经营的主要影响因素、农民非农就业的类型及其制约因素、农村住房的需求与满足方式以及现行公共政策与公共服务是如何影响农民行为的。

图9-1 调研村庄分布图

城镇企业的调研样本是根据该企业在县域经济中的代表性与规模来选择，对其员工的调查主要是通过了解员工的年龄与文化程度、来源地、工作时间和进入该企业前后的工作特征、员工在消费行为、居住特征和子女教育等，考察现阶段城镇企业在吸纳劳动力就业方面扮演的角色，和已经实现非农化就业的农村劳动力融入城镇生活的程度以及实现完全城镇化的潜力与可能性。

本次调研共走访云浮5个县（市/区），23个镇，32个村（居）委会。其中，5个城中村，27个纯农村类型村；城镇企业19家，涉及员工373人。本次农户调研采用问卷访谈的形式，共投放问卷630份，收集有效问卷602份，涉及农户602户，总人口2940人，总劳动力1937人。其中，留村劳动力993人，外出劳动力944人。

9.2 云浮市调研整体分析

9.2.1 农户调研基本情况

云浮市是广东的地级市，位于广东省中西部，西江中游以南，面积为7779.1平方公里，是典型的山区农业地区，土地资源比较贫乏。2010年，云浮总人口有276万，城市化率为36.9%，GDP达到394.27亿元，而人均GDP仅为16170元，在全省排名第18位，三次产业比例为26∶41∶31，财政收入23亿元。云浮市下辖1个区、3个县，代管1个县级市，分别是云城区、云安县、新兴县、郁南县、罗定市。这5个县（市/区）的人口、资源、环境都不同，经济发展各有特色。我们首先从劳动力文化程度，就业结构等5个方面对云浮市的总体情况进行了简单的概括。

1. 文化程度

云浮市被访劳动力的文化程度总体以初中为主，文化程度不高。调研数据显示，初中、小学和文盲的比例分别占总量的55%、19%和2%，初中及以下文化程度的达到76%，高中占14%，中专、高职占5%，而大专及以上的仅为5%。

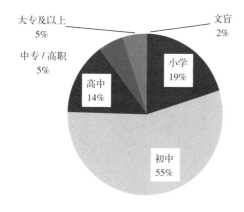

图9-2 云浮市总体劳动力文化程度
（数据来源：云浮市新型城镇化农户抽样调查数据）

2. 就业结构

在云浮市劳动力中，有49%的劳动力选择外出就业，就业地包括县外，县城和镇。有49%的劳动力选择留村务农，另有2%的劳动力选择留村从事非农产业。外出

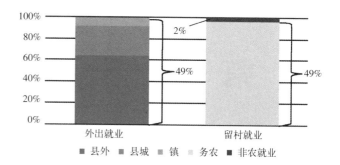

图9-3 云浮市劳动力在不同就业地的构成
（数据来源：云浮市新型城镇化农户抽样调查数据）

从事非农产业与留村务农的劳动力比例较为平衡，但就留村务农的劳动力比例来看，农村劳动力向城镇转移还存在很大潜力。

3. 家庭就业类型

从就业的角度进行分类，云浮市有近60%的农村家庭有成员在县外务工，30%的家庭有成员在本县的县城、镇务工，另有6%的家庭有成员留村从事非农产业，纯粹进行务农的家庭仅占总数的15%。就地区而言，云城区外出人员在本县务工的家庭最多，占总数的57%，这可能与云城有大量石材产业有关。

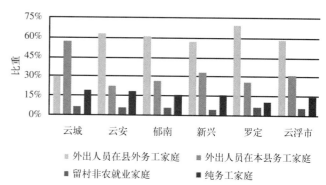

图9-4 各地区不同类型家庭占全部家庭的比重
（数据来源：云浮市新型城镇化农户抽样调查数据）

4. 劳动力就业地选择

云浮县城的工业化整体水平不够高，缺乏集聚效应，难以为周边农村提供大规模的就业市场，吸纳的劳动力主要来自城关镇的居民。县城为农村劳动力提供的就业机会十分有限。就全部村庄而言，到县城就业的外出劳动力占总量的13%；在城关镇以外的村庄样本中，这一比例仅为5%。纯农村选择到县城就业的农户除了云城较多，达到近20%，其他县（市）才2%左右。这也说明县城是最具城市化潜力的地区。

5. 不同就业地劳动力年龄结构

年轻劳动力基本上选择外出务工，留村就业的年龄结构明显老化，年龄与外出距离成反比。外出务工人员年龄高度集中在24岁左右，而在县城和镇就业人员年龄

逐渐增加，分别集中在 27 岁和 35 岁。就云浮市的 5 个县（市 / 区）的情况来看，这种劳动力年龄结构在各地的差异不大。

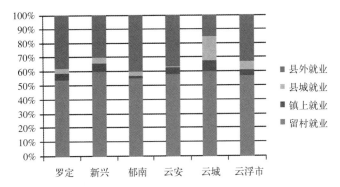

图 9-5　各地区劳动力对不同就业地选择（纯农村）
（数据来源：云浮市新型城镇化农户抽样调查数据）

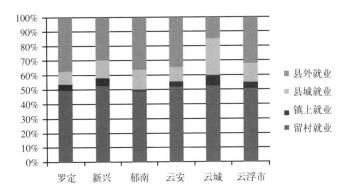

图 9-6　各地区劳动力对不同就业地选择（含城中村）

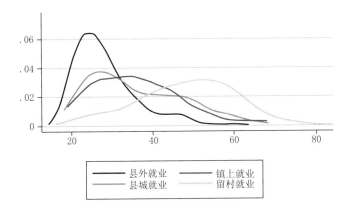

图 9-7　云浮市劳动力在不同就业地点的年龄密度分布
（数据来源：云浮市新型城镇化农户抽样调查数据）

9.2.2　农村劳动力的基本特征和迁移行为影响因素

我国城乡二元经济长期以来存在，虽然改革开放以来农业生产率有较大提高，但相对于工业技术进步来说，农业和工业之间的生产率差距是在扩大而不是缩小，由此导致的城乡收入差距是农村剩余劳动力向城市流动的

最主要因素。主流的观点都认为城乡收入差距的缩小可以通过农村劳动力的迁移机制来实现。目前，我国经济正处在转型期，虽然现存的户籍制度等一些政策因素仍在阻碍劳动力的迁移，但就珠三角地区来说，劳动力市场正逐步走向一体化，劳动力的迁移行为也正呈现出一些新的特点，因此，弄清新形势下云浮农村劳动力的基本特征和迁移行为的影响因素无疑将具备典型性和借鉴意义，下面我们主要通过农村劳动力的 3 种迁移状态：外出、留村、回流，以就业为切入点来进行分析。

1. 外出就业

1）劳动力文化程度与外出距离存在相关关系，文化程度越高，越倾向于到大城市就业。

如果把外出就业分为县外就业、县城就业和镇上就业 3 部分，我们发现 3 个地方的劳动力文化程度都是以初中为主，不同之处在于，在镇上就业的劳动力小学文化程度的最多，在县城就业的次之，县外就业的最少。

2）县外务工劳动力的就业地点主要集中在广州及佛山、中山、肇庆等珠三角西岸城市。

从县外务工劳动力的就业地点分布来看，广州及佛山、中山、肇庆等珠三角西岸城市是其主要目的地，占总量的 57%。广州凭借自身的区位优势和经济优势，吸引了云浮市 25% 的外出劳动力，比同样是大都市的深圳（14%）高出了 11 个百分点。佛山吸纳的劳动力也占到了 16%，说明除了经济因素以外，距离因素也影响到了云浮市劳动力对外出就业地的选择。另一方面，云浮市县外务工人员主要集中在珠三角西岸城市，体现了珠三角西部劳动力流动越来越不受阻碍，劳动力市场正逐步走向一体化。

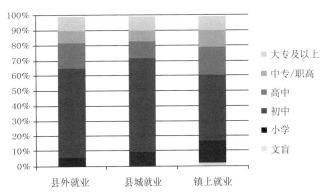

图 9-8　云浮市外出劳动力在不同地点的文化程度
（数据来源：云浮市新型城镇化农户抽样调查数据）

3）外出就业劳动力在不同就业地点从事的行业差异较大。

调研数据显示，县外、县城、镇上务工者在工业部门工作的占 45%、38% 和 35%；县外、县城、镇上务工者从事服务行业的占 46%、49% 和 52%。就地区而言，新兴的县城和郁南的镇，劳动力从事服务业的比重均高出了各县的平均水平，分别占到 60% 和 83%。

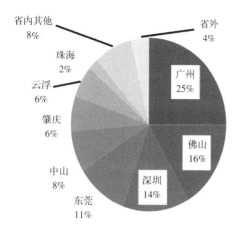

图 9-9　云浮市县外务工劳动力的就业地分布

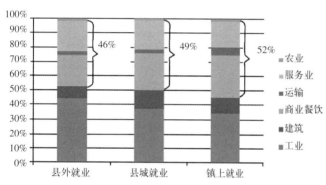

图 9-10　云浮市外出劳动力在不同地点的行业分布
（数据来源：云浮市新型城镇化农户抽样调查数据）

2. 留村就业

1）基本特征

调研中发现留村就业的劳动力存在两个明显的特征：一是年龄结构明显老化，40 岁以下留村劳动力仅占全部留村劳动力的 28%，40～60 岁占 59%，60 以上仍从事劳动的占留村劳动力的比重达到 13%；二是文化程度普遍不高，留村劳动力以初中文化程度为主，除 25 岁以下年龄段外，初中及以下文化程度的占总量的 80% 以上。

2）留村就业类型

留村劳动力所从事的劳动以种植水稻、果树为主，并有少量的规模养殖。云浮 5 个地区的地形、气候等自然条件各有不同，而农业生产又是和自然环境密不可分的，因此这 5 个地区农业生产各有特色，发展模式也各不相同。图 9-14 反映了云浮各地区留村劳动力的不同就业类型。

就全市而言，80% 以上的留村劳动力种植水稻，50% 的种植果树，30% 的种植经济作物，10% 从事规模养殖，另有 10% 从事非农兼业活动（有相互兼业）。分

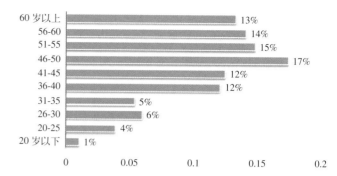

图 9-11　不同年龄段留村劳动力的数量比重
（数据来源：云浮市新型城镇化农户抽样调查数据）

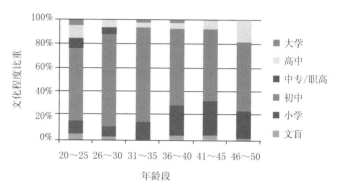

图 9-12　不同年龄段留村劳动力的文化程度比重

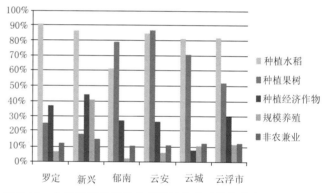

图 9-13　各地区留村劳动力不同就业类型结构分布
（数据来源：云浮市新型城镇化农户抽样调查数据）

地区而言，罗定为云浮山区罕见的盆地，地势较为平坦，种植水稻的最为普遍，是云浮主要的粮食产区；新兴由于是温氏集团总部所在地，与温氏合作的农户较多，从事规模养殖的比重最高；郁南、云安和云城则凭借其山区地形和气候优势，沙糖橘等果木种植比较普遍。

不同就业类型的留村劳动力有其各自的年龄结构特征：（1）种植水稻的农户年龄偏大，40 岁以上种植水稻的劳动力占总数的 80%；40 岁以下的占 20%，30 岁以下的仅占 7%。（2）种植果树的劳动力较为年轻，40 岁以下的比重达到 30%；10% 的年龄在 30 岁以下。（3）种植蔬菜、花生等经济作物的劳动力年龄结构同样偏大，46 岁以上的劳动力占了 69%。（4）从事规模养殖的劳动力年龄多在 35～55 岁之间，这一年龄段的人数众多，占

留村劳动力的比例达到 79%，然而由于规模养殖需要技术和资本，更需要有公司合作分担经营风险，这些生产要素正是目前农村地区缺乏的，所以目前从事农业规模养殖的农户相对较少。

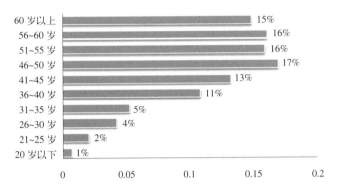

图 9-14　不同年龄段留村劳动力种植水稻人数比重
（数据来源：云浮市新型城镇化农户抽样调查数据）

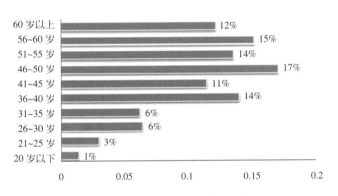

图 9-15　不同年龄段留村劳动力种植果树人数比重

3）非农兼业

存在非农兼业的劳动力与其他留村劳动力相比，文化程度明显偏高。非农兼业劳动力有中专以上文化程度的占 29%，而其他留村劳动力这个比例只有 15%。从非农兼业者的行业分布来看，建筑散工是兼业者从事的最多的行业，占到了全部兼业人员的 31%，他们农忙种田，农闲外出做泥水、装修等工作，但由于工作的时间和机会都不固定，所以兼业者的收入也很不稳定。

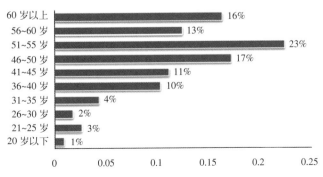

图 9-16　不同年龄段留村劳动力种植经济作物人数比重
（数据来源：云浮市新型城镇化农户抽样调查数据）

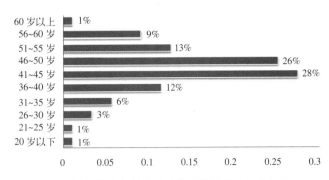

图 9-17　不同年龄段留村劳动力从事规模养殖人数比重

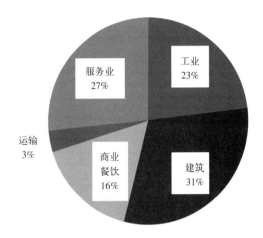

图 9-18　云浮市留村兼业劳动力的非农行业分布
（数据来源：云浮市新型城镇化农户抽样调查数据）

3. 就业行为影响因素

根据刘易斯的劳动力转移理论，只要农业边际劳动生产率低于工业的边际劳动生产率，就会产生农业劳动力的剩余，这时他们往往会选择外出到非农部门就业，通过改善就业结构的方式来提高家庭收入。由于农业劳动生产率取决于农户的耕地数和投入到土地中的劳动力数量，因此，在分析就业的影响因素时我们主要考察农户的耕地情况和家庭劳动力数量，此外，区位因素也是我们考察的对象。

1）人均耕地

人均耕地面积与农村劳动力留村就业存在正相关关系。人均耕地越多，农村劳动力越倾向于留村就业，而人均耕地越少，村民越倾向于外出务工。

2）土地流转

对于土地的流转，我们有两个发现：（1）人均耕地数越少的家庭，土地流转发生的概率越高。这说明人均耕地面积越小，越有可能促进土地的流转。而目前的实际情况是，云浮农村土地流转水平不高，由于土地产权市场尚未成熟，使土地产权的流转较为困难；另一方面由于城镇的社保体系还不完善，许多外出务工的农户怕丧失土地的基本生存保障权，对土地的流转也不太支持。

（2）土地的流转与外出就业之间存在正相关关系，土地流转户的比例越高，外出就业比重也越大。调研中发现，郁南县参与土地流转的农户人均耕地约 0.47 亩，土地流转后人均耕地不到 0.14 亩，这大大减轻了劳动力外出务工的后顾之忧，参与土地流转的农户到县外务工的比例达到近 49%，而没有参与土地流转的农户这一比例只有不到 32%。

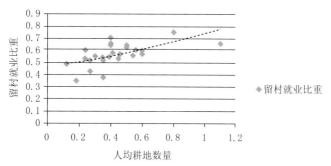

图 9-19　人均耕地数与留村就业比重关系
（数据来源：云浮市新型城镇化农户抽样调查数据）

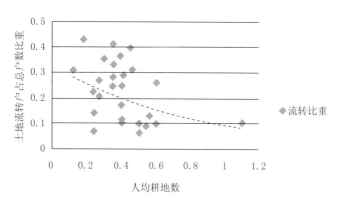

图 9-20　人均耕地数与土地流转关系
（数据来源：云浮市新型城镇化农户抽样调查数据）

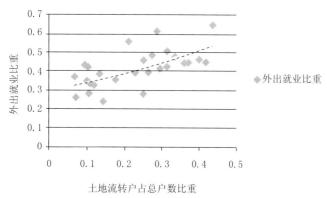

图 9-21　土地流转与外出就业关系

3）家庭劳动力数量

劳动力是否外出打工，往往是根据家庭情况，和家人商量后的集体决策。就整个云浮市来看，家庭劳动力数量越多，越有可能选择县外务工，具体到 5 个县（市/区），我们的结论也是如此。外出人员在县外务工的家庭

劳动力平均有 3.8 个，外出人员在本县务工的家庭平均劳动力数量明显较少，有 3.3 个，而那些没有外出人员的家庭劳动力数量最少，只有 2.4 个。事实上，从人口结构的变化趋势看，由于社会经济发展和计划生育政策的双重效果，我国的人口转变将提前完成，劳动年龄人口的增长率近年来已经逐渐降低，劳动力供给高峰即将过去，可以判断出，随着农村出生率的降低，城市的劳动力供给将有减少的趋势。

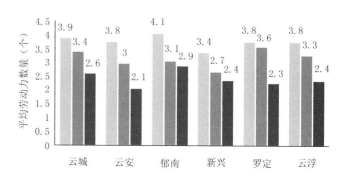

■外出人员在县外务工家庭 ■外出人员在本县务工家庭 ■无外出人员家庭

图 9-22　各地区不同类型家庭平均劳动力数量
（数据来源：云浮市新型城镇化农户抽样调查数据）

4）区位条件

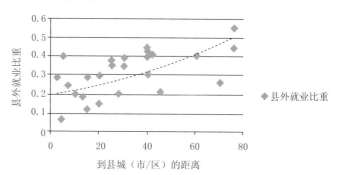

图 9-23　劳动力县外就业比重与区位条件关系
（数据来源：云浮市新型城镇化农户抽样调查数据）

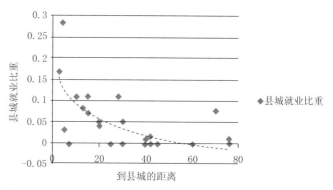

图 9-24　劳动力在县城就业比重与区位条件关系

数据显示，离县城越远，到县外务工的劳动力比重越高；离县城越近，到县城务工的劳动力比重越高。距离县城越远，农村外出劳动力更倾向于到县外务工；距

离县城越近，农村外出劳动力更倾向于在县城就业。这一方面说明区位条件影响到劳动力的就业地选择，而区位条件又是由各地区的交通发展状况决定的，因此，距县城越远，所耗时间越长，县城相对珠三角经济发展较快的城市来说吸引力就越低；另一方面说明农村劳动力对就业地的选择是十分理性的，距离因素差不多的情况下，农村劳动力理所当然选择就业机会较多的地方。举新兴县的例子来说，调研的六祖镇许村距离新兴县城约15公里，天堂镇的东中社区距离新兴县城约40公里，数据显示，距县城近的许村到县城务工的劳动力比例为45%，而距离县城远的东中社区仅为19%，二者相差26个百分点。

新兴县许村与东中社区的区位条件与到县城务工比例对比

表 9-1

地点	到县城距离（公里）	劳动力到县城务工比例
六祖镇许村	15	19%
天堂镇东中社区	40	45%

5）与企业合作情况

在调研过程中我们有两个发现，一是人均耕地越多的农户，越有可能与温氏集团合作。对此，我们考察了新兴县与温氏合作的农户家庭的人均耕地数量，发现与温氏合作的农户人均耕地为0.71亩，而没有与温氏集团合作的农户人均耕地只有0.55亩。二是与温氏进行合作，将有助于农村劳动力选择留村就业。我们发现新兴县与温氏合作的农户外出劳动力占家庭劳动力的比重只有22%，而不与温氏合作的农户这个比例高达45%。

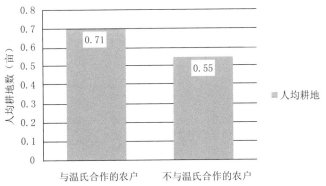

图 9-25　不同类型农户的人均耕地对比

（数据来源：云浮市新型城镇化农户抽样调查数据）

4. 劳动力回流

回流劳动力是指从农村到县外务工一段时间，离开就业地，又返回家乡的劳动力。劳动力外出务工的同时就伴随着不断的劳动力回流。对劳动力回流状况的调查，

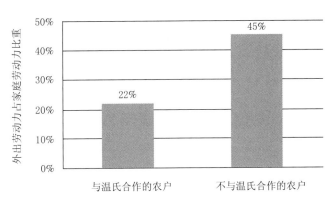

图 9-26　不同类型农户外出劳动力比重

有助于劳动力迁出地和迁入地的政府判断劳动力流动趋势，从而制定相应的公共服务和经济发展政策。

各县市区劳动力回流情况

表 9-2

	劳动力总数（人）	县外务工数（人）	回流劳动力数量（人）	回流比重
云城	287	42	30	0.42
云安	309	105	54	0.34
罗定	647	239	92	0.28
新兴	294	85	62	0.42
郁南	400	142	102	0.42
云浮市	1937	613	340	0.36

1）回流劳动力的基本特征

云浮市回流劳动力占目前仍在县外务工人员与回流人员之和的36%。各县市差异很大，新兴、郁南、云城三地的回流劳动力占县外务工及回流人员之和的42%，而罗定和云安相对较少，回流劳动力分别只占到28%和34%。

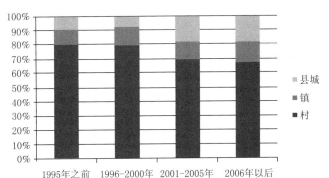

图 9-27　云浮市劳动力在不同回流年份的就业地选择

（数据来源：云浮市新型城镇化农户抽样调查数据）

数据显示，近期的劳动力在回流后，更多的选择在县城和镇上就业，其中，到县城就业的比例不断增加，1995年之前的回流者选择到县城就业的仅为10%，然而

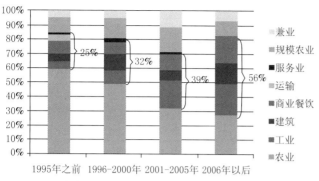

图 9-28　云浮市劳动力在不同回流年份的行业分布

到 2006 年以后这一比例上升为 20%。随着时间的推移，回流劳动力在返乡后，选择务农的逐渐减少，选择从事非农产业的不断增多，从事非农产业的比例从 1995 的 25% 增加到 2006 年的 56%。

2）回流的影响因素

首先，劳动力是否回流与年龄、性别有较大关系，而与文化程度关系不大。从年龄来看，回流劳动力目前的年龄在 36 岁以上的占 72%，而 30 岁以下的回流者仅占 17%。云浮市劳动力回流时的年龄在 30 岁左右；就各地区而言，云城区的劳动力回流时的年龄最小，仅为 26.1 岁。从性别看，女性比男性回流时的年龄明显更小，在外工作时间更短，一个很重要的原因是女性劳动力会面临生小孩和照顾老人的问题。女性回流者平均在县外务工时间长度为 5.6 年，而男性回流者平均在外务工 7.8 年。从文化程度来看，回流劳动力文化程度不高，以初中为主。不论是年轻的回流者，还是年老的回流者都是如此，各地区的差异也不明显。

其次，人均耕地、山地越多的外出劳动力，更有可能回流。我们比较了有回流人员家庭和无回流人员家庭的人均耕地数和人均山地数，结果表明，有回流人员家庭的人均耕地数要比无回流人员家庭人均耕地数多。对于人均山地数的比较，结果显示，云城区和罗定市的情况与我们的判断不符，可能的原因是云城区属于云浮的主城区，下辖各镇街距离市区较近，在云浮市区就业的

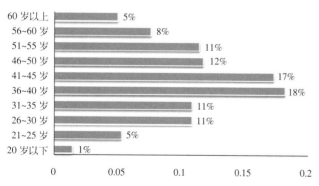

图 9-29　云浮市不同年龄段的回流劳动力数量比重
（数据来源：云浮市新型城镇化农户抽样调查数据）

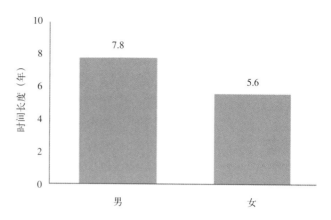

图 9-30　不同性别回流劳动力在外务工时间长度

劳动力较多，本身不存在多少回流人口；罗定本身是平地多山地少的地区，比较人均山地面积，意义并不显著。

再次，是否与温氏集团合作也会影响到农村劳动力的回流。在新兴县 19 户与温氏集团合作进行规模养殖的农户中，10 户为回流人员家庭，占 53%。这同样也说明外出劳动力的回流对农村经济具有显著促进作用。

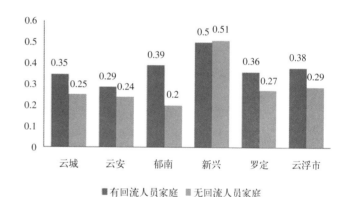

图 9-31　两种类型家庭的人均耕地面积
（数据来源：云浮市新型城镇化农户抽样调查数据）

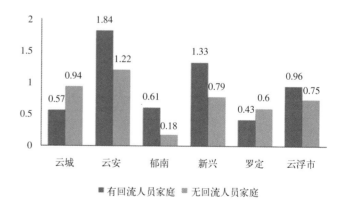

图 9-32　两种类型家庭的人均山地面积

9.2.3　农村公共服务

公共服务是现代推拉理论的一个重要方面，城镇教育质量、医疗条件的优劣也是农村外出劳动力选择就业

地的一个重要考虑因素。其中，高质量的城镇教育将会吸引更多的外出劳动力；农村教育条件的优劣也会形成农村劳动力知识和技能上的差距，从而影响到其外出就业的选择范围。

1. 教育

云浮市的小学教育有 48% 是由村提供的；镇则为农村提供 76% 的初中教育；县城提供了 49% 的高中教育，是高中教育的主要供给地。此外，县城还提供了一半的中专、职业高中教育。大学教育都为外地提供。

从农村家庭对子女的教育计划来看，绝大多数农村家庭选择让初中生子女继续读书。就全市而言，有 76% 的有初中生的家庭对于子女初中毕业后的打算是选择继续读高中，15% 选择读中专或职高，另有 9% 的家庭选择让子女毕业后即参加工作。分地区而言，郁南家庭选择放弃让子女继续读书的家庭比重最高，占到了郁南全部家庭的 29%，相反，新兴县所有的家庭都会选择让子女继续读书。新兴县在云浮市的经济总量是最高的，人民生活水平较高，对教育的投资也相应最多，相比之下，郁南则要逊色很多，这说明农村家庭的教育计划与各地本身的经济、教育基础和家庭经济条件是分不开的。

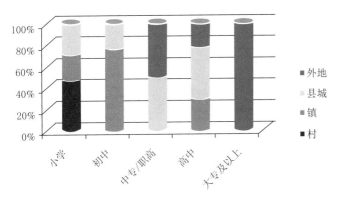

图 9-33　云浮市在校学生不同教育阶段的就读地选择
（数据来源：云浮市新型城镇化农户抽样调查数据）

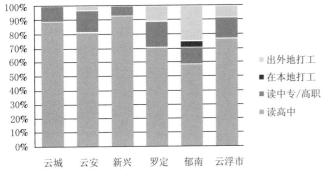

图 9-34　各地区农村家庭对子女初中毕业后的打算

2. 医疗

从农户对医疗点的选择来看，村级医疗点是农村家庭"小病"的主要就医地，有 58% 的农户选择在村卫生站治疗小病；县城医院则是农村家庭"大病"的主要就医地，有 57% 的农户遇到大病会选择到县级医院就医。另外，由于区位因素，云安县农户对云城区的医疗设施需求较大，遇到大病一般来云城治疗。我们还发现，镇一级医院的作用也不可小视，农村有接近 30% 小病或者大病的医疗是由镇一级医院承担。

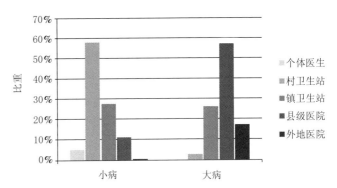

图 9-35　云浮市农村居民就医地点的选择
（数据来源：云浮市新型城镇化农户抽样调查数据）

3. 环境

调研中发现，农村地区生活垃圾无处理的现象较为严重，比重高达 53%，影响到了农村的空气质量和生态环境，不利于村民的生产和生活。污水的处理方式主要是排入污水沟。

9.2.4　城镇企业员工调研

1. 年龄结构

本地城镇企业员工较县外务工者年龄结构偏老。25 ～ 40 岁是本地城镇企业员工的主要年龄段，而县外务工人员年龄则集中在 20 ～ 30 岁，二者形成了鲜明对比。

分地区而言，新兴与罗定的城镇企业员工年龄结构较其他三地更为年轻。新兴的城镇企业员工年龄多在 30 岁左右，罗定的在 20 ～ 30 岁之间；云安城镇企业员工的年龄在 40 岁左右，云城和郁南的则主要集中在 30 ～ 45 岁之间。

2. 文化程度

本地城镇企业员工的受教育程度明显高于整体劳动力及县外务工劳动力。有 60% 的城镇企业员工文化程度在高中以上。各地区相比而言，郁南、新兴的城镇员工文化程度较高，罗定的最低。这与各地区产业结构有关，事实上，相对其他地区来说，新兴和郁南两地都有技术含量较高的企业，企业的部门也较齐全，对员工的文化程度要求相对更高。

郁南企业员工的文化程度之所以最高，是因为我们调研了一家生物制药企业，企业的一线员工几乎都是高

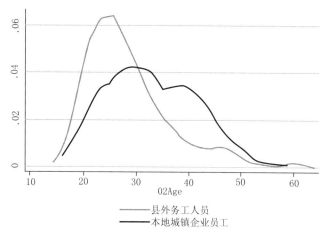

图 9-36 云浮市在外务工人员与本地城镇
企业员工年龄分布对比
(数据来源：云浮市新型城镇化农户抽样调查数据)

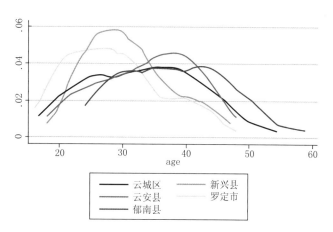

图 9-37 各地区城镇企业员工年龄密度分布

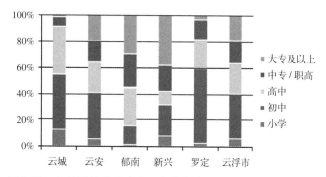

图 9-38 各地区城镇企业员工文化程度
(数据来源：云浮市新型城镇化农户抽样调查数据)

中以上文化程度。调研中了解到，出于市场和人才两方面的考虑，该企业正准备搬去云城区，这说明郁南的工业化必须立足于自身的比较优势才能不断发展壮大。

3. 婚姻状况

本地城镇企业员工的已婚比例明显高于县外务工人员。云浮市本地城镇企业员工的已婚比例高达 72%，而在县外务工人员只有 51% 已经结婚。调研中还发现，从外地回县城务工的未婚青年更倾向于在本地城镇寻找结

婚对象，有的甚至是为了寻找结婚对象而专门从县外回到县内务工。可以预见，随着年龄的增大，本地城镇将成为就业的集中地。

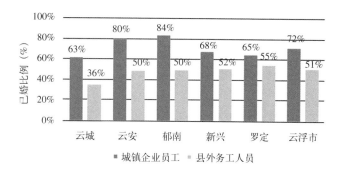

图 9-39 各地区城镇企业员工与县外务工人员婚姻状况对比
(数据来源：云浮市新型城镇化农户抽样调查数据)

4. 来源地

总的来看，云浮市城镇企业以吸纳本县的劳动力为主，其中，又以本县企业所在镇的劳动力为主。来自本县本镇的劳动力占总量的 55%，本县其他镇的占 23%。就各地区而言，郁南城镇企业员工有 87% 来自其城关镇和都城镇；云城、新兴和罗定三地吸纳了较多的本县（市/区）其他镇的劳动力，其中新兴县的城镇企业吸纳的省外劳动力最多，接近 26%，这与其具有较扎实的产业基础和充足就业机会有关。

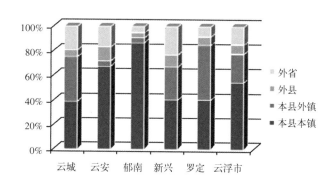

图 9-40 各地区城镇企业员工来源地构成
(数据来源：云浮市新型城镇化农户抽样调查数据)

5. 工作经历

城镇企业员工多具有在县外务工的经历，那些第一份工作非本企业的员工，有 68% 曾在县外工作。有在县外务工经历的罗定城镇企业员工最多，占到了全部员工91%，而云城的最小，只占 47%，这与云城区具有相对充足的就业机会有关。

6. 居住情况

本地的城镇企业员工主要选择居住在自己家中，外地员工主要住公司宿舍。调研结果显示，本县本镇员工有 83% 选择住在自己家中，本县外镇员工的这一比例也达到 38%。大部分城镇企业员工打算将来在村外买房，

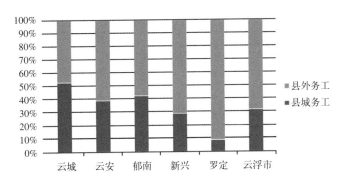

图 9-41　各地区城镇企业员工此前工作地点
（数据来源：云浮市新型城镇化农户抽样调查数据）

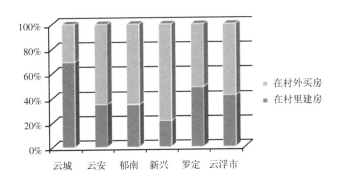

图 9-42　各地区城镇企业员工住房计划
（数据来源：云浮市新型城镇化农户抽样调查数据）

而不是回老家建房。打算买房的比例达到 58%，在老家建房的仅有 42%。各地区相比而言，云城区企业员工打算在村里建房的比例最高，占员工总数的 69%，而新兴的最低，仅为 21%。

9.3　结论与建议

9.3.1　县城将成为农村外出务工和回流劳动力最具潜力的吸纳地，应加快以县城为核心的工业化进程

1）回流劳动力将增加，随着家庭劳动力数量下降，县外务工趋势将减少。现阶段珠三角企业出行"招工难"的局面从另一个侧面说明了农村回流劳动力不断增多的趋势，这种变化不论是对迁出地还是对迁入地政府公共政策的制定，满足不同时期城镇公共服务的需求都提出了不小的挑战。

2）如果县城工业经济够发达，县城与周边地区的交通够便捷，县城就能够成为农村外出务工和回流劳动力的最佳吸纳地，这既有利于工业规模的扩大，同时也能促成农村规模经营，提高农村的劳动生产率，使得工业化和农业现代化相互促进。

建议根据各地区不同的特点，大力发展县域经济，一方面集聚有限资源形成规模经济，另一方面，实现统筹乡发展，各县根据自身的比较优势，发展自身的主

导产业，如云城区以石材为主导产业、新兴以不锈钢产业为主导、云安以循环产业为主导、罗定以加工工业为主导。通过工业化有效吸纳农村富余劳动力，壮大县城的工业经济，同时在农村努力促成土地流转，实现农业规模经营；反过来，利用工业化的技术和资金支持，完善城乡的各要素市场，确保劳动力、产品、技术、资金等生产要素在城乡之间流通顺畅，推进农业产业化。

9.3.2　农村规模化经营已经成为农村经济发展水平提高、吸引本地劳动力和回流人口的重要途径，应大力促进农业现代化的进程

1）土地流转正促进规模经营的形成，并不断释放剩余劳动力。

2）土地规模经营又在不断吸引年轻劳动力和回流劳动力，从事附加值较高和需要规模经营的果树种植、养殖等行业。

3）土地的规模经营将促进农村现代化的过程，一方面提高农村的收入水平，另一方面促进有知识的中青年留在农村，改善农村人口结构，是新型城市化的重要内容。

建议规范土地流转市场，促成农村土地流转的有效运行，为农村规模化经营铺平道路，同时，大力培植温氏集团这样的优质农业企业，帮助农户解决市场和技术上的难题，从而实现农业现代化。

9.3.3　以县城和镇的教育、医疗设施等公共服务设施建设为核心，加快城镇化过程

1）区位因素影响了农民进县城就业的意愿，应加大以县城为中心的交通建设，提高便捷性。

2）经济发展引致对教育的需求，农村家庭对高中和高职教育的需求越来越大，农村现代化和工业化对高中和高职教育的要求也越来越高。云城、新兴正处在产业转型的关键时期，对高素质的人才需求加快，应通过发展教育，吸引农民进城，改变生活方式；通过人才吸引产业，从而促进工业化，通过提高农村教育水平实现新型城镇化。

3）县城是高中和高职教育的集中地，镇是初中教育集中地，县城和镇是农村商品（农产品和生活用品）集散地、村医疗的节点，也是亦工亦农的主要活动地。县城和镇要协调好各项基础设施的建设，取长补短，避免资源的浪费，为农民进城铺平道路。

探索新型城镇化的道路，任重而道远。我们只有通过推动以县城为核心的工业化过程和以规模经营为核心的农村现代化过程，通过县城和镇为核心的公共服务建设，从城镇和农村两个方向推动城镇化进程，在提高农

村经济发展水平，改善农村环境的同时，加大县城的集聚规模，提高县城的中心地位，这样才能实现城乡统筹发展，才能推动工业化、农村现代化与城镇化的"三化"融合。

9.4　云浮各地区调研分析

9.4.1　云城区

1.概况

云城区为半丘陵地区，总面积 762 平方公里，总人口有 29.2 万，云城街道为云浮市的市政府驻地。2010 年云城区 GDP 为 72.1 亿元，人均 GDP 达到 24662 元，三产比重为 10:58:32。云城区素有"云石之乡"的美称，有悠久的石材加工生产历史，到目前，云城区已成为世界石材的生产加工和贸易集散地，中国石材基地中心的重要组成部分，石材业已成为全区举足轻重的支柱产业。目前全区已发展上规模的石材企业 3000 多家，尤其在区内 324 国道两旁形成了"百里石材走廊"。经济发展有较强的外向性，外向型经济约占全区工业总产值的 1/3。云城区与中国香港、澳门、台湾地区，以及东南亚及欧美等国家和地区均有贸易往来，出口产品主要有石板材、石材工艺品、水泥、服装、家具等。

2.特点分析

1）云城区石材工业聚集效应明显，对周边村镇辐射带动作用强

云城由于存在大量石材工业，集聚效应明显，对劳动力的需求较旺盛，对周边农村剩余劳动力具有很强的吸纳能力。首先，云城区外出人员在本县务工的家庭要比外出人员在县外务工的家庭高出 27%。其次，云城区外出劳动力的行业分布与其他地区差别最大，云城区外出劳动力在县外从事工业的仅占总量的 29%，在县城为 41%，而在镇上则达到 50%。服务业的劳动力比重与工业刚好相反，云城区有 66% 的外出劳动力从事第三产业，而在区内下降为 49%，在镇上仅为 40%。

从回流劳动力方面来看，也彰显了云城区对劳动力的吸引力。首先，调研中云城区的劳动力总数为 287 人，其中目前在县外务工的有 42 人，回流的 30 人，回流劳动力占目前县外务工与回流劳动力之和的 42%，这个比例和郁南、新兴一样，是云浮市回流人员最多的 3 个地区。其次，云城区劳动力回流的平均年龄为 26.1 岁，在云浮市 5 个地区中是最年轻的。再次，回流后有 28% 回县城工作，31% 回镇上工作，有 41% 回村，劳动力回流后进县城工作比例最高。

2）农业市场化程度较高，但受土地资源限制，农业规模经营程度不高，不利于农业现代化发展

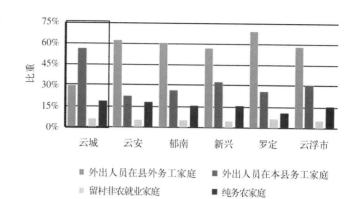

图 9-43　各地区不同类型家庭占全部家庭的比重

（数据来源：云浮市新型城镇化农户抽样调查数据）

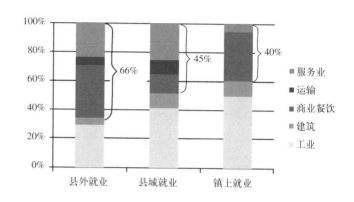

图 9-44　云城区外出劳动力在不同地点的行业分布

云城地处山区，耕地资源稀缺，云城农户人均耕地较少，约 0.3 亩 / 人。云城的留村劳动力主要种植水稻，种植果树的也较多，调研中种植果树的比例较大的村为云城街道的土门村和腰古镇的几个村。云城果树的种植比例在全市 5 个地区排第 3 位，仅次于郁南和云安。云城农业市场化程度较高，目前已建起了水果、蔬菜、优质稻谷、水产、禽畜、花卉、松脂、肉桂等城郊型商品基地，但由于土地流转程度低，阻碍了农业规模化经营，调研的 68 户农户中，参与土地流转的只有 11 户，占 16%。

3）企业员工年龄偏大，云城的高房价使得员工买房定居意愿不强

云城区企业员工年龄多集中在 40 岁左右，在整个云浮市来说属于年龄偏大的，其中有县外务工经历的最少，但计划在市区买房的员工也是最少的，这一方面说明了云城区有较好的工业基础，吸纳了不少农村劳动力，但另一方面，由于市区房价高，让许多企业员工，特别是一线员工望而生畏。调研了解到，云城区之所以房价高，是因为云城的石材老板太多，对住房的需求较旺盛，推动了房价的上涨。

3.总结

目前，云城区通过石材产业的带动，经济发展动力

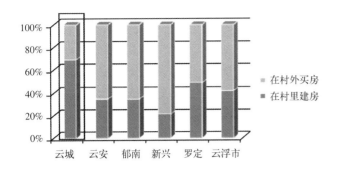

图 9-45 各地区城镇企业员工住房计划
（数据来源：云浮市新型城镇化农户抽样调查数据）

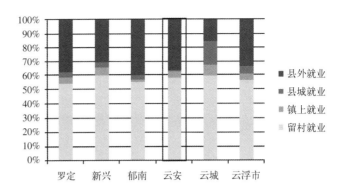

图 9-46 各地区劳动力对不同就业地选择（纯农村）
（数据来源：云浮市新型城镇化农户抽样调查数据）

较强劲，但第三产业发展还较落后，可以通过对云城区石材产业的优化升级和相关配套产业的发展，进而推动整个云城区第三产业的发展，这有利于提高人民的收入水平，吸纳更多的农村外出劳动力和回流劳动力，增强城市活力，扩大城市规模，增强云浮市区对周边地区的辐射效应。

9.4.2 云安县

1. 概况

云安县为丘陵地区，山地多平地少，总面积为1203平方公里，总人口有31.8万，城市化率较低，只有23%，农业人口有24.6万，非农业人口7.2万，去年GDP为34.7亿元，人均GDP为10902元，三产比重为30：48：22。云安的沙糖橘全国闻名，南盛镇为广东省柑橘专业镇，并在国家工商总局申请注册"南盛柑橘"商标。南盛镇是典型的山区镇，群山环抱，贡柑果在特殊地理位置和气候条件下肉脆化渣、清甜香蜜，是柑橘之中的上品，堪称"广东第一柑"。

2. 特点分析

1) 云安县城吸引力较弱，推进城镇化难度较大

六都镇为云安县的城关镇，工业主要以石材、水泥和化工为主，也有一定的规模优势，但对环境污染较大，降低了县城的吸引力，六都镇的工作人员有相当一部分人在云城区安家，白天在云安工作，晚上回云城居住，这对云安县的城镇化建设是极为不利的。目前云安县政府正从发展循环经济上寻找突破口，期待找到发展县域经济的新模式。

调研数据显示，云安县农村有41%的劳动力选择外出就业，其中选择到县外就业的有105人，占38%，其中到县外就业的这部分劳动力中有29人是到云浮市区就业，占到县外就业人数的28%；到县城就业的仅为1%。云安县外出劳动力只有29%在县城从事工业，从事服务业的有40%，有31%的外出人员从事工作不稳定的建筑行业。

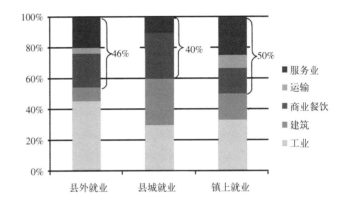

图 9-47 云安县外出劳动力在不同地点的行业分布

2) 云安县具有港口优势，是云浮石材产业的重要交通枢纽

云安六都镇拥有云浮对外开放的重要港口，为云浮的石材产业提供源源不断的矿石材料。六都港设有国家级口岸，可泊千吨级轮船，并开通直达香港货运航班，货物年吞量达350万吨，为广东省内河第一大港，城乡道路四通八达，形成便利的水陆交通网络。

3) 云安的村镇经济发展态势较好，南盛镇的沙糖橘等农产品大多形成自有品牌，农业产业化初具规模优势

云安县是一个典型的山区农业县，人均山地面积约1.5亩，是云浮山地最多的一个县，留村人口85%都种植沙糖橘等果树，是果树种植规模最大的一个县。果树种植业的兴旺，带动了村镇工业特别是果品加工业的成长，云安县外出劳动力在镇上从事工业的占32%，比县城的29%还高出3个百分点。我们在南盛镇横岗村对一农户访谈时了解到，他们家有4个劳动力，除女儿在云浮市从事产品销售外，其他3人都留村就业，家中1.5亩耕地种水稻，供自家人食用；15亩山地种沙糖橘，这也是家庭的主要收入来源，除此之外，儿子还在村里经营起了小商铺，边务农边从事非农产业。

随着南盛沙糖橘品牌优势的建立，种植技术的成熟，正吸引越来越多的劳动力留村就业，另一方面，从回流

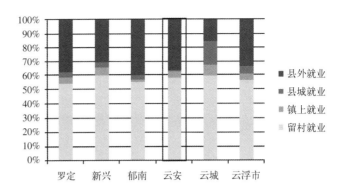省略

157

劳动力的就业地选择来看，由于种果规模的扩大，回流劳动力也更多地选择回村就业，并且十分年轻。调研中云安的劳动力总数为 309 人，其中目前在县外务工的有 105 人，回流的 54 人，回流劳动力占目前县外务工与回流劳动力之和的 34%。云安县劳动力回流时的年龄约在 27.6 岁，排在云城之后；劳动力回流后在县城工作的仅占 6%，回镇上的占 19%，而回村就业的占了 75%。

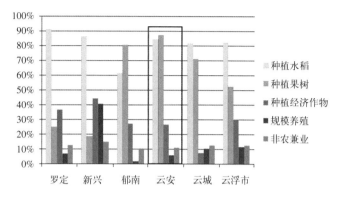

图 9-48　各地区留村劳动力不同就业类型结构分布
（数据来源：云浮市新型城镇化农户抽样调查数据）

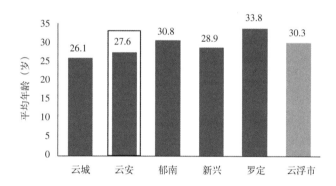

图 9-49　各地区劳动力回流时的平均年龄

3. 总结

云安县城产业功能较强，并且具备交通、区位优势，但县城的综合功能较弱，居住、商业服务等功能配套不足，这降低了劳动力的迁移意愿，不利于县城产业升级和功能的置换；云安村镇经济的发展是亮点，随着农村土地市场、农产品市场的日益完善，农业产业化的进程无疑将加快。云安县一方面可以通过城乡统筹，进一步壮大村镇经济，另一方面，利用自身的区位优势，通过加强与云浮市的合作，在镇域和市域两个层面摆脱自身经济发展的困境。

9.4.3　罗定市

1. 概况

罗定市是广东省下属的县级市，位于广东省的西部，由地级云浮市代管，是广东省首批历史文化名城，是西南诸省区进入广东的门户之一，也是广东向中国大西

辐射的窗口。罗定总面积为 2328 平方公里，中心城区建成面积达 19 平方公里，现有 21 个镇，总人口有 116 万，城市化率为 33%。罗定是一个农业大市，地处山区盆地，是云浮重要的水稻产区，留村人口中有 90% 种植水稻，农业人口为 77.3 万，非农业人口 38.7 万。农林土特产以玉桂、蒸笼、松香、三黄鸡、豆豉、茶叶、蚕丝、龙眼、荔枝、芒果、木薯等为最大宗、最出名。去年三次产业比重为 30∶36∶34，GDP 为 76.8 亿元，但过重的人口负担阻碍了该地区的发展，人均 GDP 仅为 6618 元。罗定是云浮地区教育水平比较优秀的地区，目前有四间市级重点中学：罗定中学、蔡廷锴纪念中学、罗定市实验中学、泷洲中学，其中，罗定中学是全国千所示范性高中之一。

2. 特点分析

1）外出劳动力绝大多数去县外务工，县城提供的就业机会虽小，但工业基础较好，工业化的潜力较大

罗定市由于人口压力大，人均耕地面积只有 0.3 亩，农村存在大量剩余劳动力。在外出就业方面，虽然市区有像雅达电子这样的大企业，但是县城提供的就业机会仍然相对较少，因此，罗定市的劳动力有 38% 选择县外就业，选择在县城就业的劳动力仅不到 3%（不包含城中村），这种情况和郁南县相似。虽然在县城就业的劳动力绝对数量小，却有 42% 从事工业，这个比例和云城区一样，是云浮市最高的。此外，罗定市的城镇企业员工有县外务工经历的最多，达到 91%，并且员工最年轻，年龄大多集中在 20 至 30 岁之间。

2）家庭劳动力数量过多，对土地的依附性强，阻碍了土地的流转

从家庭平均劳动力数量来看，罗定有外出人员家庭的平均劳动力数量是最多的，有在县外务工人员家庭的平均劳动力为 3.8 个，与云浮市的平均水平相同，但是有外出人员在县城务工的家庭平均劳动力数量为 3.6 人，在云浮市最高。在土地流转方面，存在土地流转的农户只有 26 户，只占罗定调研农户数的 13.5%，土地流转比例极低。

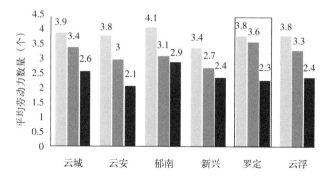

图 9-50　各地区不同类型家庭平均劳动力数量
（数据来源：云浮市新型城镇化农户抽样调查数据）

我们对罗定市农村劳动力外出务工的影响因素做了 Logistic 回归分析，发现人均耕地、年龄、教育、家庭劳动力数量对是否外出打工影响显著，这一结果也跟我们先前的判断是相符的。

```
Logistic regression                               Number of obs   =        647
                                                  Wald chi2(4)    =     183.30
Log likelihood = -271.13996                       Prob > chi2     =     0.0000

------------------------------------------------------------------------------
      ifxwdg |      Coef.   Std. Err.      z    P>|z|     [95% Conf. Interval]
-------------+----------------------------------------------------------------
        RJGD |  -1.105843   .3875294    -2.85   0.004    -1.865387   -.3462993
         age |  -.1120048   .0084215   -13.30   0.000    -.1285107   -.0954989
        educ |    .802018   .0953055     8.42   0.000     .6152228    .9888133
   laborsize |   .5122198   .0750169     6.83   0.000     .3651894    .6592502
```

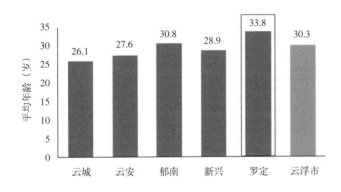

图 9-51　罗定市农村劳动力外出务工影响因素 Logistic 回归分析

3）劳动力外出年限最长，回流后回村就业最多

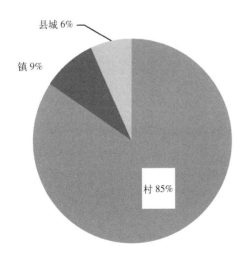

图 9-52　各地区劳动力回流时的平均年龄
（数据来源：云浮市新型城镇化农户抽样调查数据）

图 9-53　罗定市劳动力回流后的就业地选择

调研中罗定的劳动力总数为 647 人，其中目前在县外务工的有 239 人，回流的 92 人，回流劳动力占目前县外务工与回流劳动力之和的 28%，回流劳动力比重在云浮 5 个地区中最少。劳动力回流时的平均年龄为 33.8 岁，为云浮 5 个地区之最，说明罗定出县外务工的劳动力家庭负担较重，外出劳动力只有尽量延长自己的外出年限。由于土地流转比例很低，农户对土地的依存度高，劳动力回流后 85% 都回村就业，只有 6% 进罗定市区就业，另有 9% 回到镇上就业。

4）村生活垃圾集中处理少，公共服务设施还很缺乏

罗定农村的公共服务设施的建设和管理较落后，生活垃圾有 42% 是随意丢弃，另有近 30% 是集中堆放无处理，村里集中处理的仅占 22%，这无疑将影响村容村貌，不利于村民的生产生活，有必要进行集中整治。

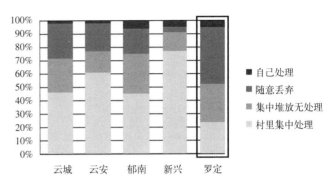

图 9-54　各地垃圾处理方式
（数据来源：云浮市新型城镇化农户抽样调查）

3. 总结

罗定市是农业大市，云浮主要的粮食产区，但工农业发展很不协调。一方面农村人口多，农村剩余劳动力转移的压力较大，另一方面罗定市工业化程度较低，能提供的就业机会十分有限。但是罗定工业企业中存在大量有经验、有技能的劳动力，加上罗定的教育质量高，说明劳动力兼有数量和质量的优势，这为罗定的工业化模式提供了多种选择。罗定需要认清自身的发展条件和限制因素，在进一步巩固农业基础地位的同时努力推进工业化，壮大县域经济，统筹城乡发展，云浮市也要在更高的层面看待罗定的发展。

9.4.4　新兴县

1. 概况

新兴县邻近云城区和云安县，县内有龙山，龙山上建有国恩寺。新兴县还是禅宗六祖惠能法师的家乡，禅宗文化博大精深。主要的产业有农产品加工、不锈钢产品生产、皮具加工。新兴县总面积为 1523 平方公里，总人口为 46.2 万，城市化率 36%，农业人口为 30.2 万，非农业人口 16 万，新兴经济发展较好，GDP 在全市排名第一，去年 GDP 为 95.2 亿元，人均 GDP 达到 15482 元。三次产业比重为 33:36:31，财政收入为 3.73 亿元。

2. 特点分析

1）新兴县城经济发展较好，但对周边村镇劳动力吸纳能力有限

新兴县经济基础较好，有温氏、凌钢等一批优质企业，但是劳动力主要来自新城镇的居民和城中村的村民，对周边村镇的劳动力吸纳不足，经济外向度并不高。县

城的企业对劳动力文化程度的要求较高，员工中具备高中或者高中以上文化程度的达到 65%。在新兴县城打工的外出劳动力从事服务业的占到了 60%，是云浮 5 个地区最高的，说明新兴县具有较大的潜力，可以通过产业结构的优化，大力发展第三产业，从而吸引更多的农村外出劳动力来县城务工，壮大县域经济。

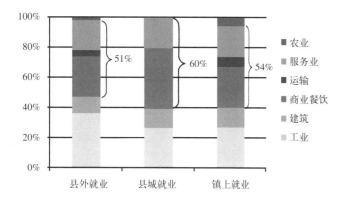

图 9-55　新兴县外出劳动力在不同地点的行业分布
（数据来源：云浮市新型城镇化农户抽样调查数据）

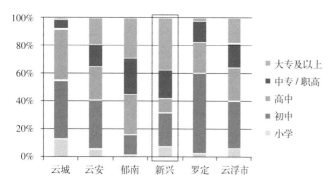

图 9-56　各地区城镇企业员工文化程度

2）回流劳动力较年轻，县城对回流劳动力的吸引力较高，仅次于云城区

调研中新兴的劳动力总数为 294 人，其中目前在县外务工的有 85 人，回流的 62 人，新兴回流劳动力的平均年龄为 28.9 岁，回流劳动力占目前县外务工与回流劳动力之和的 42%。从回流劳动力的流向来看，回流后有 23% 进了县城务工，10% 回到镇里，67% 回村就业，回县城就业的劳动力较多，比例仅次于云城。

3）温氏集团的带动效应强，但门槛逐渐提高，为公司加农户模式的推广增加了困难

温氏集团的存在为新兴的农户留村就业、农民增收创造了条件，但是其发展也面临一些问题。新兴是温氏集团总部所在地，人均耕地面积约 0.5 亩，为全市最高，为规模养殖提供了条件，约有 41% 的留村劳动力与温氏集团合作规模养殖，这个比例在全市也是最高的。但是，我们调研中了解到，目前与温氏集团合作养殖的门槛越来越高，一是养鸡的规模必须在 4000 ~ 5000 只以上，

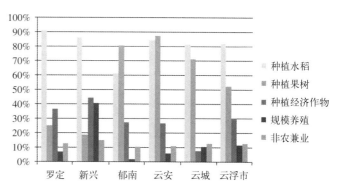

图 9-57　各地区留村劳动力不同就业类型结构分布
（数据来源：云浮市新型城镇化农户抽样调查数据）

二是随着养鸡方式的科学化，鸡舍需要为每只鸡提供充足的活动空间，因此，所要求的鸡舍面积越来越大，以上两个方面都不同程度地提高了与温氏集团合作养鸡的成本。由于资金和土地的限制，使得农户与温氏集团合作变得更加困难。

新兴的留村就业人员中种植经济作物的比例最高，这可能跟我们的样本选择有关。我们调研的水台镇石龙岗村据说村里老鼠很多，种植水稻效益不好，目前有 80% 的村民都改种植粉葛这种经济作物，使得经济效益大为提高。

3. 总结

新兴虽然有较多的大型优质企业，但就产业的集聚效应来说并不明显，提供给周边村镇农民的就业机会并不多，加上交通、区位等因素，降低了农村劳动力进县城就业的意愿。因此，新兴应立足于现有产业基础，做大做强自身的产业链，扩大产业的集聚效应，与此同时，完善农村土地市场、产品销售市场、金融市场，首先在市域范围提高温氏集团公司加农户模式的覆盖率，将温氏作为连接城镇工业化和农业现代化的桥梁，这也是城乡统筹的一把抓手，对于促进云浮的新型城镇化建设具有重要的示范意义。

9.4.5　郁南县

1. 概况

郁南县位于广东省西部，是个"八分山地一分田，半分河道半分村"的山区县，山区资源丰富，耕地相对较少。郁南县总面积为 1966 平方公里，总人口为 49.4 万，其中农业人口为 39.9 万，非农业人口 9.5 万，城市化率仅为 19%。

郁南农业发展较有特色，北部平原地区以发展粮食生产、水果、禽畜、水产为主；近县城地区发展城郊型农业；中部群山地区以发展经济林、水果生产为主；南部丘陵地区以发展水果、蚕桑、粮食生产为主。郁南县盛产木材，是中国无核黄皮的故乡，无核黄皮原产于郁南县建城镇，

现存有两株无核黄皮原种母树。目前，郁南县已形成了食品、医药、电池、电线、电缆等的工业行业，并成为全国干电池生产第一大县和国内液力产品两大生产基地之一。

2. 特点分析

1）郁南县城工业化程度较低，对周边村镇劳动力吸纳作用不强

郁南县工业化水平较低，在县城就业的劳动力绝大多数为城镇和城中村居民，农村外出劳动力比例极低。劳动力到县外从事工业的占 43%，而在县城从事工业的只占 38%，低于县外务工的水平；郁南镇域的工业化水平也较低，劳动力在镇里从事工业的只占 18%，低于云浮市平均水平。

从劳动力回流后的去向来看，也说明了县城的吸引力较弱。郁南回流劳动力占目前县外务工与回流劳动力之和的 42%，回流时的年龄约在 30.8 岁，仅次于罗定。劳动力回流后在县城工作的仅占 12%，回镇上的占 10%，而回村就业的占了 78%。

2）留村就业主要以种植果树为主，水稻种植相对较少，果树种植较有特色

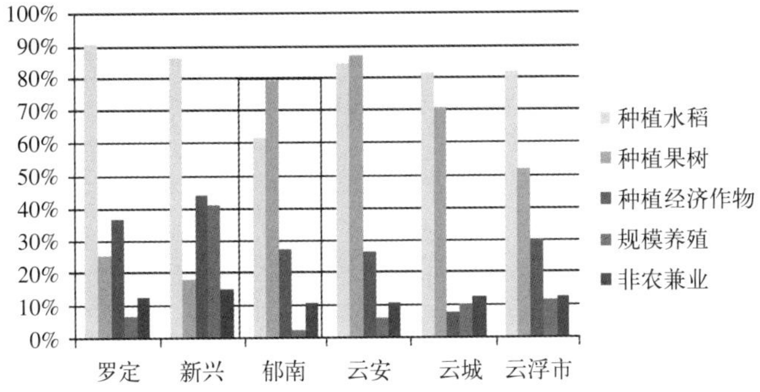

图 9-58　各地区留村劳动力不同就业类型结构分布
（数据来源：云浮市新型城镇化农户抽样调查数据）

郁南的人均耕地面积不到 0.3 亩，但人均山地面积有约 0.56 亩，我们调研的几个镇种植果树的留村劳动力占到 80%，比种植水稻的高出近 20 个百分点。我们在历洞镇磨山村调研时，发现村里耕地很少，全村旱地有 76 亩，水田 412.5 亩，但山地却有 12073.8 亩，村里的山地有 1/3 种果树，1/3 种肉桂，剩下的种松木。有极少数农户干脆不种水稻，全部土地都用来种果树。郁南目前已经涌现出了以主导产品闻名的“名牌”镇，如通门镇的肉桂、宝珠镇的荔枝、东坝镇的龙眼、河口镇的芒果。

3）由于生产要素的限制，从事规模养殖的农户较少

访谈的 120 户农户中存在土地流转的只有 15 户，仅占 13%。由于土地流转不够活跃，加上原有耕地面积、资金、技术的限制，阻碍了郁南县的农业规模经营，从事规模养殖的农户在云浮市最少，农业劳动生产率较低。我们在调研中还了解到，郁南农户与温氏集团合作的极少，很重要的原因是交通因素引起的运输成本的上升，鸡苗的成本也较新兴高，使得养鸡的利润空间压缩，另外，同样的原因也使得温氏集团的技术人员很难及时到位，增加了合作规模养殖的风险。

4）由于经济条件的限制，郁南家庭对子女的教育不够重视

郁南选择放弃让子女继续读书的家庭比重最高，占到了郁南全部家庭的 29%。这可能跟农户家庭平均劳动力数量有关，郁南外出人员在县外务工家庭的平均劳动力数量为 4.1 个，为云浮市最高。过重的人口负担加重了家庭的经济负担，从而改变了郁南农户对子女的教育计划。

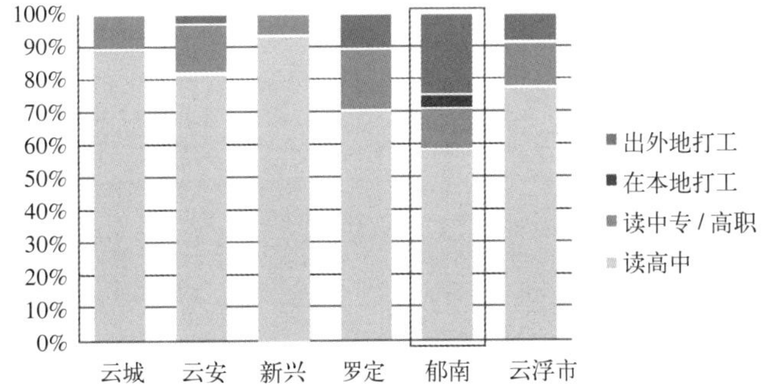

图 9-59　各地区农村家庭对子女初中毕业后的打算
（数据来源：云浮市新型城镇化农户抽样调查数据）

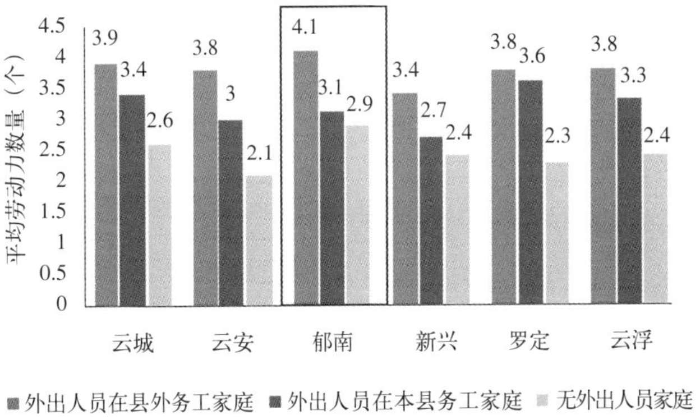

图 9-60　各地区不同类型家庭平均劳动力数量

3. 总结

郁南是典型的山区县，有发展山区农业的巨大优势，虽然很多镇都打造出了自身的品牌，但交通、区位等因素阻碍了农产品的进一步市场化。郁南一方面可以利用万亩油菜花连滩千亩示范基地作为推广郁南农产品的平台，拓展国内、国际市场，另一方面鼓励土地流转，扩大农户果树种植规模，打通农产品流通渠道，大力发展农产品加工业，形成农业现代化和工

业化的良性循环，在提高农民收入的同时，不断壮大县域经济。同时，郁南要提高对教育的重视程度，加大对农村教育的投资，为以后的产业结构升级提供人才储备。

各县（市/区）特点汇总　　　　　　表 9-3

地区	特点	
	优势	劣势
云城区	云城区石材工业聚集效应明显，对周边村镇辐射带动作用强 农业市场化程度较高	房价高，员工购买意愿不强 土地市场不完善，土地流转比例不高
云安县	山区农业发展较有特色，品牌效应明显，村镇经济发展态势好 自然资源、交通运输较有优势	县城工业集聚效应不明显，污染较重，对劳动力吸纳能力较弱 农村规模养殖比例最低
新兴县	县城工业基础好，对回流劳动力吸引力强 温氏集团带动作用强	交通因素使得第二产业辐射带动能力较弱 温氏集团合作门槛提高，农村土地、金融市场不完善，阻碍农户规模经营
郁南县	山地多，农村果树种植较有特色，形成品牌效应 邻近广西，有一定区位优势，商贸服务有历史基础	工业化程度较低，创造就业机会的能力不强 家庭人口多，农村家庭对子女教育不够重视
罗定市	农业基础地位稳固 工业有一定基础，工业化潜力较大 教育条件好，劳动力有数量和质量的优势	农业人口多，对土地依附性强 县城工业化程度不高，对劳动力吸纳能力较弱 农村公共服务设施缺乏